Jens Walther

Synthese röhrenförmiger Aromaten

Jens Walther

Synthese röhrenförmiger Aromaten

Versuche zur Synthese von röhrenförmigen
Aromaten und zur Solubilisierung von Carbon
Nanotubes

Südwestdeutscher Verlag für Hochschulschriften

Impressum / Imprint
Bibliografische Information der Deutschen Nationalbibliothek: Die Deutsche Nationalbibliothek verzeichnet diese Publikation in der Deutschen Nationalbibliografie; detaillierte bibliografische Daten sind im Internet über http://dnb.d-nb.de abrufbar.
Alle in diesem Buch genannten Marken und Produktnamen unterliegen warenzeichen-, marken- oder patentrechtlichem Schutz bzw. sind Warenzeichen oder eingetragene Warenzeichen der jeweiligen Inhaber. Die Wiedergabe von Marken, Produktnamen, Gebrauchsnamen, Handelsnamen, Warenbezeichnungen u.s.w. in diesem Werk berechtigt auch ohne besondere Kennzeichnung nicht zu der Annahme, dass solche Namen im Sinne der Warenzeichen- und Markenschutzgesetzgebung als frei zu betrachten wären und daher von jedermann benutzt werden dürften.

Bibliographic information published by the Deutsche Nationalbibliothek: The Deutsche Nationalbibliothek lists this publication in the Deutsche Nationalbibliografie; detailed bibliographic data are available in the Internet at http://dnb.d-nb.de.
Any brand names and product names mentioned in this book are subject to trademark, brand or patent protection and are trademarks or registered trademarks of their respective holders. The use of brand names, product names, common names, trade names, product descriptions etc. even without a particular marking in this works is in no way to be construed to mean that such names may be regarded as unrestricted in respect of trademark and brand protection legislation and could thus be used by anyone.

Coverbild / Cover image: www.ingimage.com

Verlag / Publisher:
Südwestdeutscher Verlag für Hochschulschriften
ist ein Imprint der / is a trademark of
AV Akademikerverlag GmbH & Co. KG
Heinrich-Böcking-Str. 6-8, 66121 Saarbrücken, Deutschland / Germany
Email: info@svh-verlag.de

Herstellung: siehe letzte Seite /
Printed at: see last page
ISBN: 978-3-8381-3286-0

Zugl. / Approved by: Kiel, Christian-Albrechts-Universität, Dissertation, 2009

Copyright © 2013 AV Akademikerverlag GmbH & Co. KG
Alle Rechte vorbehalten. / All rights reserved. Saarbrücken 2013

Inhaltsverzeichnis

1 Einleitung..9
   1.1 Kohlenstoff - ein besonders vielseitiges Element.....................................9
   1.2 Carbon Nanotubes...10
      1.2.1 Herstellung von Carbon Nanotubes...12
      1.2.2 Aromatizität von Carbon Nanotubes...13
   1.3 Gürtelförmig aromatische Moleküle..15
2 Aufgabenstellung..20
   2.1 Synthese röhrenförmiger Aromaten..20
   2.2 Solubilisierung von Carbon Nanotubes..22
   2.3 Synthese von 9,10-Diaminoanthracen **8**..23
3 Synthese röhrenförmiger aromatischer Moleküle...24
   3.1 Vorüberlegungen zur Synthese...24
      3.1.1 Eigenschaften des Anthracens..24
      3.1.2 Darstellung von Halogenanthracenen..26
         3.1.2.1 Chlorderivate des Anthracens...26
         3.1.2.2 Bromderivate des Anthracens...27
         3.1.2.3 Darstellung von 9-Bromanthracen **14**.......................................27
         3.1.2.4 Darstellung von 9,10-Dibromanthracen **16**..............................28
         3.1.2.5 Iodderivate des Anthracens...28
         3.1.2.6 Darstellung von 9,10-Diiodanthracen **17**.................................28
      3.1.3 Synthese macrocyclischer Moleküle..30
         3.1.3.1 Allgemeine Grundlagen..30
         3.1.3.2 Gegenüberstellung der denkbaren Methoden...........................33
   3.2 Cyclische Anthrylenacetylene nach ODA...35
      3.2.1 Synthese der Ausgangsverbindungen...37
         3.2.1.1 Darstellung von Formylanthracenen..37
         3.2.1.2 Darstellung der Phosphoniumsalze..38
      3.2.2 Darstellung von 1,2-Di(10-bromanthracen-9-yl)ethen **25**.............40
         3.2.2.1 Variante A: MCMURRY-Kupplung..40
         3.2.2.2 Variante B: WITTIG-Reaktion...40
         3.2.2.3 Versuche zur Bromierung der Alkenbrücke.............................41

3.2.3 Diskussion der Ergebnisse..42
3.2.4 Versuche zur Cyclooligomerisierung von 9,10-Diformylanthracen **26**.........45
    3.2.4.1 Variante A: MCMURRY-Kupplung...45
    3.2.4.2 Variante B: WITTIG-Reaktion...45
3.2.5 Zusammenfassende Betrachtung der Versuche..46
3.3 Cyclisierung unter Verwendung einer Spacereinheit......................................47
    3.3.1 Allgemeines..47
    3.3.2 Synthese der Ausgangsverbindungen..50
    3.3.3 Darstellung der Aldehyde..50
        3.3.3.1 COREY-FUCHS-Variante..50
        3.3.3.2 Acetylanthracen-Variante...52
        3.3.3.3 Darstellung terminaler Alkine durch Entschützung................................54
        3.3.3.4 Reaktionen mit dem BESTMANN-OHIRA-Reagenz **64**...................55
        3.3.3.5 Darstellung des BESTMANN-OHIRA-Reagenzes............................56
        3.3.3.6 Reaktion mit Formylanthracenen...57
        3.3.3.7 Oxidations-Variante..57
        3.3.3.8 Reaktion von Propargylalkohol **70** mit
            9,10-Dibromanthracen **16**..58
        3.3.3.9 Bildung von Kumulenen durch 1,10-Eliminierung..........................59
        3.3.3.10 Darstellung acetalgeschützer Aldehyde durch SONOGASHIRA-
            kupplung...62
        3.3.3.11 Darstellung von 9-(3,3-Diethoxyprop-1-inyl)anthracen **78**...........62
        3.3.3.12 Darstellung von
            9,10-Bis(3,3-diethoxyprop-1-inyl)anthracen **79**.............................62
        3.3.3.13 Entschützung der Acetale...66
    3.3.4 Darstellung der Phosphoniumsalze..70
    3.3.5 Versuche zur MCMURRY-Kupplung..72
    3.3.6 Versuche zur WITTIG-Reaktion..73
    3.3.7 Fazit der Versuche unter Verwendung einer Spacereinheit.......................74
3.4 Alternative Versuche zur Cyclooligomerisierung...74
    3.4.1 Vorüberlegungen...74
    3.4.2 Reaktionen mit 9,10-Dibrom-9,10-dihydroanthracen............................76
    3.4.3 DIELS-ALDER-Reaktionen an 9,10-disubstituierten Anthracenen..............76

3.4.4 Alkinylierung von Anthrachinon **11** 77
    3.4.4.1 Versuche zur Isolier 2 der diastereomeren Diole 78
3.4.5 Kupferkatalysierte Alkinkupplung 81
    3.4.5.1 Versuche zur EGLINGTON-Kupplung 82
    3.4.5.2 Kupplung des Diols **88** 83
3.4.6 Zusammenfassende Betrachtung der alternativen
    Versuche zur Cyclisierung 84
3.5 Synthese ethinylierter Anthracene 85
    3.5.1 Ethinylierte Anthracene durch nucleophile Substitution 85
        3.5.1.1 Alkine als Nucleophile 85
        3.5.1.2 Ethinylierung von Anthrachinon **11** 87
        3.5.1.3 Nucleophile Substitution mit Propargylalkohol 89
        3.5.1.4 Verwendung anderer Ketone 90
        3.5.1.5 Ethinylierung von Anthron **102** 91
        3.5.1.6 Ethinylierung von 10-Bromanthron **107** 95
        3.5.1.7 Ethinylierung von Bianthron **105** 96
        3.5.1.8 Zusammenfassende Betrachtung 97
    3.5.2 Ethinylierte Anthracene durch palladiumkatalysierte
        Kreuzkupplung (SONOGASHIRA-Reaktion) 98
        3.5.2.1 Ethinylierung von Halogenanthracenen 98
        3.5.2.2 Darstellung von Trimethylsilylacetylen **89** 99
        3.5.2.3 Darstellung von 3,3-Diethoxypropin **77** 100
        3.5.2.4 Zusammenfassende Betrachtung 101
        3.5.2.5 Einfluss der verwendeten Halogenanthracene 101
        3.5.2.6 Einfluss der verwendeten Alkine 102
        3.5.2.7 Bildung von Nebenprodukten 103
4 Solubilisierung von Carbon Nanotubes 105
4.1 Allgemeines 105
    4.1.1 Eigenschaften kommerziell produzierter Nanotubes 105
    4.1.2 Entbündelung und Löslichkeit von Nanotubes 109
4.2 Auswahl eines "ungewöhnlichen" Lösungsmittels 112
    4.2.1 Allgemeine Eigenschaften, Handhabung und Toxizität von
        Arsen(III)-chlorid **7** 114

4.3 Versuche zur Solubilisierung...115
    4.3.1 Reinigung von Arsen(III)-chlorid **7**..115
    4.3.2 Vorbehandlung und Solubil: 3 ıng der Nanotubes....................................119
    4.3.3 Begutachtung der Nanotubedispersionen...120
4.4 Messung von ^{13}C-NMR-Spektren..132
    4.4.1 Allgemeines zur NMR-Spektroskopie an Carbon-Nanotubes..................121
    4.4.2 NMR-Untersuchungen an der Dispersion A...122
4.5 Messung von RAMAN-Spektren..123
    4.5.1 Allgemeines zum RAMAN-Effekt..123
    4.5.2 RAMAN-Spektroskopie an Carbon-Nanotubes...125
    4.5.3 RAMAN-Spektroskopie an der Dispersion A..126
4.6 Diskussion der Ergebnisse...130
4.7 Alternative Versuche mit HiPCO-Nanotubes..132
4.8 Zusammenfassung und Fazit der Versuche mit Arsen(III)-chlorid **7**...............134
5 Versuche zur Synthese von 9,10-Diaminoanthracen **8**..137
    5.1 Motivation der Untersuchungen..137
    5.2 Betrachtung der Zielverbindung..140
    5.3 Syntheseversuche...140
        5.3.1 Darstellung aus Anthrachinon **11** unter reduktiven Bedingungen............141
        5.3.2 Reduktion von Nitroanthracenen..142
        5.3.3 DIELS-ALDER-Reaktionen mit Azoestern...145
        5.3.4 Versuche zum CURTIUS-Abbau..148
            5.3.4.1 Reaktionen mit Anthracen-9,10-dicarbonsäuredichlorid **9**...........148
            5.3.4.2 Reaktionen mit Diphenylphosphorylazid.......................................149
    5.4 Fazit der Versuche...154
6 Zusammenfassung und Ausblick...155
7 Experimenteller Teil..165
    7.1 Analytik und allgemeine Arbeitsmethoden...165
    7.2 Allgemeine Arbeitsvorschriften...172
        7.2.1 Allgemeine Arbeitsvorschrift AAV 1..172
        7.2.2 Allgemeine Arbeitsvorschrift AAV 2..172
        7.2.3 Allgemeine Arbeitsvorschrift AAV 3..173
    7.3 Synthesen...174

7.3.1 Darstellung der Halogenanthracene..174
    7.3.1.1 9,10-Dichloranthracen **12**..174
    7.3.1.2 9-Bromanthracen **14**..175
    7.3.1.3 9,10-Dibromanthrac 4 6..176
    7.3.1.4 9,10-Diiodanthracen **17**..177
    7.3.1.5 9-Brom-10-iodanthracen **19**..178
7.3.2 Macrocyclisierungsversuche..179
    7.3.2.1 10-Brom-9-formylanthracen **24**..179
    7.3.2.2 9,10-Diformylanthracen **26**..181
    7.3.2.3 9-(Hydroxymethyl)anthracen **35**..182
    7.3.2.4 9-(Brommethyl)anthracen **33**...183
    7.3.2.5 (Anthracen-9-ylmethyl)triphenylphosphoniumbromid **27**............184
    7.3.2.6 9-Brom-10-(brommethyl)anthracen **132**...184
    7.3.2.7 [(10-Bromanthracen-9-yl)methyl]triphenyl-
        phosphoniumbromid **28**...185
    7.3.2.8 9,10-Bis(brommethyl)anthracen **32**..186
    7.3.2.9 [(Anthracen-9,10-diyl)methyl]triphenylphosphoniumbromid **29**..187
    7.3.2.10 1,2-Di(10-bromanthracen-9-yl)ethen **25**.....................................188
    7.3.2.11 [n]-Cyclo(9,10-anthrylen)ethen **133**..190
7.3.3 Macrocyclisierungen mit propinalsubstituierten Anthracenen...................191
    7.3.3.1 9-Acetylanthracen **52**..191
    7.3.3.2 Brenzcatechylphosphortrichlorid **55**...192
    7.3.3.3 9-(1-Chlorethenyl)anthracen **53**..193
    7.3.3.4 9-(2,2-Dibromethen-1-yl)anthracen **47**..195
    7.3.3.5 9-Brom-10-(2,2-dibromethen-1-yl)anthracen **49**............................196
    7.3.3.6 9,10-Bis(2,2-dibromethenyl)anthracen **48**.....................................197
    7.3.3.7 Dimethyl-2-oxopropylphosphonat **67**...198
    7.3.3.8 *p*-Acetamidobenzolsulfonylazid **69**...198
    7.3.3.9 Dimethyl-1-diazo-2-oxopropylphosphonat **64**..............................199
    7.3.3.10 9-Ethinylanthracen **50**..200
    7.3.3.11 9,10-Diethinylanthracen **51**...201
    7.3.3.12 9-(Prop-2-in-1-al-3-yl)anthracen **44**..202
    7.3.3.13 10-Brom-9-(prop-2-in-1-al-3-yl)anthracen **39**.............................204

7.3.3.14 9,10-Bis(prop-2-in-1-al-3-yl)anthracen **38**..................................205
7.3.3.15 10,10'-Bis(prop-2-in-1-al-3-yl)-9,9'-bianthryl **134**......................206
7.3.3.16 [n]-Cyclo(9,10-ethinylanthrylen)ethen **42**..................................208
7.3.4 Ethinylierung von 9,10-Dibrom-9,10-dihydroanthracen............................209
    7.3.4.1 9,10-Bis(trimethylsi 5 hinyl)-9,10-dihydroanthracen **135**..........209
7.3.5. Diels-Alder-Reaktion an 9,10-Bis(trimethylsilylethinyl)anthracen..........209
    7.3.5.1 9,10-Bis(triisopropylsilylethinyl)trypticen **87**...............................209
7.3.6 Alkinylierung von Anthrachinon..210
    7.3.6.1 *cis*-9,10-Bis(trimethylsilylethinyl)-9,10-dihydro-
anthracen-9,10-diol **88a** und *trans*-9,10-Bis(trimethylsilylethinyl)-9,10-dihydroanthracen-9,10-diol **88b**.......................210
    7.3.6.2 *cis*-9,10-Bis(phenylethinyl)-9,10-dihydro-
anthracen-9,10-diol **90a**...211
7.3.7 Kupplung von Alkinen..212
    7.3.7.1 1,4-Diphenylbuta-1,3-diin **92**..212
    7.3.7.2 1,4-Di(anthracen-9-yl)buta-1,3-diin **93**..213
    7.3.7.3 1,4-Di(9-formylanthracen-10-yl)buta-1,3-diin **96**.......................214
    7.3.7.4 9-(4-Phenylbuta-1,3-diinyl)anthracen **94**....................................215
7.3.8 Alkinylierte Anthracene...217
    7.3.8.1 9-(Trimethylsilylethinyl)anthracen **59**..217
    7.3.8.2 9,10-Bis(trimethylsilylethinyl)anthracen **60**...............................218
    7.3.8.3 10,10'-Bis(trimethylsilylethinyl)-9,9'-bianthryl **136**...................220
    7.3.8.4 9-Formyl-10-(trimethylsilylethinyl)anthracen **95**......................221
    7.3.8.5 9-(2-Hydroxy-2-methylbut-3-in-4-yl)anthracen **57** und
2-(Aceanthrylen-2-yl)propan-2-ol **137**..223
    7.3.8.6 9,10-Bis(2-hydroxy-2-methylbut-3-in-4-yl)anthracen **58**............225
    7.3.8.7 9-(Phenylethinyl)anthracen **106**...227
    7.3.8.8 9,10-Bis(phenylethinyl)anthracen **91**..229
    7.3.8.9 9-(Pent-1-inyl)anthracen **138**...230
    7.3.8.10 9-Brom-10-(pent-1-inyl)anthracen **111** und
9,10-Bis(pent-1-inyl)anthracen **139**..232
    7.3.8.11 9-(Hept-1-inyl)anthracen **140**..235
    7.3.8.12 9,10-Bis(hept-1-inyl) anthracen **110**..236

7.3.8.13 9-(Non-1-inyl)anthracen **141**..238

7.3.8.14 9,10-Bis(non-1-inyl)anthracen **142**..240

7.3.8.15 9-(1-Hydroxyprop-2-in-3-yl)anthracen **46**...................................241

7.3.8.16 9,10-Bis(1-hydroxyprop-2-in-3-yl)anthracen **71**........................242

7.3.8.17 9-(3,3-Diethoxyprop-1-inyl)anthracen **78**..................................244

7.3.8.18 9-Brom-10-(3,3-di(6 (yprop-1-inyl)anthracen **80** und
9,10-Bis(3,3-diethoxyprop-1-inyl)anthracen **79**........................246

7.3.8.19 10,10'-Bis(3,3-diethoxyprop-1-inyl)-9,9'-bianthryl **143**..............250

7.3.8.20 Trimethylsilylacetylen **89**..251

7.3.8.21 1,2-Dibrom-3,3-diethoxypropan **109**...253

7.3.8.22 3,3-Diethoxypropin **77**...253

7.3.8.23 Anthron **102**..254

7.3.8.24 10-Bromanthron **107**...255

7.3.9 Versuche zur Synthese von 9,10-Diaminoanthracen **8**...............................256

7.3.9.1 9-Nitroanthracen **104**...256

7.3.9.2 9,10-Dinitroanthracen **121**..257

7.3.9.3 9-Aminoanthracen **113**..258

7.3.9.4 2,3,5,6-Dibenzo-7,8-diazabicyclo[2.2.2]octa-
dien-7,8-dicarbonsäurediethylester **123a**....................................258

7.3.9.5 Bis(anthracen-9,10-diyl)carbaminsäureethylester **123b**...............259

7.3.9.6 2,3,5,6-Dibenzo-7,8-diazabicyclo[2.2.2]octa-
dien-7,8-dicarbonsäure-bis(2,2,2-trichlor-ethyl)ester **124a**...........260

7.3.9.7 Bis(anthracen-9,10-diyl)carbaminsäure(2,2,2-trichlor-
ethyl)ester **124b**..261

7.3.9.8 2,3,5,6-Dibenzo-1,4-dicyano-7,8-diazabicyclo[2.2.2]octa-
dien-7,8-dicarbonsäure-bis(2,2,2-trichlorethyl)ester **144**...............262

7.3.9.9 Anthracen-9,10-dicarbonsäure **31**..262

7.3.9.10 Anthracen-9,10-dicarbonsäuredichlorid **9**..................................263

7.3.9.11 Anthracen-9,10-dicarbonsäuredimethylester **126**.......................264

7.3.9.12 Anthracen-9,10-dicarbonsäureazid **145**......................................265

7.3.9.13 Anthracen-9-carbonsäure **128**..266

7.3.9.14 2-Anthracenylcarbaminsäure-*tert*-butylester **130**......................267

7.3.9.15 9-Anthracenylcarbaminsäure-*tert*-butylester **129**......................268

7.3.9.16 Bis(anthracen-9,10-diyl)carbaminsäure-*tert*-butylester **125**........269
7.3.9.17 Versuche zur Abspaltung der Boc-Schutzgruppe........................270
8 Anhang..271
    8.1 Verwendete Abkürzungen...271
    8.2 Röntgenstrukturdaten...273
9 Literatur..277

1 Einleitung

1.1 Kohlenstoff - ein besonders vielseitiges Element

Von allen Elementen des Periodensystems ist der Kohlenstoff bei weitem das vielfältigste. Ob chemisch gebunden im Mineralreich, als Kohlendioxid in Atmosphäre und Ozeanen oder als Biomasse - Kohlenstoff ist allgegenwärtig und in Form organischer Verbindungen die Grundlage allen Lebens auf der Erde. Der im Jahre 1806 von BERZELIUS geprägte Begriff der "organischen Chemie" trägt dieser besonderen Vielfältigkeit bis heute Rechnung.[1]

Dem Menschen sind die beiden monotropen Modifikationen Diamant und Graphit, die aufgrund der unterschiedlichen Hybridisierung extrem unterschiedliche Eigenschaften aufweisen, bereits seit mehreren tausend Jahren gut vertraut. Die Chemie des elementaren Kohlenstoffs galt daher lange Zeit als weitestgehend erforscht und wenig interessant. Erste theoretische Arbeiten über superaromatische π-Systeme mit Ikosaeder-Symmetrie von OSAWA blieben somit zunächst unberücksichtigt.[2a] Ein reges Interesse an der Kohlenstoff-Forschung erwachte erst wieder im Jahre 1985, als die Gruppe um SMALLEY bei der Verdampfung von Graphit ein Molekül aus exakt 60 Kohlenstoffatomen massenspektrometrisch nachweisen konnte.[2b] KRÄTSCHMER *et al.* gelang es schließlich, das Buckminsterfulleren C_{60} **1** mit seiner fußballartigen Struktur erstmals in makroskopischer Quantität zu isolieren.[3]

1

Abbildung 1: Die Hochtemperaturverdampfung von Graphit liefert das hoch symmetrische Buckminsterfulleren C_{60} **1**. Die Struktur aus 12 Fünfecken und 20 Sechsecken ist identisch zu einem Fußball aufgebaut.

Über die Verwendbarkeit der Fullerene wurde in den darauf folgenden Jahren vielfach spekuliert. Insbesondere als Schmierstoff, Zusatz in Lithium-Ionen-Akkumulatoren, Drug-Carrier und Kontrastmittel in bildgebenden Verfahren in der Medizin wurden Anwendungen geprüft.[4] Eine breite Verwendbarkeit ist bis heute allerdings nicht zuletzt aufgrund des noch immer hohen Preises kaum gegeben.

1.2 Carbon Nanotubes

Anders verhält es sich mit den 1991 erstmals von IIJIMA beschriebenen Carbon Nanotubes.[3] Nanotubes ähneln zwar in vieler Hinsicht den schon lange bekannten Kohlefasern, die durch Pyrolyse von Acrylnitrilfäden unter Inertgas hergestellt werden, unterscheiden sich jedoch teilweise deutlich in ihren chemischen und physikalischen Eigenschaften. Für diese röhrenförmigen Strukturen sind bereits jetzt zahlreiche Anwendungen in der Materialkunde und vor allem in der molekularen Elektronik gefunden worden. Neben der Verwendbarkeit in hoch belastbaren faserverstärkten Kompositmaterialien ist auch die Anwendung als Spitzen für Kraftmikroskope, molekulare Halbleiter und molekulare Drähte in elektronischen Schaltungen und Elektroden in Feldemissions-Displays realisiert. Berichte über die Speicherung von Wasserstoff in Nanotubes sind bekannt, ebenso wurden erfolgreich Röhren als "molekulare Reagenzgläser" für chemische Reaktionen eingesetzt.[5]

Carbon Nanotubes lassen sich formal als eine zu einem Hohlzylinder aufgerollte Graphenlage auffassen. Ähnlich wie sich auch ein Blatt Papier zu vielen verschiedenen Röhren aufwickeln lässt, resultieren aus der Größe und der Orientierung der gewählten Graphenebene nahezu unbegrenzt viele denkbare Röhren mit unterschiedlichen Eigenschaften. Zur Benennung der verschiedenen Nanotubes hat sich das Vektormodell bewährt: Die Linearkombination ganzzahliger Vielfacher der Einheitsvektoren $\vec{a}_1$ und $\vec{a}_2$ der Elementarzelle des hexagonalen Gitters ergibt den Umfangsvektor $\vec{C}$. Anhand zweier Deskriptoren-Indices (m,n mit n ≥ m) ist die eindeutige Zuordnung von Aufrollrichtung und der Durchmesser des resultierenden Tube möglich. Die *Abbildung 2* zeigt einen kleinen Ausschnitt aus einem Graphengitter und die denkbaren Deskriptorenkombinationen.

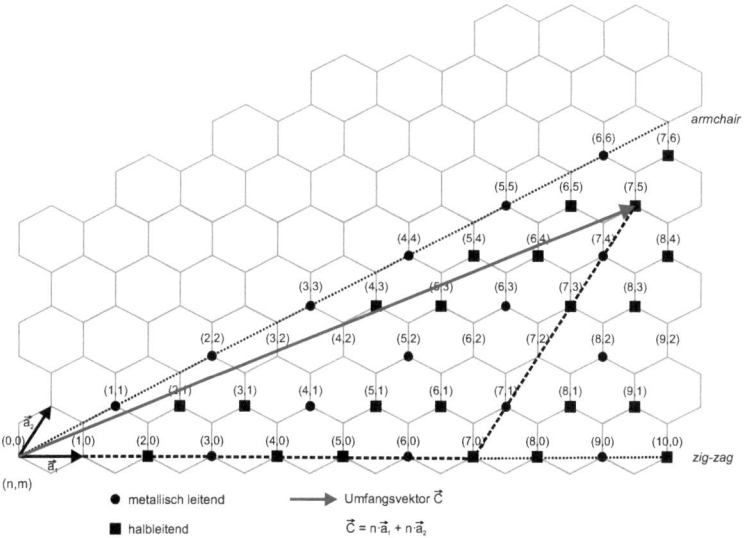

Abbildung 2: Das formale Aufrollen einer Graphenebene entlang des Umfangsvektors $\vec{C}$ führt zu einem Nanotube. Durch Variation der Deskriptoren-Indices n und m können nahezu unendlich viele verschiedene Nanotubes beschrieben werden. Im hier gezeigten Beispiel wird ein chirales (7,5)-Nanotube durch Aufrollen entlang des roten Vektors gebildet. Die Doppelbindungen der Graphenlage sind der Einfachheit halber nicht dargestellt.

Trotz der beinahe unendlichen Vielfalt denkbarer Strukturen lassen sich alle Nanoröhren in drei Klassen einteilen (vgl. *Abbildung 3*). Bei den *armchair*-Nanotubes (n = m) beschreibt die Kante des offenen Endes der Röhre eine sesselförmige Struktur. Jedes hexagonale Element weist zwei C-C-Bindungen auf, die senkrecht zur Röhrenachse stehen. Die *zig-zag*-Nanotubes (m = 0) besitzen eine zickzackförmige Kante, hier besitzt jeder Sechsring zwei Bindungen, die parallel zur Röhrenachse verlaufen. Beide Typen sind nicht chiral, alle anderen Nanotubes mit (n ≠ m) besitzen helicale Chiralität. Bemerkenswert ist, dass nur Nanotubes mit m - n = 3i (i = 1,2,3,...) metallische Leitfähigkeit zeigen, alle anderen sind halbleitend.

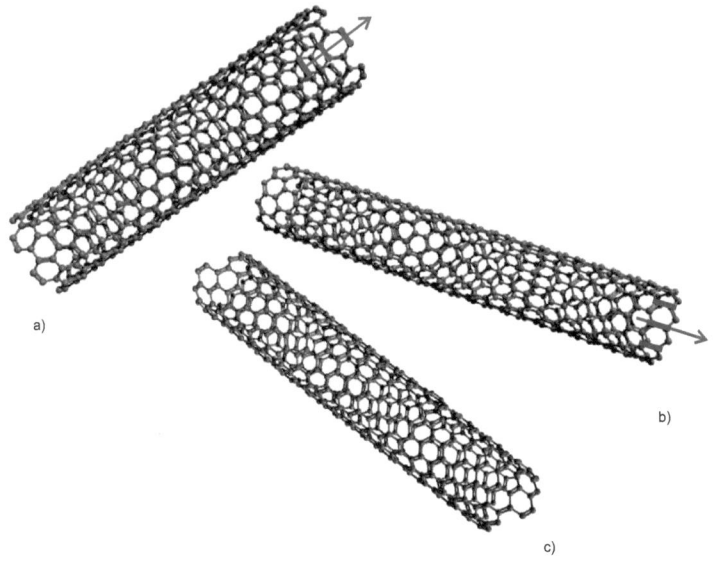

Abbildung 3: Beispiele für die verschiedenen Typen von Carbon Nanotubes: a) zeigt ein *armchair*-, b) ein *zigzag*- und c) ein chirales Nanotube. Die roten Balken bei a) und b) verdeutlichen jeweils die zur Röhrenachse (grüner Pfeil) senkrecht stehenden beziehungsweise parallel verlaufenden C-C-Bindungen der hexagonalen Elemente.

1.2.1 Herstellung von Carbon Nanotubes

Ähnlich wie Fullerene entstehen Nanotubes bei der Kondensation von Kohlenstoff aus der Gasphase. Der genaue Wachstumsmechanismus ist bis heute nicht vollständig aufgeklärt. Metallcluster als Nucleationskeime scheinen allerdings beim Wachstumsprozess eine entscheidende Rolle zu spielen. Die beiden ersten etablierten Verfahren bedienen sich der Verdampfung eines Kohlenstoffdepots mit Hilfe eines elektrischen Lichtbogens (Arc Discharge, Kohleelektroden, 100 A, Helium ≈ 700 hPa) oder mittels Bestrahlung durch einen LASER (LASER Ablation, Graphittarget, Heliumgasstrom).[6] Die Wahl der Bedingungen bei der nachfolgenden Kondensation (Temperaturgradienten, Druck und Strömungsgeschwindigkeit des Inertgases) entscheidet über die Art und Zusammensetzung der abgeschiedenen Röhren. Geeignete Kohlenstoffcluster können auch durch die Zersetzung kohlenstoffreicher Materialien (Alkane, Alkohole etc.) an katalytisch wirksamen Substraten in Pyrolyseöfen (**C**hemical **V**apor **D**eposition, CVD) und durch die Hochdruckumwandlung von Kohlenmonoxid (HiPCO-Prozess) gewonnen werden. Beide sind relativ neue Verfahren und zur Herstellung von besonders einheitlichen Produkten geeignet. Sie erlauben auch die Darstellung größerer Quantitäten bei nahezu kontinuierlicher Prozessführung. Von besonderem Interesse ist die plasmagestützte CVD (**p**lasma-**e**nhanced-CVD, PECVD). Das Plasma ermöglicht besonders niedrige Prozesstemperaturen (ab 120 °C), so dass es unter Umständen möglich ist, ein strukturgebendes Templat für die Abscheidung des Kohlenstoffs aus der Gasphase einzusetzen.[7]

Das größte Problem bei der Verwendung von Nanotubes besteht darin, dass alle gängigen Herstellungsprozesse schwer trennbare Gemische aus Nanoröhren und anderen Kohlenstoffaggregaten (Russ, Fullerene, Graphene und Graphite) liefern. Auch finden sich in diesen Gemischen stets Röhren unterschiedlichster Durchmesser und Helicitäten sowie prozessabhängig einwandige Röhren (**S**ingle-**W**alled-**C**arbon-**N**anotubes, SWNT) sowie teleskopartig geschachtelte **M**ulti-**W**alled-**C**arbon-**N**anotubes (MWNT). Die Anteile von SWNTs und MWNTs sowie Durchmesser und Länge der Tubes lassen sich in gewissen Grenzen durch die Wahl der Herstellungsmethode und durch die Reaktionsparameter steuern. Die gezielte Darstellung nur einer Spezies von Röhren ist aber bisher nicht möglich. Die Anwendung aufwändiger Reinigungs- und Anreicherungsprozesse ist daher noch immer Stand der Technik.

1.2.2 Aromatizität von Carbon Nanotubes

Definitionsgemäß sind cyclische organische Kohlenstoffverbindungen dann aromatisch, wenn sie neben einem weitestgehenden Bindungslängenausgleich auch ein vollständig delokalisiertes π-Elektronensystem aufweisen, das der Hückel-Regel ($4n + 2$ π-Elektronen mit $n = 0, 1, 2, 3,...$) gehorcht. Eine vollständige Konjugation ist ihrerseits an die weitgehende Planarität des Systems gebunden, da bei einer Verdrillung die π-Orbitale nicht optimal überlappen können und so die Konjugation unterbrochen wird. Da diese Kriterien auch auf eine Graphenlage zutreffen, lässt sich vermuten, dass Carbon Nanotubes ebenfalls einen aromatischen Charakter besitzen (vgl. *Abbildung 4*).[8] Rasterkraftmikroskopische Untersuchungen bestätigen, dass in Nanotubes einheitliche Bindungslängen von 1.425 Å vorliegen. Auch die gute elektrische Leitfähigkeit parallel zur Röhrenachse ist ein Indiz für das Vorhandensein eines vollständig über den Zylinder delokalisierten Elektronensystems. Lediglich an den Enden der Röhre liegen nicht abgesättigte Bindungsstellen (dangling bonds) vor, an denen die Konjugation unterbrochen ist und eine Bindungslängenalternanz stattfindet. Da aber im Vergleich zum Durchmesser die Länge der Röhren in aller Regel sehr groß ist, bleibt der Einfluss der Enddomänen auf das Gesamtsystem nur gering.

Die Quantifizierung der Aromatizität eines Moleküls ist generell schwer. Ein theoretischer Ansatz, basierend auf Dichtefunktionalmethoden, bestimmt die absolute magnetische Abschirmung eines Testatoms, das sich im Zentrum des zu untersuchenden Systems befindet. Der sich hierbei ergebende NICS-Wert (nucleus-independent chemical shift, negative Werte zeigen Aromatizität) kann als Größe zur vergleichenden Abschätzung des aromatischen Charakters herangezogen werden.[9] Eine weitere Aromatizitäts-Sonde ist der HOMA-Wert (harmonic oscillator model of aromaticity), der das Ausmaß des Bindungslängenausgleichs quantifiziert.[10] Die in entsprechenden Untersuchungen erhaltenen Daten für Nanotubes weichen mitunter erheblich voneinander ab. Es konnte aber dennoch übereinstimmend gezeigt werden, dass Nanotubes tatsächlich schwach aromatisch sind.[11] Dieser Befund wird auch durch ihr chemisches Reaktionsvermögen gestützt, das auf eine mäßige Konjugation hindeutet.

Abbildung 4: Im Gegensatz zu planar konjugierten Aromaten wie Benzol weisen Nanotubes eine gürtelförmige Konjugation auf. Die Überlappung der π-Orbitale ist deutlich schwächer, zudem sind die Orbitallappen im Inneren der Röhre kleiner als außen.

Erwartungsgemäß stehen die π-Orbitale senkrecht auf dem Röhrenmantel. Bedingt durch die Krümmung der Röhre ist die Überlappung der Orbitale im Vergleich zu planaren Aromaten deutlich schwächer ausgeprägt. Dies erklärt die allgemein geringere Aromatizität und den Umstand, dass mit steigendem Röhrendurchmesser der aromatische Charakter wächst. Die zylindrische Konjugation führt zu abweichenden Elektronendichten auf der Innen- und Außenseite der Röhre und die Orbitallappen im Innern des Zylinders sind kleiner sind als außen.

1.3 Gürtelförmig aromatische Moleküle

HEILBRONNER näherte sich der Fragestellung gürtelförmiger aromatischer Moleküle bereits im Jahre 1954 auf theoretischer Ebene. Er betrachtete die homologe Reihe der Aromaten und erdachte eine Methode zur Eigenwertberechnung der Glieder eines n-kernigen aromatischen Kohlenwasserstoffs über die Hückel-Näherung der LCAO-MO-Theorie. Die entwickelte Rechenregel war durch geringfügige Modifikation nicht nur auf eindimensionale homologe Reihen anwendbar sondern auch auf cyclische und andere zweidimensionale Systeme.[12]

VÖGTLE postulierte 1983 die Möglichkeit der Bildung einer Substanzklasse, die er als "Super-Acene" bezeichnete.[13] Heute werden sie gemeinhin "Cyclacene 2" oder "Vögtle-Gürtel" genannt.[14] Derartige gürtelförmige Moleküle stellen Segmente von Nanotubes dar und sind somit höchst attraktive Syntheseziele. Wenngleich Vögtle dieser Zusammenhang zum damaligen Zeitpunkt kaum bewusst gewesen sein dürfte, bezeichnete er die "Super-Acene" dennoch weitsichtig als "Stars" der Cyclophanchemie und prophezeite ihnen, sobald synthetisch zugänglich, eine große Bedeutung als Bindeglied zwischen vielen verschiedenen naturwissenschaftlichen Disziplinen.

Im Falle der Cyclacene vom "Benzol-Typ 2a" ergibt sich das ringförmige Fragment eines *zig-zag*-Nanotubes, die Cyclacene des "Phenanthren-Typs 2b" (Phenacene) und "Pyren-Typs 2c" bilden die eines *armchair*-Nanotubes, wie in *Abbildung 5* gezeigt. Die chemischen, elektronischen und magnetischen Eigenschaften der Cyclacene sind unter anderem durch Dichtefunktionalrechnungen gut untersucht.[15] Die Befunde zeigen deutlich die große Verwandtschaft dieser Verbindungen zu den Nanotubes auf.

Synthetisch stellen Cyclacene aber noch immer eine der größten Herausforderung in der Chemie dar. STODDART gelang der Aufbau eines [12]Collarens (nicht vollständig durchkonjugiert), die Umsetzung zum Belten schlug jedoch fehl. Der gezielte Aufbau von Cyclacenen konnte bisher nicht realisiert werden.[16] NAKAMURA *et al.* erzielten allerdings erste Erfolge mit einer inversen Strategie: Sie brachen den Käfig eines Fullerens auf und erhielten auf diese Weise neben schalenförmig konjugierten auch gürtelartig konjugierte Moleküle.[17] Theoretische Untersuchungen deuten auf eine sehr geringe Stabilität linearer Acene mit mehr als sieben Gliedern hin.[18] Diese Befunde sind vermutlich auch auf cyclische Acene übertragbar. Eine gezielte Synthese dürfte sich daher nach heutigem Stand als kaum machbar erweisen.[19]

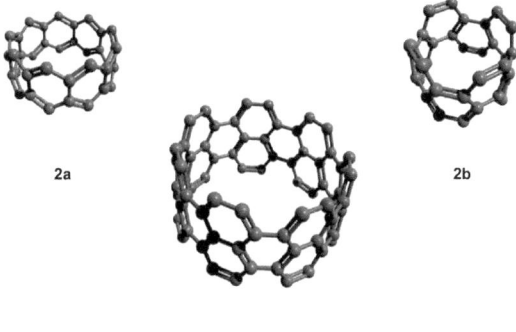

Abbildung 5: Die Übersicht zeigt jeweils einen Vertreter der verschiedenen Cyclacene vom "Benzol-Typ **2a**", vom "Phenanthren-Typ **2b**" und vom "Pyren-Typ **2c**". Alle Cyclacene stellen Fragmente von Nanotubes dar.

Prinzipiell lassen sich zum Aufbau röhrenförmiger Strukturen drei grundlegende Strategien voneinander abgrenzen: Das Stapeln ringförmiger Vorläufer entlang der Ringachse, das Verschmelzen kleiner Röhren zu einer großen durch ringerweiternde Metathese und die Verknüpfung von (gebogenen) Zylinderfragmenten zu einer Röhre.

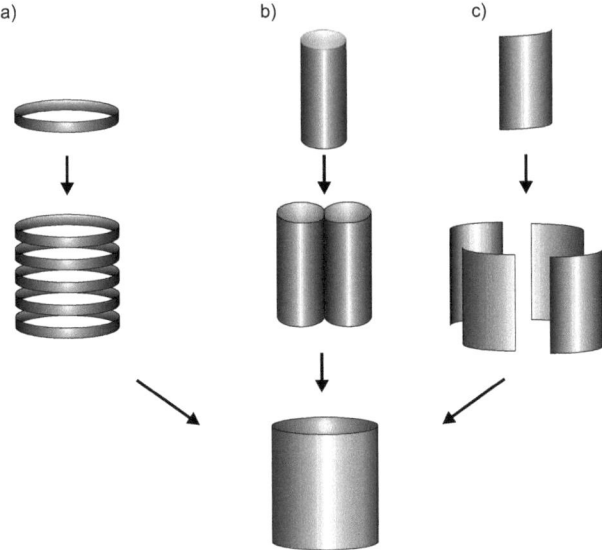

Abbildung 6: Denkbare Strategien zur Synthese röhrenförmiger Moleküle durch Stapeln von Ringen (a), Ringerweiterungsmetathese (b) und Verknüpfen von Röhrensegmenten (c).

Erste Erkenntnisse in der rationalen Synthese von Nanotubevorläufern wurden von KAMMERMEIER erlangt und von DEICHMANN vertieft.[20] Die photochemisch induzierte Ringerweiterungsmetathese von Tetradehydrodianthracen 3 (TDDA) führte zur Bildung des als Tetramer 4 bezeichneten Moleküls, aus dem durch dehydrierende Cyclisierung der "Picotube" ein Teilstück eines (4,4)-armchair-Nanotube generiert werden sollte. Vermutlich aufgrund der extrem hohen Ringspannung blieben diese Versuche leider erfolglos (vgl. *Schema 1*). Der als "Octamer" bezeichnete größere Cyclus, der durch Cyclodehydrierung den weniger gespannten (8,8)-armchair-Nanotube ergeben könnte, war bisher nur massenspektrometrisch durch Bestrahlung einer TDDA-Matrix mit LASER-Licht im Verlaufe eines MALDI-TOF-Experiments detektierbar.[21]

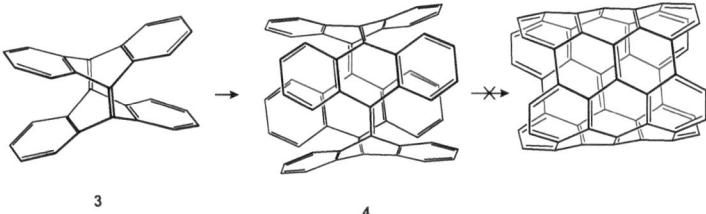

Schema 1: Versuche von DEICHMANN zur Darstellung eines Picotube durch eine ringerweiternde Metathese und dehydrierende Cyclisierung an TDDA **3**.

Bereits kleine tubular aromatische Systeme wie das TDDA **3** erweisen sich allerdings in allen gängigen Solventien als extrem schwer löslich. Dieser Umstand dürfte auch in Zukunft eine nasschemische Synthese größerer Röhren durch Ringerweiterung oder Verknüpfung von Röhrensegmenten extrem erschweren. Denkbar wäre aber die Darstellung ring- oder gürtelförmiger, kohlenstoffreicher Moleküle, die als extrem kurze Segmente eines Nanotubes aufzufassen sind. Diese können, auf ein Substrat aufgetragen, in der plasmagestützten PECVD bei niedrigen Temperaturen als Keime für das Wachstum von Nanotubes dienen. Ein epitaktisches Wachstum auf diesen Substraten kann dann zur Bildung von Nanotubes mit definierten Durchmessern und Helicitäten führen.

2 Aufgabenstellung

Wie bereits in Kapitel 1.2 diskutiert, sind Kohlenstoffnanoröhren aufgrund ihrer elektronischen und mechanischen Eigenschaften Kohlenstoffallotrope mit höchst interessantem Anwendungspotential. Die gängigen Herstellungsmethoden liefern jedoch stets ein Gemisch verschiedenster Typen von Röhren. Die Bereitstellung von Spezies mit definierten Eigenschaften ist daher von größtem Interesse. Neben einer rationalen Synthese von Nanotubes, die allerdings bisher nicht erfolgreich durchgeführt werden konnte, ist auch die Reinigung und Separation von Nanoröhren mit wohl definieren physikalischen Eigenschaften eine große Herausforderung. Die Synthese röhrenförmiger aromatischer Moleküle mit geringer konformativer Flexibilität als Precurser für die PECVD war ein vordringliches Ziel dieser Dissertation. Ferner wurden Versuche zur Solubilisierung von Carbon Nanotubes durchgeführt, da die Handhabung in Lösung eine Grundvoraussetzung für Separation und Applikation von Nanotubes ist.

2.1 Synthese röhrenförmiger Aromaten

Die strukturell nächsten Verwandten der Cyclacene, die bisher synthetisch zugänglich gemacht werden konnten, sind die Cycloparaphenylenacetylene **5a** (CPPAs) von ODA et al. und KAWASE.[22] In den CPPAs sind Benzolkerne über Dreifachbindungen verknüpft, wodurch die resultierenden Macrocyclen ihre notwendige Steifigkeit erhalten. Die CPPAs besitzen durch ihre ringförmige Struktur ein radial delokalisiertes π-Elektronensystem mit voneinander abweichender Elektronendichte auf der Innen- und Außenseite. Durch konvex-konkave π-π-Wechselwirkungen ist die Bildung von zwiebelartig ineinander geschachtelten Ringen verschiedener Durchmesser möglich. Dieses Verhalten zeigt die große Ähnlichkeit zu den Nanotubes: Vergleichbare Wechselwirkungen sind für die Bildung und Stabilität von Multi-Walled-Carbon-Nanotubes verantwortlich. Bei geeigneter Ringgröße können auch hochstabile Komplexe mit Fullerenen, die ebenfalls divergierende Elektronendichten innerhalb und außerhalb des Käfigs aufweisen, gebildet werden.[23] Auch rotaxanartige Strukturen mit Nanotubes geeigneter Durchmesser sind denkbar. Durch zahlreiche Verbesserungen der Synthesestrategie und Variation der Gerüstkörper gelang mittlerweile nicht nur die Isolierung einer größeren Vielfalt an Ringsystemen (4 ≤ n ≥ 9) sondern auch der Ersatz einzelner Benzolkerne durch 1,4-disubstituierte Naphthalineinheiten. Der Aufbau eines [6]Cyclo-1,4-naphthylenacetylens **5b** ist bisher der Höhepunkt dieser Untersuchungen.[24] Die freie Rotation der Gerüstkörper verhindert in dem Molekül die Präorganisation zu einem röhrenförmigen Gebilde. Alle acht denkbaren Rotationsisomere (*Abbildung 7* zeigt das "all-up"-Isomer) liegen nebeneinander im Gleichgewicht vor. Da sich die Rotation der Naphthalineinheiten schnell auf dem Maßstab der NMR-Zeitskala vollzieht, sind die Isomere spektroskopisch nicht unterscheidbar.

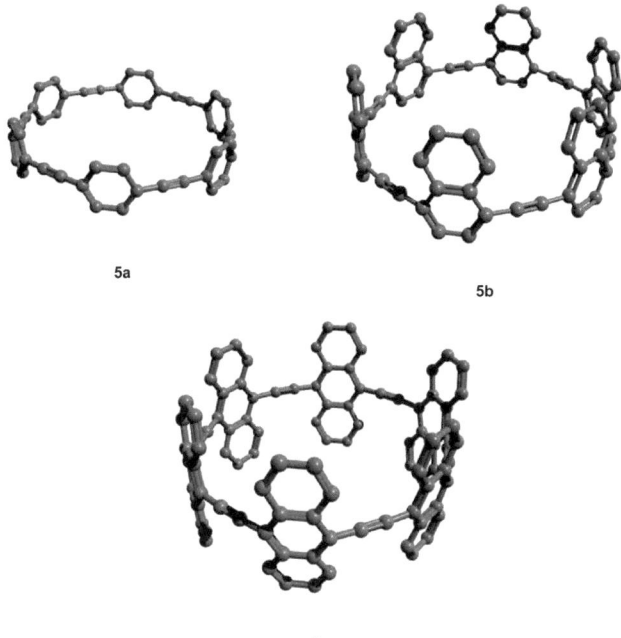

Abbildung 7: Die Übersicht zeigt die Entwicklung von KAWASES [6]Cycloparaphenylenacetylen **5a** über das [6]Cyclo-1,4-naphthylenacetylen **5b** zum hypothetischen [6]Cyclo-9,10-anthrylenacetylen **5c**.

Ein weiterer Fortschritt auf dem Weg zu einem röhrenförmigen Molekül wäre die Synthese eines Gerüstkörpers, der die Tiefe der Kavität, wie in *Abbildung 7 c)* gezeigt, weiter erhöht. Der Einsatz eines Moleküls mit höherer Symmetrie würde das Problem des Auftretes von Rotationsisomeren lösen, größere Aromaten könnten ferner die freie Rotation der Bausteine einschränken. Geeignete, linear kondensierte Aromaten sind Anthracen **6**, Pentacen und Heptacen. Aufgrund der geringen chemischen Beständigkeit und der schlechten synthetischen Zugänglichkeit der letzteren beiden Verbindungen wurde für die in dieser Arbeit ausgeführten Untersuchungen Anthracen **6** als Stammsystem ausgewählt.

2.2 Solubilisierung von Carbon Nanotubes

Analog zu Graphit besitzen Carbon Nanotubes als aufgerollte Graphenebenen in nahezu allen verfügbaren Lösungsmitteln eine vernachlässigbar geringe Löslichkeit. Eine Solubilisierung ist zumeist nur dann möglich, wenn die Nanoröhren chemisch oder physikalisch modifiziert werden. Eine derartige Modifikation wirkt sich allerdings stets negativ auf die mechanischen und elektronischen Eigenschaften aus. Dies ist insbesondere bei Anwendungen in der molekularen Elektronik, bei der Nanotubes als molekulare Drähte und molekulare Halbleiter verwendet werden, in höchstem Maße unerwünscht.

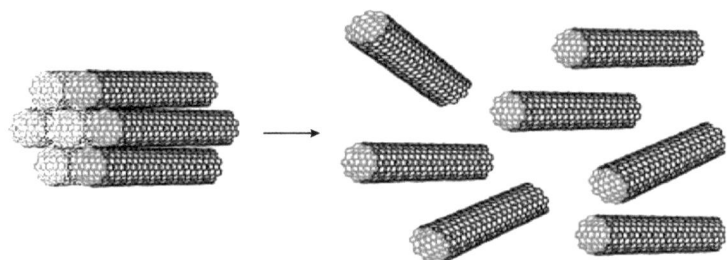

Abbildung 8: Die Herstellung einer Lösung von Nanotubes ist ein vorrangiges Ziel bei der Entfernung von Nebenprodukten, der Separation verschiedener Nanotube-Typen und bei der Applikation in der molekularen Elektronik.[118]

Die Überprüfung der Tauglichkeit des recht ungewöhnlichen Lösungsmittels Arsen(III)-chlorid **7** für Carbon Nanotubes war ein weiteres Untersuchungsgebiet in dieser Dissertation. Die mit dem Solvens erzeugte Nanotube-Suspension wurde sowohl kernresonanzspektroskopisch wie auch RAMAN-spektroskopisch untersucht.

2.3 Synthese von 9,10-Diaminoanthracen

Tetradehydrodianthracen **3** (TDDA) wird für die Darstellung des Tetramers **4** und die nachfolgend geplante Umsetzung zum Picotube im Grammmaßstab benötigt. Die bislang verwendete Arbeitsvorschrift bedient sich einer außerordentlich anspruchsvollen mehrstufigen Synthese, die darüber hinaus extrem zeitaufwändig ist. 9,10-Diaminoanthracen **8** könnte zusammen mit Anthracen-9,10-dicarbonsäuredichlorid **9** nach einem Ansatz von APPLEQUIST[25] einen alternativen, zeitsparenden Zugang zu dieser Verbindung erlauben.

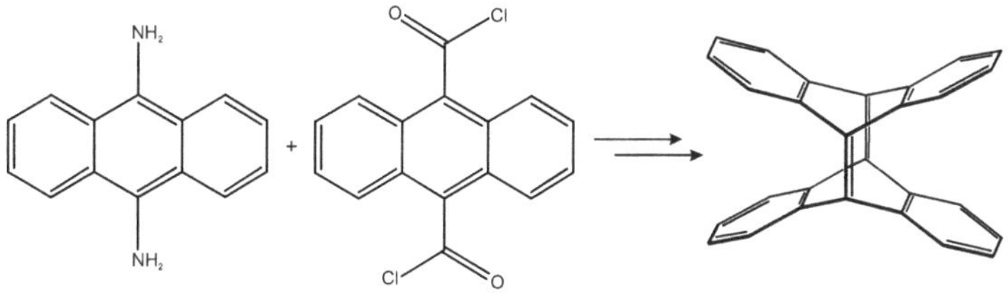

Schema 2: Alternative Synthese von TDDA **3** unter Verwendung von 9,10-Diaminoanthracen **8** und Anthracen-9,10-dicarbonsäuredichlorid **9**.

Die bislang veröffentlichten Reaktionen zur Darstellung des Diamins **8** und des Dicarbonsäuredichlorids **9** sollten auf ihre Reproduzierbarkeit hin überprüft und gegebenenfalls optimiert werden. Im Falle einer erfolgreichen Isolierung sollte weiterhin die Synthese nach Applequist Gegenstand weiterer Untersuchungen sein.

3 Synthese röhrenförmiger aromatischer Moleküle

3.1 Vorüberlegungen zur Synthese

3.1.1 Eigenschaften des Anthracens

Anthracen **6** ist kommerziell leicht verfügbar und besitzt chemische und physikalische Eigenschaften, die eine Handhabung unter normalen Laborbedingungen ermöglichen. Die Reaktivität weicht allerdings in erheblichem Maße von der "normalen" Aromatenchemie ab. Reaktionssequenzen, die in der Benzolchemie ohne Probleme zum Erfolg führen, verlaufen mit Anthracen **6** oft deutlich schlechter, liefern unerwartete Resultate oder scheitern gänzlich. Die Anthracenchemie ist somit, obwohl seit langer Zeit Gegenstand intensiver Untersuchungen, ein hochgradig interessantes Gebiet, das den Experimentator mitunter vor überraschende Herausforderungen stellt. Einen zusätzlichen Anreiz bot die Tatsache, dass schon DIELS während seiner Schaffenszeit in Kiel intensive Untersuchungen an diesem Aromaten durchführte.[26]

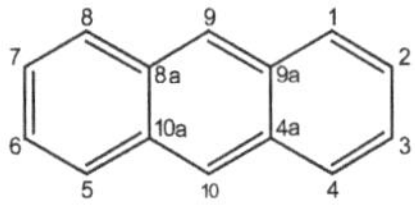

Abbildung 9: Nummerierung des polycyclischen Aromaten Anthracen **6** gemäß IUPAC.

Die besondere Reaktivität des Anthracens **6** ergibt sich durch den Umstand, dass nur einer der drei Benzolringe ein vollständiges Elektronensextett besitzt. Als Folge ist der aromatische Charakter des mittleren Rings relativ schwach ausgeprägt. An den Atomen C–9 und C–10 ist nicht nur die klassische elektrophile Substitution am Aromaten, sondern auch eine einfache Additionsreaktion möglich. Die Addition führt zur Bildung von Derivaten des 9,10-Dihydroanthracens **10**, das durch die Bildung eines quasi-chinoiden Systems im mittleren Ring beziehungsweise zweier vollständig aromatischer Systeme in den äußeren

Ringen stabilisiert ist. Dies erklärt die gegenüber Naphthalin oder dem Isomeren Phenanthren deutlich höhere Reaktivität. Die Addition von Halogenen, die im Gegensatz zu anderen Aromaten auch ohne Katalysator abläuft, liefert zwar isolierbare Produkte, diese rearomatisieren jedoch relativ schnell durch 1,4-Eliminierung. Hingegen sind die Produkte von Cycloadditions- oder Oxidationsreaktionen mitunter sehr stabil (vgl. *Schema 3*).

Prominente Beispiele von Reaktionen, die an Aromaten normalerweise nicht beobachtet werden, sind die Dimerisierung von Anthracen 6 im Sinne einer [4+4]-Cycloaddition, welche in Lösung unter Bestrahlung stattfindet, die Oxidation zu Anthrachinon 11 unter Sauerstoffeinfluss und das Vermögen, in DIELS-ALDER-Reaktionen als Dien zu fungieren.

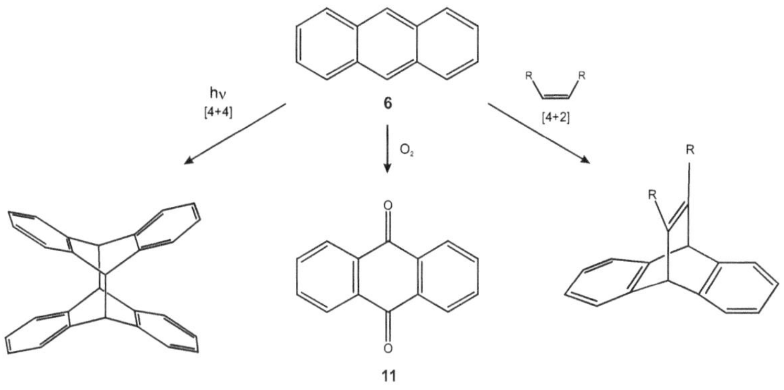

Schema 3: Produkte des Anthracens 6, die auf der besonderen Reaktivität seiner 9,10-Position beruhen.

Ebenfalls abweichend von der Benzolchemie stellt sich die Stabilität der Anthracenderivate dar. Alle Umsetzungen an der 9,10-Position weisen ein erhöhtes Maß an Reversibilität auf. Dies prägt sich deutlich darin aus, dass Anthracen 6 und Anthrachinon 11 als thermodynamisch besonders stabile Verbindungen stete Verunreinigungen aller Reaktionsprodukte in dieser Arbeit darstellten, gleichgültig welches Anthracenderivat als Ausgangsverbindung diente.

Eine Reaktion an den äußeren Ringsystemen erfolgt in der Regel erst dann, wenn die 9,10-Positionen bereits substituiert sind. Die Regioselektivität ist kaum zu steuern. Zur gezielten Synthese ist es vielmehr nötig, das bereits substituierte polycyclische Gerüst unter Verwendung entsprechender Reaktanden aufzubauen. Durch Pyrolyse substituierter 2-Methylbenzophenone[27] oder durch die schon lange bekannte Friedel-Crafts-Acylierung von Phthalsäureanhydrid mit entsprechend substituierten Benzolkörpern ist ein Zugang zu Anthrachinonen mit definiertem Substitutionsmuster in begrenztem Maße möglich. Die resultierenden Anthrachinonderivate können durch Reduktion mit Zink oder Zinn in die Anthracenverbindungen überführt werden. Die 1,4,5,8-tetrasubstituierten oder gar die 1,4,5,8,9,10-hexasubstituierten Anthracene sind aber bis heute, abgesehen von wenigen Ausnahmen, unbekannt.[28]

3.1.2 Darstellung von Halogenanthracenen

Anthracen 6 selbst ist nur bedingt geeignet, um die breite Vielfalt an Derivaten durch elektrophile Substitution zu erschließen, da zumeist nur die Monosubstitution an C-9 erfolgreich ist. 9,10-disubstituierte Anthracenderivate werden am einfachsten durch *ipso*-Substitutionen an 9,10-Dihalogenanthracen erhalten.

3.1.2.1 Chlorderivate des Anthracens

Gezielte Chlorierungen an Anthracen 6 sind bei Verwendung des elementaren Halogens unter normalen Laborbedingungen nur bedingt praktikabel, da ein sicherer und dosierter Einsatz von Chlor deutliche Schwierigkeiten mit sich bringt. Die Reaktivität der Chloranthracene ist erwartungsgemäß gering. Daher kommen 9-Chloranthracen, das durch Umsetzung mit *N*-Chlorsuccinimid erhalten werden kann, und 9,10-Dichloranthracen 12 im Verlauf dieser Arbeit keine größere Bedeutung zu. Einzig erwähnenswert sei an dieser Stelle die etwas ungewöhnliche, aber praktische Darstellungsmethode der Dichlorverbindung 12 durch Verschmelzen des Aromaten 6 mit Phosphorpentachlorid 13. Der Schmelzfluss fand auch bei der Synthese von Anthracen-9,10-dicarbonsäuredichlorid 9 Anwendung.

3.1.2.2 Bromderivate des Anthracens

Neben der einfacheren Handhabung von Brom zeigen Bromaromaten allgemein eine höhere Reaktionsfähigkeit. Die bromsubstituierten Anthracene waren auch im großen Maßstab gut darstellbar, leicht zu handhaben und lagerstabil. Sie sind daher von einer zentralen Bedeutung für eine überwiegende Zahl der in dieser Arbeit untersuchten Reaktionen.

3.1.2.3 Darstellung von 9-Bromanthracen 14

Für die Darstellung von 9-Bromathracen **14** sind zwei gängige Methoden literaturbekannt (vgl. *Schema 4*). Nach der Methode von BARNETT wurde durch elektrophile Addition von Brom an Anthracen **6** in der Kälte zunächst das 9,10-Dibrom-9,10-dihydroanthracen **15** erhalten. Dieses metastabile Additionsprodukt eliminierte im trockenen Zustand in der Kälte nur langsam, in Lösung temperaturabhängig innerhalb einiger Tage oder Stunden Bromwasserstoff unter Bildung des 9-Bromanthracens **14**.[29]

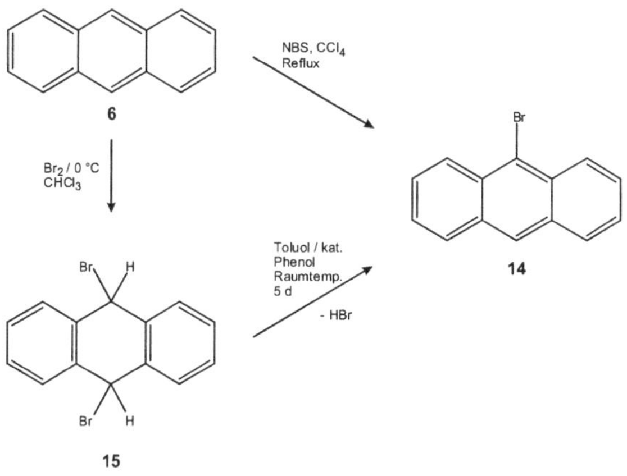

Schema 4: Gängige Synthesen von 9-Bromathracen **14**. In dieser Arbeit wurde ausschließlich die zweistufige Methode nach BARNETT verwendet.

Die Reaktion von Anthracen **6** mit *N*-Bromsuccinimid unter Zusatz katalytischer Mengen Iod, die das Monobromid **14** direkt liefert, wurde in dieser Arbeit nicht angewendet, da bei dieser Methode Tetrachlormethan als Lösungsmittel nicht durch das weniger toxische Chloroform substituiert werden konnte.[30]

3.1.2.4 Darstellung von 9,10-Dibromanthracen 16

9,10-Dibromanthracen **16** war durch Halogenierung von Anthracen **6** in Chloroform bei einer Temperatur von 50 °C leicht erhältlich. Eine geringfügig abweichende Methode wurde von CAKMAK im Jahr 2006 veröffentlicht.[31] Seine Befunde decken sich im wesentlichen mit denen in dieser Arbeit bereits zuvor gemachten Beobachtungen. Es konnten erfreulich hohe Ausbeuten und Ansatzgrößen von bis zu 500 g realisiert werden.

3.1.2.5 Iodderivate des Anthracens

Aryliodide besitzen im Vergleich zu den Bromaromaten oft eine deutlich gesteigerte Reaktivität. Die Darstellung von 9-Iodanthracen aus dem Aromaten **6** und Iod gelingt nur unter Verwendung von Lewis-Katalysatoren und mit schlechten Ausbeuten.[32] Das Diiodid **17** konnte auf diese Weise nicht erhalten werden, stattdessen war ein Halogen-Metall-Austausch an 9,10-Dibromanthracen **16** und anschließender Umsetzung mit Iod erfolgreich. Die Verbindung erwies sich allerdings sowohl im festen wie auch im gelösten Zustand als thermisch und photochemisch nur mäßig stabil. Bereits der Einfluss von diffusem Tageslicht oder Erwärmung in Lösung führte zur Abspaltung des Halogens.

3.1.2.6 Darstellung von 9,10-Diiodanthracen 17

In ersten Veröffentlichungen zur Darstellung von Iodanthracenen wurden die GRIGNARD-Verbindungen des Anthracens untersucht.[33] Die vorgestellten Synthesen erwiesen sich jedoch als nicht reproduzierbar. Das Dibromid **16** war selbst in siedendem Anisol unter

Verwendung von Ultraschall nicht mit Magnesium umsetzbar, so dass sich diese Variante als ungeeignet erwies.

Synthetisch einfacher war ein Halogen-Metall-Austausch unter Verwendung von *n*-Butyllithium.[34] Das hierbei entstehende 9,10-Dilitioanthracen **18** erwies sich als äußerst wertvolles Intermediat, das den Zugang zu einer Vielzahl weiterer Verbindungen ermöglichte. Das optimierte Syntheseprotokoll wird daher an dieser Stelle eingehender erläutert.

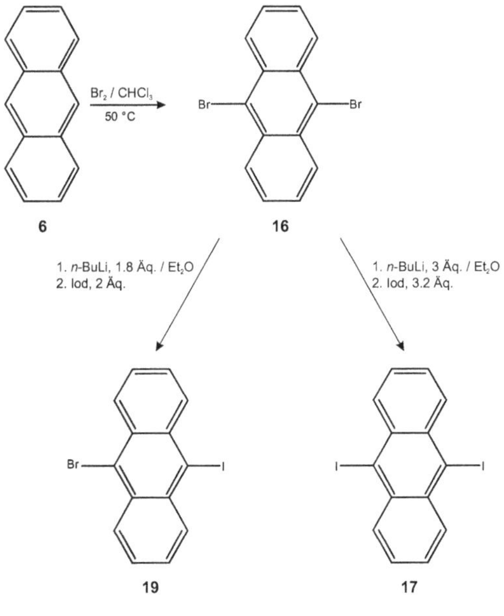

Schema 5: Darstellung von 9,10-Diiodanthracen **17** und 9-Brom-10-iodanthracen **19** durch Halogen-Metall-Austausch und Versetzen mit Iod.

Halogen-Metall-Austauschreaktionen mit Organolithiumreagenzien werden üblicherweise bei tiefen Temperaturen durchgeführt. 9,10-Dihalogenanthracene sind unter diesen Bedingungen kaum löslich und bilden selbst bei höheren Temperaturen Suspensionen. Die schnelle Zugabe von *n*-Butyllithium führt zur Inklusion von Edukt durch ausfallendes Dilithioanthracen **18** und somit zur Verunreinigung des späteren Produkts. Bei Durchführen der Reaktion in Diethylether bei Raumtemperatur kam es bei ausreichend langsamer Zugabe von *n*-Butyllithium allerdings temporär zu einer Klärung der Suspension. Durch kurze Unterbrechung des Zusatzes konnte sämtliches Halogenanthracen **16** in Lösung gebracht werden, ein Fortsetzen der Zugabe führte zur spontanen Trübung und Fällung des dilithiierten Anthracens **18**. Die gut lösliche Spezies war mit großer Wahrscheinlichkeit dem einfach lithiierten Anthracen zuzuordnen. Quenchen mit einem Überschuss Iod ergab das Diiodid **17**, ein Quenchen am Klarpunkt führte zur Bildung des 9-Brom-10-iodanthracens **19** (vgl. *Schema 5*).[35]

3.1.3 Synthese macrocyclischer Moleküle

3.1.3.1 Allgemeine Grundlagen

Die gezielte Darstellung cyclischer, gürtelförmiger oder toroidaler Strukturen ist seit jeher ein anspruchsvolles Gebiet der organischen Chemie. Neben ihrem rein ästhetischen Anspruch sind solche Verbindungen auch durch ihre zu erwartenden ungewöhnlichen Eigenschaften von höchstem Interesse. Der Zugang zu macrocyclischen Strukturen durch Verknüpfung von kleineren Segmenten ist prinzipiell auf mehrere Vorgehensweisen denkbar. Allen Methoden ist gemein, dass in einem finalen Schritt ein bifunktionelles Molekül mit gegebenenfalls komplementären Termini in einer intramolekularen Reaktion zur Bildung des Cyclus führt.

Je nach verwendetem Synthon kann eine gezielte Macrocyclensynthese, wie in *Abbildung 9* gezeigt, prinzipiell auf jeder Stufe begonnen werden, wobei sich drei Methoden voneinander abgrenzen lassen.

1. Cyclooligomerisierung von Monomerbausteinen: Bifunktionelle Monomerbausteine werden unter Ein-Topf-Bedingungen zur Reaktion gebracht. Unter kinetischer Kontrolle beginnt ein Kettenwachstum, das bei geeigneten Bedingungen zu cyclischen Produkten führt.

2. Intermolekulare Verknüpfung von Oligomerbausteinen: In separaten Reaktionsschritten werden mindestens zwei, meist komplementäre, Oligomere aufgebaut, die dann miteinander unter Cyclisierung zur Reaktion gebracht werden.

3. Intramolekulare Ringschlussreaktion eines α,ω-difunktionalisierten Oligomers: Ein bifunktionales Oligomer, das in seiner Länge dem Umfang des Cyclus entspricht, wird in einzelnen Schritten aufgebaut und abschließend cyclisiert.

Zur Darstellung von Macrocyclen auf Basis von Anthracen als Gerüstkörper kommen lediglich die beiden ersten Methoden in Frage. Die Synthese eines entsprechenden α,ω-difunktionalisierten Oligomers erscheint aufgrund der bekannten geringen Löslichkeit von Verbindungen, die mehrere Anthracenkerne enthalten, als nicht realisierbar.

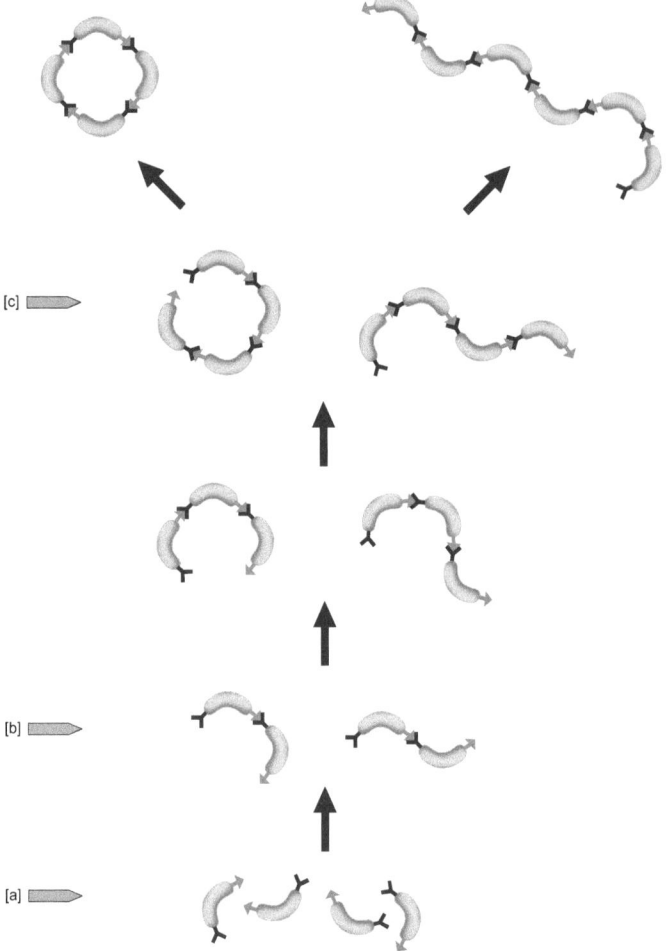

Abbildung 10: Schematische Darstellung der Macrocyclisierung ohne Templatunterstützung: Die statistische Verknüpfung von Monomerbausteinen [a] führt neben der Bildung von cyclischen Produkten auch zur Bildung von Polymeren. Die intermolekulare Verknüpfung größerer Bausteine [b] kann bei einer geometrischen Vororientierung den Ringschluss begünstigen, ebenso wie der intramolekulare Ringschluss großer Oligomere [c].

3.1.3.2 Gegenüberstellung der denkbaren Methoden

Die Cyclooligomerisierung von Monomerbausteinen bedient sich der Verknüpfung bifunktioneller Moleküle. Besitzt der Monomer zwei gleichartige Funktionalitäten, verläuft die Oligomerisierung als Homokupplung, für die Kreuzkupplung ist die Verwendung von Monomeren mit komplementären Termini nötig. Zunächst erfolgt die Bildung offenkettiger Oligomere, deren Kettenlänge kontinuierlich wächst. Erreichen diese Oligomere eine kritische Größe, so ist ein Ringschluss möglich. Da die Verknüpfungsreaktionen zumeist nicht reversibel sind (Ausnahme ist zum Beispiel die Ringerweiterungsmetathese), verläuft die Bildung von Oligomeren unter kinetischer Kontrolle. Die Cyclisierung zu thermodynamisch stabilen Ringen geeigneter Größe steht dabei in direkter Konkurrenz zum weiteren Wachstum der offenkettigen Spezies. Das unkontrollierte Wachsen zu übermäßig langen, linearen Produkten wird als "Overshooting" bezeichnet. Da die Bildung großer Cyclen entropisch ungünstig ist, dem gegenüber aber kleine Ringe in aller Regel eine hohe Ringspannung aufweisen, wodurch sie thermodynamisch nicht bevorzugt werden, steht für die Cyclisierung nur ein recht schmales Fenster geeignet langer, offenkettiger Oligomere zur Verfügung. Gleichwohl bietet die Cyclooligomerisierung den Vorteil, dass die Reaktanden in der Regel in einer Ein-Topf-Synthese miteinander umgesetzt werden können. Der einfachen Zugänglichkeit der Ausgangssubstanzen und der wenig aufwändigen Reaktionsführung steht jedoch neben der Vielzahl an gebildeten offenkettigen wie cyclischen Produkten auch die Bildung von polymerem Material gegenüber. Dies bringt neben einer stark verringerten Ausbeute auch mitunter erhebliche Trennprobleme mit sich.

Ein anschauliches Beispiel für eine Cyclooligomerisierung ist die 1974 von STAAB beschriebene Darstellung des [2.2.2.2.2.2]Metacyclophan-1,9,17,25,33,41-hexains **20** durch sechsfache STEPHENS-CASTRO-Kupplung von 3-Iodphenylacetylen **21** (vgl. *Schema 6*).[36] Trotz der günstigen Ringgröße und einer geometrischen Vororientierung durch die *meta*-Substitution dürfte das in Konkurrenz zur Cyclisierung stehende lineare Kettenwachstum ein wesentlicher Grund für die geringe Ausbeute an Cyclus von nur knapp 5 % gewesen sein.

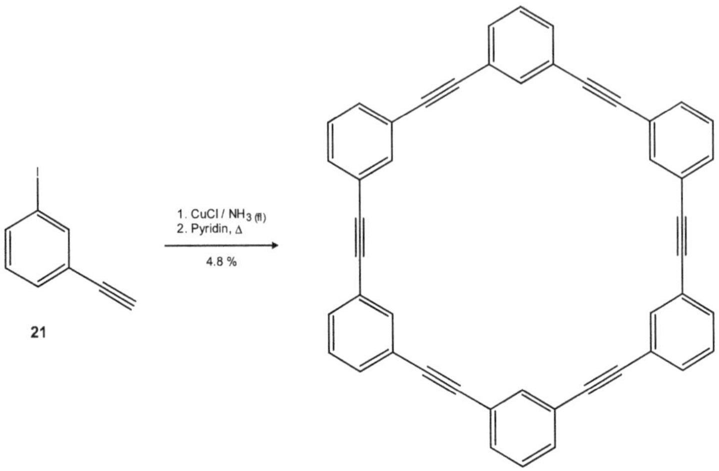

Schema 6: Die Cyclooligomerisierung von 3-Iodphenylacetylen **21** durch sechsfache STEPHENS-CASTRO-Kupplung führt zur Bildung des cyclischen Metacyclophans **20**.

Die intermolekulare Verknüpfung von Oligomerbausteinen gelingt am besten, wenn die Bausteine starr und geeignet vororientiert sind. Hierdurch wird die Bildung von Polymeren in den Hintergrund gedrängt. Eindrucksvolles Beispiel für diese Methode ist die in *Schema 7* gezeigte Darstellung der CPPAs nach ODA: Als Baustein wurde 4,4'-Diformyl-(*Z*)-stilben **22** verwendet, das durch multiple MCMURRY-Kupplung und eine nachfolgende Halogenierungs-Dehydrohalogenierungs-Sequenz in die Macrocyclen **5a** überführt wurde.

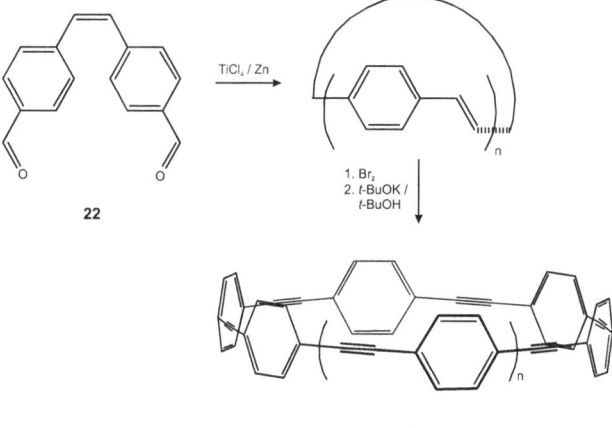

Schema 7: Synthese von [n]-CPPAs **5a** nach ODA *et al.* durch eine Sequenz aus multipler MCMURRY-Kupplung, Bromierung und Dehydrohalogenierung.

3.2 Cyclische Anthrylenacetylene nach ODA

Aufgrund der Planarität von Anthracen **6** und der Rigidität der Acetylengruppe sind 9,10-Poly(ethinyl)anthracene streng lineare Verbindungen, die aufgrund ihrer möglichen Verwendbarkeit als leitfähige Polymere in organischen Leuchtdioden (OLED) Gegenstand intensiver Forschungen sind. Die kaum vorhandene Löslichkeit derartiger Polymere verlangt allerdings für eine Anwendung in der molekularen Elektronik nach einer weiteren Funktionalisierung der Anthracenkörper mit Substituenten, die die Löslichkeit erhöhen.[37]

Zur Darstellung macrocyclischer Verbindungen auf Anthracenbasis ist das temporäre Einbringen mehrerer gewinkelter Moleküldomänen zwingend erforderlich. In der von ODA *et al.* vorgestellten CPPA-Synthese dient als gewinkeltes Strukturelement die Ethenbrücke der *cis*-4,4'-Formylstilben-Einheiten.

Zur Adaption des Cyclisierungsverfahrens nach ODA mit Anthracen **6** als Gerüstkörper war somit die Darstellung eines stilben-analogen 1,2-Di(10-formylanthracen-9-yl)ethens nötig. Da die selektive Halogenierung und Formylierung von 1,2-Di(anthracen-9-yl)ethen **23** schwierig erschien, wurde vom bereits funktionalisierten 10-Brom-9-formylanthracen **24** ausgegangen, das über eine MCMURRY-Kupplung in 1,2-Di(10-bromanthracen-9-yl)ethen **25** überführt wurde. Für Cyclisierungsversuche ohne vorherige Dimerisierung wurde 9,10-Diformylanthracen **26** als bifunktionelle Ausgangsverbindung bereitgestellt. Für die alternativ denkbare Syntheseroute über eine multiple WITTIG-Reaktion nach WENNERSTRÖM et al.[38] wurden zusätzlich die drei Phosphoniumsalze **27**, **28** und **29** synthetisiert. Eine Übersicht über die benötigten Ausgangsverbindungen gibt *Abbildung 11*.

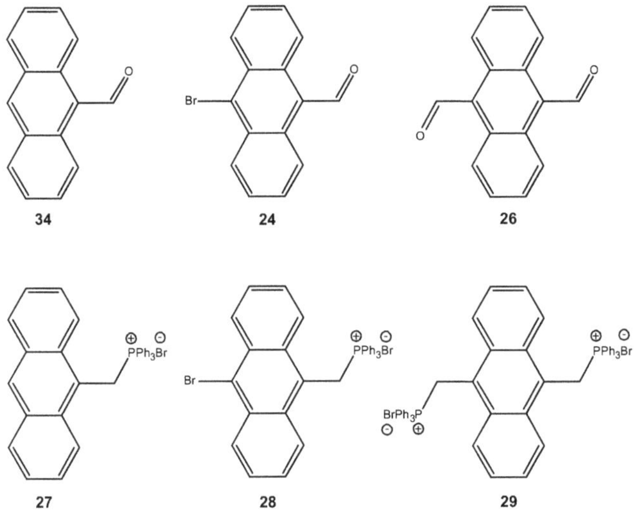

Abbildung 11: Übersicht über die für die Oligocyclisierung benötigten Verbindungen. Neben den Aldehyden für die Kupplung nach MCMURRY werden für die WITTIG-Reaktion auch die entsprechenden Phosphoniumsalze benötigt.

3.2.1 Synthese der Ausgangsverbindungen

3.2.1.1 Darstellung von Formylanthracenen

Die Umsetzung von 9-Bromanthracen **14** zu 10-Brom-9-formylanthracen **24** in einer Reaktion nach VILSMEIER verläuft nicht erfolgreich. Auch der Dialdehyd **26** ist nicht über eine doppelte Formylierung aus Anthracen **6** zugänglich. In beiden Fällen wirkt sich die Erstsubstitution zu stark deaktivierend auf das aromatische System aus.

Für die Darstellung des Dialdehyds **26** sind mehrere Syntheseprotokolle in der Literatur beschrieben. 9,10-Bis(hydroxymethyl)anthracen **30** kann durch Reduktion der Anthracen-9,10-dicarbonsäure **31** erhalten werden. Die Oxidation des Diols mit Pyridiniumchlorochromat oder DESS-MARTIN-Periodinan ergibt dann den Aldehyd **26**. Eine weitere Methode ist die Oxidation von 9,10-Dimethylanthracen mit Benzolselensäureanhydrid. Präparativ einfacher erschien die von SILLION veröffentlichte Methode des zweifachen Brom-Lithium-Austauschs an 9,10-Dibromanthracen **16** und nachfolgender Umsetzung mit einem Formyldonor.[39] Als Formylquelle wurden Methylformiat, Formamid oder *N,N*-Dimethylformamid (DMF) beschrieben.[40] Versuche, den Dialdehyd **26** auf diese Weise zu erhalten, konnten allerdings nicht reproduziert werden. Stattdessen bildete sich hierbei erfreulicherweise ausschließlich das asymmetrisch substituierte 10-Brom-9-formylanthracen **24** (vgl. *Schema 8*). Einzig erfolgreich für die Darstellung von 9,10-Diformylanthracen **26** erwies sich die Variante nach HWANG *et al.*, in der *N*-Formylmorpholin (NFM) als besonders potentes und vor allem nicht toxisches Formylierungsreagenz Verwendung fand.[41] Trotz Anwendung des in Kapitel 3.1.2.6 beschriebenen Syntheseprotokolls zur Darstellung des dilithiierten Anthracens **18** und dem Einsatz eines hohen Überschusses *n*-Butyllitium konnte die von HWANG angegebene Ausbeute von 97 % nicht erreicht werden.

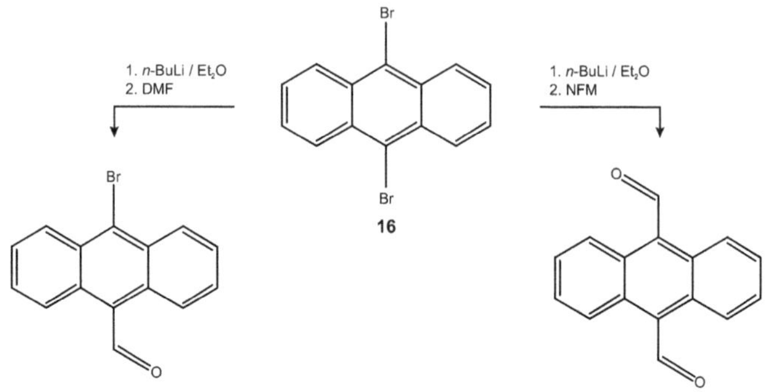

Schema 8: Abhängig vom verwendeten Formylierungsreagenz können aus 9,10-Dibromanthracen **16** die zwei Formylanthracene **24** und **26** erhalten werden. Der Dialdehyd **26** war nur durch Verwendung von *N*-Formylmorpholin zugänglich.

3.2.1.2 Darstellung der Phosphoniumsalze

9,10-Bis(brommethyl)anthracen **32** war in einfacher Weise durch eine Brommethylierung erhältlich.[42] Hierzu wurde Anthracen **6** mit Paraformaldehyd in einer 33proz. Lösung von Bromwasserstoff in Eisessig umgesetzt. Wenngleich das Dibromid **32** aufgrund der schlechten Löslichkeit nicht vollständig von Anthracenresten befreit werden konnte, eignete es sich hinreichend für eine Umsetzung mit Triphenylphosphin in siedendem Xylol.[43] Das entsprechende Bisphosphoniumsalz **29** fiel aus dem Reaktionsgemisch in guter Reinheit aus. In gleicher Weise konnte durch Verwendung von 9-Bromanthracen **14** auch das [(10-Bromanthracen-9-yl)methyl]triphenylphosphoniumbromid **28** dargestellt werden (vgl. *Schema 9*).

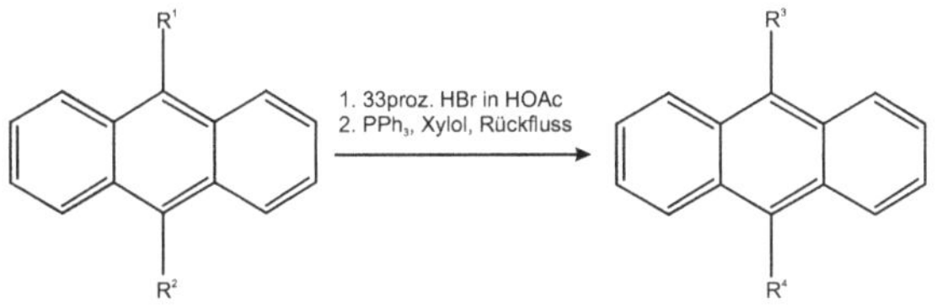

6: R¹ = R² = H
14: R¹ = Br, R² = H

28: R³ = Br, R⁴ = CH$_2$P(Ph)$_3$Br
29: R³ = R⁴ = CH$_2$P(Ph)$_3$Br

Schema 9: Die Darstellung der Phosphoniumsalze **28** und **29** gelang in einfacher Weise durch Brommethylierung und nachfolgender Umsetzung mit Triphenylphosphin.

Anspruchsvoller war der Zugang zu dem Phosphoniumsalz **27**, da das entsprechende 9-Brommethylanthracen **33** zunächst aus 9-Formylanthracen **34** durch Reduktion mit Natriumborhydrid zum 9-Anthrylmethanol **35** und nachfolgender Umsetzung mit Phosphortribromid herzustellen war.[44]

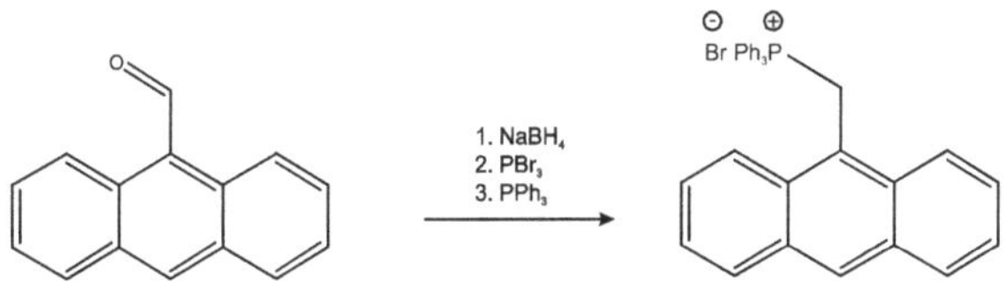

Schema 10: Die Darstellung von (Anthracen-9-ylmethyl)triphenylphosphoniumbromid **27** gelang aus 9-Formylanthracen **34** nur in einer mehrstufigen Synthese.

3.2.2 Darstellung von 1,2-Di(10-bromanthracen-9-yl)ethen 25

Zur Darstellung von 1,2-Di(10-bromanthracen-9-yl)ethen **25** wurden die MCMURRY-Kupplung und die WITTIG-Reaktion vergleichend gegenübergestellt, um Aussagen zur *cis-trans*-Selektivität und Effizienz der Reaktionen treffen zu können.

3.2.2.1 Variante A: MCMURRY-Kupplung

Die MCMURRY-Kupplung von 10-Brom-9-formylanthracen **24** nach einer Vorschrift von LENOIR ergab das Ethen **25** in 36 % Ausbeute.[45] Die niedervalenten Titanspezies wurde in Tetrahydrofuran bei tiefen Temperaturen unter Verwendung von Zink erhalten. Durch den unterstützenden Einsatz von Ultraschall konnte die Reaktion beschleunigt werden. Der Reaktionsansatz wurde zunächst bei Raumtemperatur gehalten, um die Bildung des thermodynamisch stabileren (*E*)-Isomers zu unterdrücken. Kontinuierliche DC-Kontrolle zeigte jedoch auch nach mehreren Stunden keine nennenswerte Umsetzung. Daher wurde das Reaktionsgemisch im weiteren Verlauf unter Rückfluss erhitzt. Nicht umgesetztes Edukt war nach Abschluss der Reaktion chromatographisch abtrennbar. Die physikalischen und spektroskopischen Daten des erhaltenen Produkts deckten sich mit den Literaturwerten des (*E*)-Isomers. Aufgrund der geringen Stereoselektivität der Kupplungsmethode und des mehrstündigen Refluxierens erschien dieses Resultat wenig überraschend. Weitere Versuche mit verlängerter Reaktionszeit bei Verzicht auf Rückflussbedingungen führten ebenfalls nicht zum Erfolg. Auch die von ODA beschrieben Verwendung von DME-Toluol-Gemischen war nicht erfolgreich anwendbar.[46]

3.2.2.2 Variante B: WITTIG-Reaktion

Die WITTIG-Reaktion nach einem Syntheseprotokoll von WILCOX sollte mit hoher Selektivität *cis*-selektiv verlaufen.[47] Für die stereoselektive Reaktion wurden der Aldehyd **24** und [(10-Bromanthracen-9-yl)methyl]triphenylphosphoniumbromid **28** in dem für diesen Reaktionstyp eher untypischen Lösungsmittel Dichlormethan umgesetzt. Als Base diente feinst gepulvertes Kaliumhydroxid unter Zusatz eines Phasentransferkatalysators

([18]Krone-6). Die chromatographische Reinigung lieferte das Ethen 25 in einer Ausbeute von 31 %. Auch in diesem Fall ergab der Vergleich der NMR-spektroskopischen Daten eine gute Übereinstimmung sowohl mit den von BECKER für das (*E*)-Isomer publizierten Werten als auch mit dem zuvor isolierten Produkt der MCMURRY-Kupplung.[48]

Ein Vergleich der beiden Methoden ergab weder hinsichtlich der Ausbeute noch in Bezug auf die Stereoselektivität einen signifikanten Vorteil. Da die Mischung beider Produkte keine Erniedrigung des Schmelzpunktes gegenüber den Einzelsubstanzen aufwies (Methode der gemischten Schmelzpunkte), war lediglich sichergestellt, dass beide Methoden das identische Produkt geliefert haben. Die *cis*-selektive Darstellung des Alkens konnte in beiden Fällen nicht eindeutig bewiesen oder ausgeschlossen werden. Die spektroskopische Unterscheidung der beiden Konformationsisomere fußte im Wesentlichen auf der voneinander abweichenden chemische Verschiebung der Ethenprotonen. Nach der Inkrementmethode differieren die Signallagen allerdings nur um 0.15 ppm. Die Anwendung mehrdimensionaler spektroskopischer Methoden, insbesondere des NOE-Experiments, war aufgrund der hohen Symmetrie der Verbindung nicht aussagekräftig. Da Vergleichsdaten fehlten, war eine Bestimmung der Konformation durch die NMR-Daten nicht möglich. Eine eindeutige Zuordnung durch Einkristallstrukturanalyse wäre äußerst wünschenswert gewesen, trotz erheblicher Anstrengungen konnten jedoch keine hierfür tauglichen Kristalle erhalten werden.

3.2.2.3 Versuche zur Bromierung der Alkenbrücke

In den Arbeiten von ODA ist die Bromierung der Etheneinheiten und nachfolgende Dehydrohalogenierung der abschließende Reaktionsschritt zur Erzeugung der CPPAs. MOHEBBI konnte in Arbeiten zu seiner Dissertation ebenfalls ein ringförmiges Molekül, bestehend aus zwei Anthracen- und vier Phenyleinheiten aufbauen.[49] Der finale Reaktionsschritt zur Bildung eines über Ethinylbrücken verknüpften, vollständig konjugierten Ringsystems gelang jedoch nicht.

Daher wurden bereits an dieser Stelle Versuche zur Bromierung der Ethenbrücke ausgeführt. Allerdings konnte das Dianthrylalken 25 weder als Lösung in Chloroform durch langsame Zugabe von Brom, noch beim Refluxieren in elementarem Brom über mehrere Stunden hinweg zur Reaktion gebracht werden. Das Di(bromanthryl)ethen **25** erwies sich als außerordentlich stabil gegenüber den gewählten Reaktionsbedingungen und wurde in beiden Fällen quantitativ zurückgewonnen.

3.2.3 Diskussion der Ergebnisse

Aus den Vorversuchen ergeben sich zwei wichtiger Fragen. Zum einen ist nicht abschließend geklärt, ob durch die ausgewählten Reaktionen überhaupt das gewünschte *cis*-Isomer gebildet werden kann. Zum anderen ist zu begründen, warum die Addition von Brom an die Ethenbrücke nicht erfolgreich verlief.

Umfangreiche Literaturrecherchen ergaben, dass bereits BECKER *et al.* die Reaktivität von 1,2-Di(anthracen-9-yl)ethen **23** hinsichtlich der elektrophilen Addition von Brom untersuchten.[48] Durch WITTIG-Reaktion von 9-Formylanthracen **34** und dem Phosphoniumsalz **27** konnte ebenfalls nur das (*E*)-Isomer erhalten werden. Das (*Z*)-Isomer war durch eine partielle katalytische Hydrierung von 1,2-Di(anthracen-9-yl)acetylen **36** zugänglich. Die Umsetzung beider Isomere mit Brom führte nicht zu dem erwarteten Additionsprodukt 1,2-Dibrom-1,2-di(anthracen-9-yl)ethan **37**, sondern ausschließlich zum Substitutionsprodukt (*E*)-1,2-Di(10-bromanthracen-9-yl)ethen **25**. Zur Klärung der ausbleibenden Reaktion an der Ethenbrücke wurden von BECKER sterische Einflüsse vermutet und daher röntgenographische Untersuchungen angestellt. Hierbei zeigte sich, dass das Alken **23** nicht die erwartete planare Struktur aufweist, sondern in zwei Konformeren vorliegt, bei denen die Anthraceneinheiten parallel oder orthogonal zueinander ausgerichtet sind.

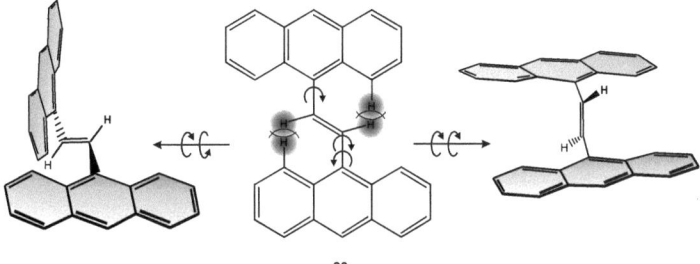

23

Schema 11: Der sterische Anspruch der Ethenprotonen verhindert eine planare Konformation (Mitte) des (*E*)-1,2-Di(9-anthryl)ethens **23**. Denkbar sind zwei Konformationsisomere: Konrotatorische Drehung führt zu einer parallelen, disrotatorische Drehung zu einer orthogonalen Anordnung der Anthraceneinheiten.

Schema 11 verdeutlicht die sterischen Wechselwirkungen der Ethenprotonen und der Wasserstoffatome in 1-Position des Anthracens. Ein disrotatorischer Twist des Systems führt zu einer Konformation, in der die π-Systeme der beiden Anthraceneinheiten nahezu senkrecht aufeinander stehen, der Winkel zwischen den beiden Ebenen wurde aus den kristallographischen Daten mit knapp 70° bestimmt. Gemäß der Einkristallstrukturanalyse liegt das Dianthrylethen **23** im Festkörper ausschließlich in dieser Konformation vor. Die konrotatorische Drehung führt zu einer fast parallelen Anordnung der Anthracenkörper, wobei die Ebene der Aromaten etwa 60° gegen die Ebene der Ethenbrücke verdreht ist. Diese Konformation stellt die bevorzugte Anordnung des Di(bromanthryl)ethens **25** dar.

Die Addition eines Halogens an die Ethenbindung erscheint für beide Konformere des *trans*-Isomers tatsächlich außerordentlich unwahrscheinlich. Die notwendige nahezu lotrechte Annäherung des Halogens an die Ebene des π-Elektronensystem der Alkenbrücke wird durch die Anthraceneinheiten wirkungsvoll verhindert. Die Ausbildung des cyclisch verbrückten, kationischen Übergangszustandes ist sterisch extrem gehemmt.

Für die jeweiligen *cis*-Isomere der Anthrylethene **23** und **25** wurden bisher keine Strukturdaten veröffentlicht. Auf semiempirischem Niveau (AM1) geometrieoptimierte Strukturen legen jedoch eine V-förmige Anordnung der Anthracensysteme nahe, wodurch eine besonders gute Abschirmung der π-Elektronen des Alkens innerhalb der Kavität erreicht wird. Das *Schema 12* zeigt, dass eine Addition von Halogenen an das *cis*-Isomer ebenfalls kaum erfolgreich verlaufen wird: Zwar ist der Angriff eines Bromoniumions von der sterisch nicht abgeschirmten äußeren Seite denkbar, der nachfolgende Rückseitenangriff ist aber außerordentlich erschwert.

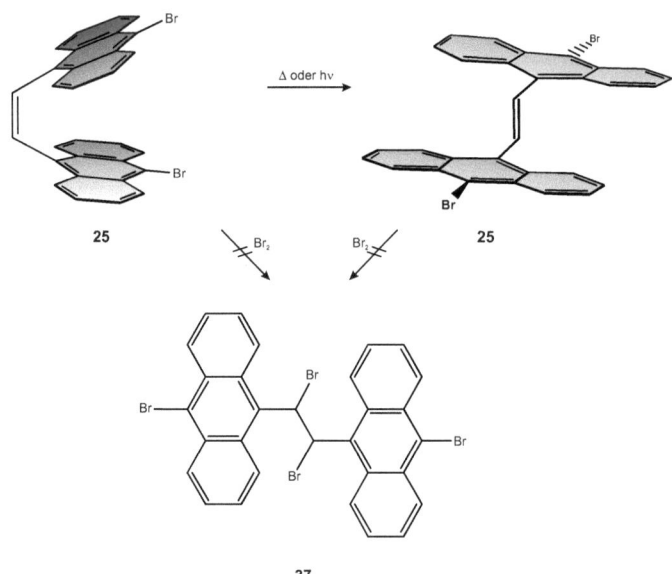

Schema 12: (*E*)- und (*Z*)-Konfigurationsisomere von 1,2-Di(10-bromanthracen-9-yl)ethen **25**. Durch Erwärmen oder Bestrahlen geht die *cis*- in die thermodynamisch stabilere *trans*-Form über. Eine Halogenierung der Ethenbrücke zum Produkt **37** ist aus sterischen Gründen bei beiden Isomeren nicht möglich.

3.2.4 Versuche zur Cyclooligomerisierung von 9,10-Diformylanthracen 26

In den Vorversuchen war als Kupplungsprodukt von 10-Brom-9-formylanthracen **24** nur das *trans*-konfigurierte Dianthrylethen **25** isolierbar. Dieses Isomer dürfte einer Ringbildung vermutlich keinen Vorschub leisten. Dennoch war die intermediäre Bildung *cis*-konfigurierter Kupplungsprodukte unter kinetisch kontrollierter Reaktionsführung nicht gänzlich auszuschließen. Trotz der erwarteten geringen Wahrscheinlichkeit auf Erfolg wurden daher Versuche zur Cyclooligomerisierung ohne vorhergehende Dimerisierung durchgeführt, wobei erneut die beiden vorgenannten alternativen Synthesewege zur Anwendung kamen.

3.2.4.1 Variante A: MCMURRY-Kupplung

In Analogie zu der bei den Vorversuchen verwendetet Methode nach LENOIR wurde 9,10-Diformylanthracen **26** unter Hochverdünnungsbedingungen mit niedervalentem Titan umgesetzt. Das erhaltene Produktgemisch zeigte bei dünnschichtchromatographischer Untersuchung eine sehr komplexe Zusammensetzung, die Trennung mittels analytischer HPLC war nicht erfolgreich. Neben Spuren von Anthracen **6** und Dialdehyd **26** wurde lediglich polymeres, nicht charakterisierbares, Material gefunden. Auch Variationen der Reaktionsdauer und der Reaktionstemperatur konnten keine anderen Resultate erbringen. Ebenso wenig führte die Reaktionsvariante nach ODA zum Erfolg. Als besonders problematisch bei der Reaktionsführung stellte sich die Herstellung des niedervalenten Titans dar: Beim Vermischen von Titan(IV)-chlorid und Lösungsmittel sowie bei Zugabe des Zinks und der Base wurde stets ein reges Farbspiel durchlaufen, das bei jedem weiteren Versuch deutliche Varianzen aufwies. Trotz der Verwendung von frisch destilliertem Solvens und Arbeiten unter Schlenkbedingungen war dieses Problem nicht zu beseitigen und ein reproduzierbares Ergebnis konnte trotz zahlreicher Versuche nicht erzielt werden.

3.2.4.2 Variante B: WITTIG-Reaktion

Neben der bereits vorgestellten *cis*-selektiven Methode nach WILCOX unter Phasentransferkatalyse wurden weitere Cyclisierungsversuche mit homogener

Reaktionsführung durch Verwendung von Kalium-*tert*-butanolat in Tetrahydrofuran sowie Lithiumethanolat in DMF nach WENNERSTRÖM angestellt. Zwar konnte bei allen Methoden die Bildung der Ylide durch eine Rotfärbung des Reaktionsgemischs vermutet werden Weder führte aber mehrtägiges Rühren bei Raumtemperatur noch Erwärmen auf 50 °C zu einer erfolgreichen Cyclisierung. Ein einheitliches Produkt war ebenfalls nicht isolierbar, lediglich Triphenylphosphin, Triphenylphosphinoxid und Anthracen **6** waren eindeutig nachweisbar. Die anfallenden schwarzbraunen, harzigen Rückstände deuteten aber auch hier auf die Bildung vorwiegend polymerer Produkte hin.

3.2.5 Zusammenfassende Betrachtung der Versuche

Die Synthese von Paracyclophanenen mit nachfolgender Bromierungs-Eliminierungs-Sequenz ist eine inzwischen gut etablierte Variante der kinetisch kontrollierten Cyclooligomerisierung, die zur Bildung von CPPAs verschiedener Ringgrößen führt. Obwohl diese Methoden mittlerweile auch auf Naphthalin als Gerüststruktur erweitert werden konnte, scheinen sich die Ergebnisse auf Anthracen **6** nicht einfach übertragen zu lassen.

Die Kupplung von 10-Brom-9-formylanthracen **24** gelang sowohl durch eine MCMURRY-Kupplung wie auch durch eine WITTIG-Reaktion. Eine zuverlässige Aussage über die Konfiguration der Ethenbrücke war durch Auswertung der spektroskopischen Daten allerdings nicht möglich. Das stilben-analoge 1,2-Di(anthracen-9-yl)ethen **23** kann zwar mit Brom zur Reaktion gebracht werden, es findet jedoch durch den erhöhten sterischen Anspruch der Anthracenkörper keine Bromierung der Ethenbrücke sondern eine Substitution am Anthracen statt. Das dargestellte 1,2-Di(10-bromanthracen-9-yl)ethen **25** zeigte sich gegenüber einer weiteren Reaktion mit Brom als völlig inert.

Die Macrocyclisierung nach der Methode von ODA erwies sich somit als nicht praktikabel. Offensichtlich besitzt der Anthracen als Gerüstkörper einen deutlich zu großen sterischen Anspruch, um eine erfolgreiche Bromierungs-Eliminierungs-Sequenz zu gewährleisten. Sofern für die Cyclisierung und nachfolgende Überführung der verknüpfenden Ethenbrücken in Alkingruppen keine alternativen Methoden gefunden werden können, verbleibt als Lösungsansatz die Variation der Zielstruktur.

3.3 Cyclisierung unter Verwendung einer Spacereinheit

3.3.1 Allgemeines

Eine mögliche Lösung für die beobachteten Probleme könnte das Einbringen einer Funktionalität sein, die das reaktive Zentrum der Ethenbrücke räumlich von der Anthraceneinheit trennt. Um die vollständige Konjugation eines potentiellen Macrocyclus weiterhin zu ermöglichen ohne eine zusätzliche konformative Flexibilität in das System einzuführen, ist als π-Spacer eine Acetylengruppe denkbar. Für die Cyclisierung unter Anwendung der bereits erwähnten Methoden sind mehrere Punkte zu diskutieren:

1. Die MCMURRY-Kupplung liefert nur als Homokupplung befriedigende Resultate. Die gekreuzte Verknüpfung verschiedener Aldehyde führt in der Regel zu reduzierten Ausbeuten und mehreren Produkten. Als Ausgangssubstanzen würden daher 9,10-Bis(prop-2-in-1-al-3-yl)-anthracen **38** oder 10-Brom-9-(prop-2-in-1-al-3-yl)anthracen **39** benötigt. Beide Verbindungen sind in der Literatur bisher nicht beschrieben.

2. Die Olefinierung nach WITTIG verläuft stets als gekreuzte Reaktion. Neben den bereits erwähnten Aldehyden **38** und **39** wären für symmetrische Produkte somit auch die entsprechende Alkinyl-Phosphoniumsalze **40** und **41** darzustellen

3. Als Produkt der Reaktionen würde ein En-Diin **42** entstehen. Dieses wäre zunächst selektiv an der Doppelbindung zu halogenieren und nachfolgend zu eliminieren. Somit würden die Anthraceneinheiten über jeweils drei Acetylengruppen zu einem cyclischen Bis-Triin **43** verknüpft (vgl. *Schema 13*). Zwar sinkt mit jeder Alkingruppe die Ringspannung des Cyclus. Die auf semiempirischem Niveau (AM1) geometrieoptimierte Struktur des hypothetischen Produkts **43** weist dennoch zwischen den Alkin-Gruppen einen Winkel von 160° und damit eine erhebliche Abweichung von der bevorzugten linearen Anordnung auf. Da offenkettige Triine in der Literatur bereits als nur mäßig stabil beschrieben worden

sind,[50] ist durch die auftretende Ringspannung eine weitere Verminderung der Stabilität zu erwarten. Die Darstellung der Zielverbindung dürfte sich somit als eine äußerst anspruchsvolle Aufgabe erweisen.

4. Lässt man nicht nur eine symmetrische Verknüpfung nach WITTIG zu, so wird eine recht große Zahl denkbarer Kombinationen von Edukten eröffnet. Da die WITTIG-Reaktion selber schon eine fast unüberschaubare Zahl möglicher Varianten in der Reaktionsführung erlaubt, als Variablen, die einen Einfluss auf den Reaktionsverlauf haben, sei an dieser Stelle nur das verwendete Lösungsmittel, eingesetzte Base sowie Temperatur und Dauer der Reaktion genannt, ergibt sich hieraus eine schier unüberschaubare Zahl zu untersuchender Reaktionssysteme. Die Bewältigung des synthetischen Aufwands innerhalb eines vernünftigen Zeitrahmens würde die Möglichkeiten eines normalen organischen Labors bei weitem übersteigen. Die Anwendung automatisierter High-Throughput-Sceening-Verfahren erscheint hier sinnvoll.

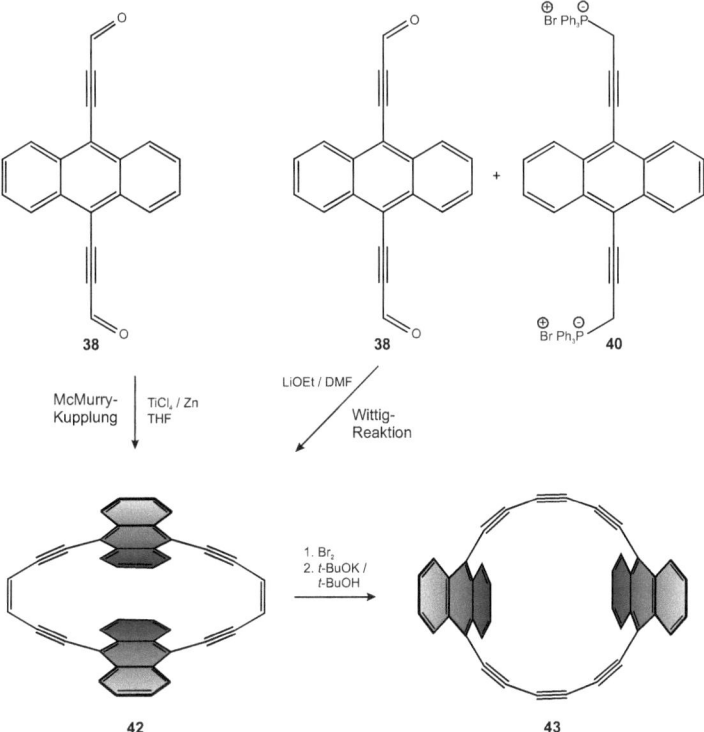

Schema 13: Durch MCMURRY-Kupplung oder WITTIG-Reaktion entsteht der hypothetische Macrocyclus **42**. Eine regioselektive Halogenierung und Eliminierung liefert dann den Macrocyclus **43** mit jeweils über drei Alkin-Spacergruppen getrennte Anthracenkörper.

3.3.2 Synthese der Ausgangsverbindungen

Zur weiteren Untersuchung der oben genannten Kupplungsreaktionen unter Erhalt symmetrischer Verbindungen waren 9-(Prop-2-in-1-al-3-yl)anthracen **44**, 9,10-Bis(prop-2-in-1-al-3-yl)anthracen **38**, 10-Brom-9-(prop-2-in-1-al-3-yl)anthracen **39**, 9{[(3-Triphenylphosphoniumyl)prop-1-inyl]anthracen}bomid **45**, 9{[(3-Triphenylphosphoniumyl)prop-1-inyl]-10-bromanthracen}bomid **41** und 9,10-Bis{[(3-triphenylphosphoniumyl)prop-1-inyl]anthracen}dibromid **40** darzustellen. Bis auf den Aldehyd **44** sind diese Verbindungen in der Literatur bisher nicht beschrieben worden.

3.3.3 Darstellung der Aldehyde

9-(Prop-2-in-1-al-3-yl)anthracen **44** wurde bereits in der Literatur erwähnt und zum einen über eine COREY-FUCHS-Reaktion[51] sowie durch die Oxidation von 9-(1-Hydroxyprop-2-in-3-yl)anthracen **46** dargestellt.[52] Es lag daher nahe, die für diesen Aldehyd publizierten Synthesewege nach einer Überprüfung der Reproduzierbarkeit auch auf die Darstellung des Bisaldehyds **38** anzuwenden.

3.3.3.1 COREY-FUCHS-Variante

Die COREY-FUCHS-Reaktion liefert in einer WITTIG-artigen Reaktion aus Tetrabrommethan und Triphenylphosphin das dibromierte Phosphonium-Ylid. Im weiteren Verlauf wird der zugefügte Aldehyd in das um ein C-Atom verlängerte geminale Vinyldibromid überführt, das isolierbar ist. Mit *n*-Butyllithium kommt es selektiv am sterisch stärker gehinderten Bromid zu einem Halogen-Metall-Austausch unter Bildung eines Vinylcarbenoids, das nach Wasserstoffverschiebung und Deprotonierung durch ein weiteres Äquivalent Base in das Acetylidion überführt wird. KELLY *et al.* wählten, ausgehend von 9-Formylanthracen **34**, nicht die wässrige Aufarbeitung zum Alkin, sondern erhielten durch Quenchen des Reaktionsgemischs mit einer Formylquelle den Aldehyd **44**.

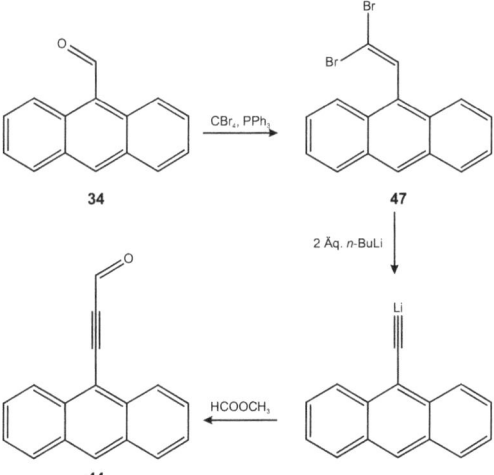

Schema 14: Darstellung des alkinylierten Aldehyds **44** aus 9-Formylanthracen **34** durch Verlängerung um zwei Kohlenstoffatome: Die COREY-FUCHS-Reaktion liefert ein geminale Dibromid **47**, das nach der Methode von KELLY et al. in das Alkinal überführbar ist.

Die Optimierung des ersten Reaktionsschrittes erbrachte eine Verdoppelung der publizierten Ausbeute an 9-(2,2-Dibromethenyl)anthracen **47** auf 66 %. Das Entfernen von Triphenylphosphinoxid aus dem als gummiartige Masse anfallenden Rohprodukt durch Digerieren erforderte allerdings erhebliche Mengen Lösungsmittel (für einen 20 mmol-Ansatz etwa 3 Liter n-Hexan) und einen erheblichen Arbeitsaufwand, wodurch die Gesamtgröße eines Reaktionsansatzes stark begrenzt wurde. Bei der nachfolgenden Lithiierung und Formylierung konnte die von KELLY für den Aldehyd **44** angegebene Ausbeute von 82 % nicht annähernd erreicht werden. Obwohl statt des vorgesehenen Methylformiats das besser wirksame N-Formylmorpholin (NFM) verwendet wurde, war das Produkt nur in 9 % Gesamtausbeute (über zwei Stufen) isolierbar.

Für die Darstellung von 9,10-Bis(prop-2-in-1-al-3-yl)anthracen **38** bedeutete die Methode nach KELLY einen noch deutlich höheren synthetischen Aufwand, da zunächst

9,10-Diformylanthracen **26** in ausreichender Quantität bereitzustellen war. Die hierfür verwendete Synthese (vgl. Kapitel 3.2.1.1) erlaubte die Herstellung des Dialdehyds aber nur in Mengen von etwa einem Gramm pro Ansatz. Die COREY-FUCHS-Reaktion lieferte 9,10-Bis(2,2-dibromethenyl)anthracen **48** mit einer nur moderaten Ausbeute von 25 %, das Zielprodukt **38** war nach Brom-Lithium-Austausch enttäuschenderweise weder mit Formamid noch mit *N*-Formylmorpholin (NFM) in nachweisbaren Mengen isolierbar. Auch 9-Brom-10-(2,2-dibromethenyl)anthracen **49** ließ sich nicht zum 10-Brom-9-(prop-2-in-1-al-3-yl)anthracen **39** umsetzen.

Aus den Versuchsergebnissen war nicht schlüssig abzuleiten, welcher Reaktionsteilschritt für das Scheitern der Synthese verantwortlich war. Zur Umgehung von etwaigen Schwierigkeiten bei der Freisetzung der Acetylide wurden drei alternative Verfahren zur Darstellung von 9-Ethinylanthracen **50** und 9,10-Diethinylanthracen **51** untersucht. Durch Deprotonierung und Umsetzung mit Formyldonoren sollten die Zielverbindungen erhalten werden.

3.3.3.2 Acetylanthracen-Variante

9-Acetylanthracen **52** wurde durch Friedel-Crafts-Acylierung von Anthracen **6** mit Acetylchlorid dargestellt. Die Vorschrift von MERRIT erwies sich durch das Vorlegen von Aromat **6** und Säurechlorid bei langsamer Zugabe der Lewissäure (AlCl$_3$) als sehr gut geeignet, da die Konzentration an freien Acyliumionen niedrig gehalten und ein glatter Reaktionsverlauf gewährleistet werden konnte.[53] Ersetzen des toxischen Benzols als Lösungsmittel durch Dichlormethan konnte die Ausbeute um 10 % steigern.

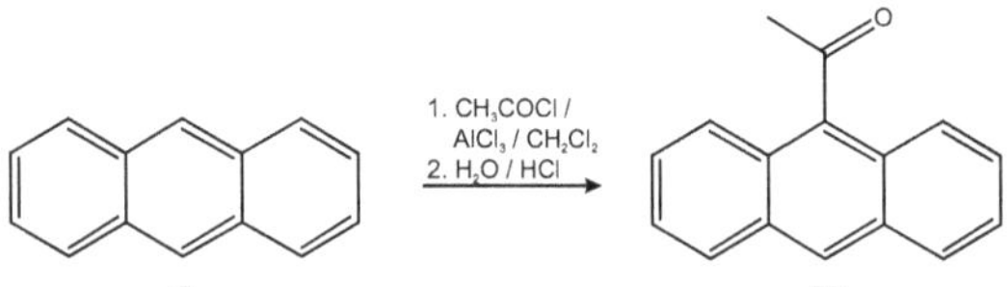

Schema 15: Die Synthese von 9-Acetylanthracen **52** gelang durch eine Friedel-Crafts-Acylierung an Anthracen.

Die Reaktion von 9-Acetylanthracen **52** mit Phosphorpentachlorid **13** an der Carbonylgruppe führte zur Bildung des extrem unbeständigen geminalen Dichlorids, welches *in situ* Chlorwasserstoff eliminierte. Nach Hydrolyse und chromatographischer Reinigung wurde neben dem erwarteten 9-(1-Chlorethenyl)anthracen **53** - anders als von OKAMOTO beschrieben - nicht 9,10-Dichloranthracen **12** sondern 9-Chlor-10-(1-chlorethenyl)-anthracen **54** gefunden.[54] Auch bei niedrigeren Reaktionstemperaturen konnte aufgrund der sehr starken chlorierenden Wirkung von Phosphorpentachlorid die Bildung des Nebenprodukts nicht wirkungsvoll unterdrückt werden.[55] Als weniger aggressives Chlorierungsreagenz erwies sich das schon von ANSCHÜTZ beschriebene Brenzcatechylphosphortrichlorid **55**.[56] Die Umsetzung mit dem acetylierten Anthracen **52** in der Schmelze lieferte das Vinylhalogenid **53**, das von den wasserlöslichen Nebenprodukten leicht abzutrennen war.

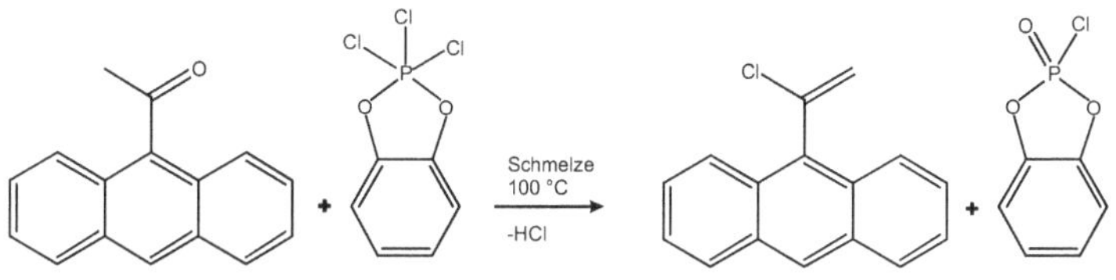

Schema 16: Darstellung von 9-(1-Chlorethenyl)anthracen **53** durch Umsetzung von 9-Acetylanthracen **52** mit dem milden Chlorierungsmittel Brenzcatechylphosphortrichlorid **55**.

Die von RAPPOPORT beschriebene Methode zur Eliminierung von Chlorwasserstoff mit *in situ* erzeugtem Natriumamid in flüssigem Ammoniak versprach sehr schonende Reaktionsbedingungen.[57] Es wurde jedoch in allen Versuchen das Vinylhalogenid **53** unverändert zurück erhalten. Auch die Verwendung von festem Natriumamid oder Lithiumamid in flüssigem Ammoniak oder in Toluol brachte keinen Erfolg. Lediglich Gemische aus *tert*-Butanol und Kalium-*tert*-butanolat konnten 9-Ethinylanthracen **50** in stark verunreinigter Form freisetzen. Nicht umgesetztes Edukt war chromatographisch allerdings nicht abtrennbar. Diese Eliminierungsvariante konnte das Produkt nicht in einer für weitere Versuche ausreichenden Reinheit liefern.

3.3.3.3 Darstellung terminaler Alkine durch Entschützung

Durch eine SONOGASHIRA-Reaktion von 2-Hydroxy-2-methylbut-3-in **56** mit den entsprechenden Halogenanthracenen konnten 9-(2-Hydroxy-2-methylbut-3-in-4-yl)-anthracen **57** und 9,10-Bis(2-hydroxy-2-methylbut-3-in-4-yl)anthracen **58** erhalten werden. Die Einwirkung starker Basen setzte aus den Alkinolen die terminalen Alkine unter Abspaltung von Aceton frei (vgl. *Schema 17*). Ein generelles Problem stellte dabei die Reversibilität der Entschützung dar. Weder durch Austreiben des Acetons mit eingeblasenem Stickstoff in hoch siedenden Lösungsmitteln, noch durch Umsetzung in Paraffinöl mit gepulvertem Kaliumhydroxid bei 200 °C konnte das Produkt erfolgreich isoliert werden.[58] Letztere Methode setzte zwar das Aceton erfolgreich frei, erwies sich aber dennoch als ungeeignet, da durch die hohen Temperaturen eine schnelle Polymerisation des Produkts eintrat.

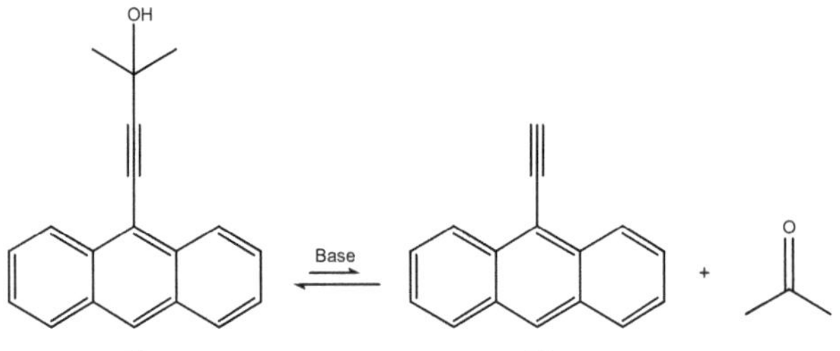

Schema 17: Die Entschützung von 9-(2-Hydroxy-2-methylbut-3-in-4-yl)anthracen **57** mit starken Basen liefert 9-Ethinylanthracen **50** und Aceton in einer Gleichgewichtsreaktion. Die Verschiebung des Gleichgewichts zu Gunsten des Produkts durch Austreiben von Aceton gelang nicht in befriedigender Weise.

9-(Trimethylsilylethinyl)anthracen **59** und 9,10-Bis(trimethylsilylethinyl)anthracen **60** waren ebenfalls durch eine SONOGASHIRA-Reaktion in guten Ausbeuten zugänglich. Die Abspaltung der Trimethylsilylgruppe gelang durch Tetrabutylammoniumfluorid in Tetrahydrofuran oder mittels Kaliumcarbonat in Methanol. Während erstere Methode insbesondere bei dem disubstituierten Alkinylanthracen **60** schnell zur Bildung polymerer Produkte führte, trat die Entschützung bei letzterer Methode nur nach Erwärmung ausreichend schnell ein. Durch die erhöhte Temperatur kam es dann jedoch auch hier zur Polymerisation des Produkts. Die benötigten terminalen Alkine konnten auf diese Weise nicht in der für weitere Reaktionen erforderlichen Reinheit gewonnen werden.

3.3.3.4 Reaktionen mit dem BESTMANN-OHIRA-Reagenz 64

Wird unter den Bedingungen einer HORNER-WADSWORTH-EMMONS-Olefinierung das Dimethyldiazomethylphosphonat **61** mit Aldehyden umgesetzt, so kommt es zur Bildung eines Diazoolefins **62**. Diese extrem unbeständige Zwischenstufe spaltet bei Erwärmen auf Raumtemperatur umgehend Stickstoff ab und hinterlässt ein Vinylcarben **63**, das in einer [1,2]-Umlagerung zu einem um ein Kohlenstoffatom verlängerten Alkin reagiert (vgl. *Schema 18*). Diese als SEYFERTH-Verfahren bekannte Reaktion wurde durch BESTMANN erheblich verbessert. Anstatt des unbeständigen Phosphonats wird in der BESTMANN-OHIRA-Reaktion mit Dimethyl-1-diazo-2-oxopropylphosphonat **64** ein lagerstabiler Diazodonor verwendet.[59] Das BESTMANN-OHIRA-Reagenz **64** liefert in methanolischer Suspension von Kaliumcarbonat *in situ* das SEYFERTH'sche Diazophosphonat.

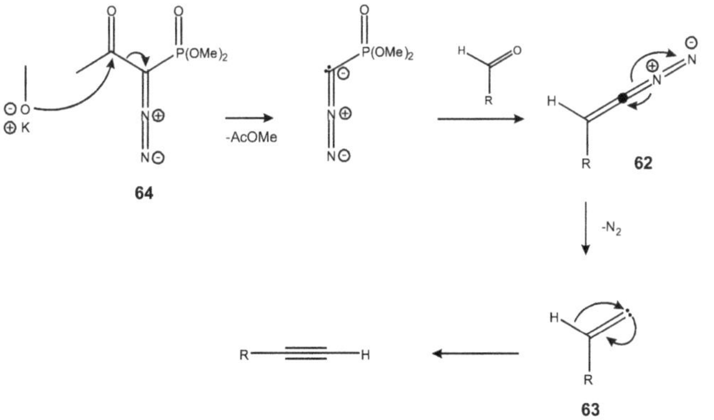

Schema 18: Schematisch gezeigte Konversion eines Aldehyds in das um ein Kohlenstoffatom verlängerte, terminale Alkin durch Anwendung der BESTMANN-Variante des SEYFERTH-Verfahrens.

3.3.3.5 Darstellung des BESTMANN-OHIRA-Reagenzes

Das BESTMANN-OHIRA-Reagenz war in einer nach PIETRUSZKA modifizierten dreistufigen Reaktion zugänglich.[60] Chloraceton **65** wurde in einem FINKELSTEIN-Austausch in das reaktivere Iodaceton **66** überführt und ohne vorherige Isolierung mit Trimethylphosphit zum Dimethyl-2-oxopropylphosphonat **67** umgesetzt. *p*-Acetamidobenzolsulfonylchlorid **68** ergab mit Natriumazid das entsprechende Sulfonylazid **69**. Letzteres reagierte abschließend mit dem durch Natriumhydrid an der Methylengruppe deprotonierten Phosphonat **67** zu Dimethyl-1-diazo-2-oxopropylphosphonat **64**. Die als ölige Flüssigkeit anfallende Verbindung erwies sich bei Lagerung im Eisfach auch nach mehreren Monaten als stabil.

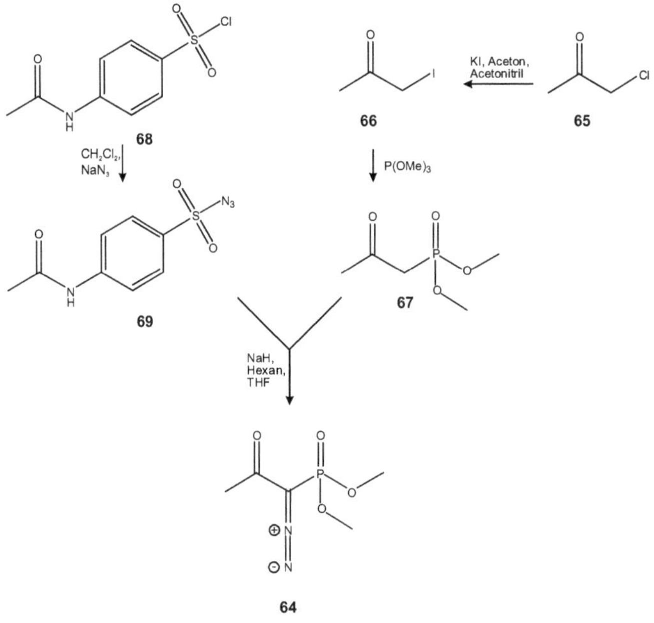

Schema 19: Die gezeigte Synthesesequenz liefert das BESTMANN-OHIRA-Reagenz **64** in guten Ausbeuten.

3.3.3.6 Reaktion mit Formylanthracenen

Mit dem BESTMANN-OHIRA-Reagenz ist die Konversion von Aldehyden in die verlängerten terminalen Alkine in der Regel unter sehr schonenden Bedingungen in Methanol bei Raumtemperatur und ohne den Einsatz von Schutzgastechniken möglich. Eine Adaption auf formylierte Anthracene war jedoch nicht ohne den Ausschluss von Tageslicht und Arbeiten unter Stickstoffatmosphäre möglich. Die Umsetzung von 9-Formylanthracen **34** lieferte nur unter diesen Bedingungen 9-Ethinylanthracen **50** in knapp 40 % Ausbeute. Bei Anwesenheit von Sauerstoff kam es zur Bildung polymerer Produkte. Das isolierte feste Alkin zeigte selbst unter Inertgas und Lagerung in Trockeneis innerhalb weniger Tage deutliche Zerfallserscheinungen. Deprotonierung und nachfolgende Formylierung lieferte den Aldehyd **44** in ähnlich schlechter Ausbeute wie die Umsetzung des Dibromvinylanthracens **47**. Somit konnte mit hoher Wahrscheinlichkeit die Formylierung als kritischer Schritt der Reaktionssequenz identifiziert werden.

Auch der Versuch, 9,10-Diethinylanthracen **51** zu formylieren, scheiterte. Es konnte im Verlauf der Reaktion mit dem BESTMANN-OHIRA-Reagenz **64** zwar die Bildung des Alkins durch das Auftreten einer intensiven, blauen Fluoreszenz beobachtet werden. Das Produkt polymerisierte jedoch stets beim Entfernen des Lösungsmittels und auch in Lösung nahm die aufgetretene Fluoreszenz recht schnell wieder ab. In jedem Falle wurde binnen weniger Stunden ausschließlich polymeres Material erhalten.

3.3.3.7 Oxidations-Variante

Die Darstellung von 9-(Prop-2-in-1-al-3-yl)anthracen **44** nach FALLIS et al. bedient sich der Oxidation des Alkinols mittels milder Methoden unter Verwendung von Pyridiniumchlorochromat oder Bariumpermanganat. 9-(1-Hydroxyprop-2-in-3-yl)-anthracen **46** wurde durch eine SONOGASHIRA-Reaktion mit Propargylalkohol **70** in guter Ausbeute dargestellt.[61] Die Oxidation mit Pyridiniumdichromat lieferte den Aldehyd **44** jedoch nur in moderater Ausbeute von 22 %. Die Verbindung konnte chromatographisch nicht vollständig gereinigt werden und erwies sich als wenig stabil gegenüber Sauerstoff und diffusem Sonnenlicht. Da eine Variation des Oxidationsmittels ein großes Potential für

Verbesserungen erwarten ließ, erschien diese Methode als hinreichend praktikabel, um sie auch für den Bisaldehyd **38** anzuwenden.

3.3.3.8 Reaktion von Propargylalkohol 70 mit 9,10-Dibromanthracen 16

Nachfolgend wurde versucht, auch 9,10-Dibromanthracen **16** mit Propargylalkohol **70** in einer SONOGASHIRA-Reaktion zum Alkinol umzusetzen. Hierbei kam es allerdings zu einem völlig unerwarteten Ergebnis. Trotz mehrfacher Variation der Reaktionsbedingungen konnte kein Produkt isoliert werden (vgl. *Schema 20*). Sowohl bei Verwendung von Tetrahydrofuran mit Alkylaminen als Base wie auch von DMF mit Kaliumcarbonat wurde stets eine polymere, schwarze Masse erhalten, die chromatographisch nicht auftrennbar war. Auch die Erhöhung der Katalysatormenge auf 10 mol % Palladium und weitere Variationen der verwendeten Lösungsmittel-Base-Systeme brachten keinen Erfolg.

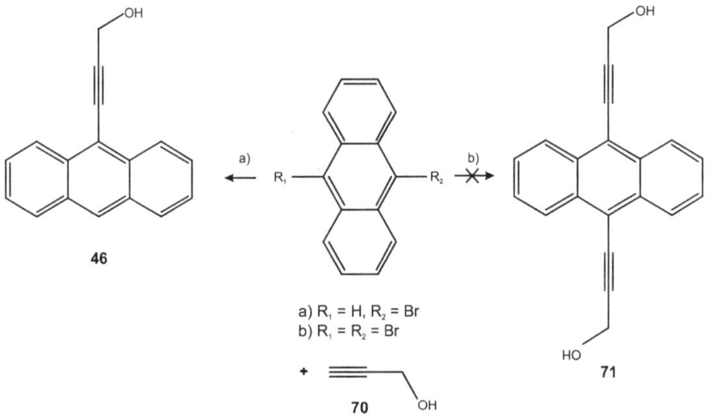

Schema 20: Die SONOGASHIRA-Reaktion mit Propargylalkohol **70** war nur am 9-Bromathracen **14** erfolgreich, das disubstituierte Produkt **71** konnte nicht erhalten werden.

Da das Diol **71** nicht zugänglich war, erübrigten sich weitere Versuche zur Oxidation des Alkohols zum Bisaldehyd **38**. Der Grund für das Scheitern der Synthesen muss zwingend in der zweifachen Substitution des Anthracenkörpers begründet sein. Als mögliche Ursache kann eine im Verlauf der Reaktion eingetretene 1,10-Eliminierung unter Ausbildung eines Kumulen-Systems in Betracht gezogen werden. Derartige Kumulene sind in höchstem Maße instabil und unterliegen einer sehr schnellen Polymerisation. Die Bildung von Kumulenen aus 9,10-disubstituierten Anthracenderivaten wurde mehrfach in der Literatur erwähnt.

3.3.3.9 Bildung von Kumulenen durch 1,10-Eliminierung

HOPF et al. beschrieben die Bildung von Kumulenen durch eine Eliminierung an halogensubstituierten 2,4-Hexadiinen **72**.[62] Als Produkt einer nachfolgenden spontan ablaufenden Cyclisierung wurde 1,3,7,9-Cyclododecatretrain **73** gefunden (vgl. *Schema 21*), das bereits durch SONDHEIMER et al. dargestellt aber nicht spektroskopisch charakterisiert wurde.[63] Der Cyclus **73** konnte von HOPF zwar kernresonanzspektroskopisch untersucht werden, erwies sich aber als wenig stabil. Als Produkt der vollständigen Hydrierung wurde ferner Cyclododecan erhalten. Dies stellte neben den spektroskopischen Daten einen belastbaren Beweis für das Vorhandensein des ringförmigen Alkins **73** dar.

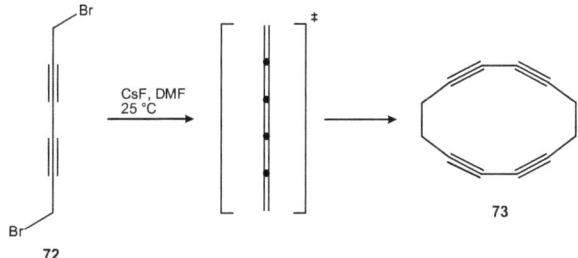

Schema 21: Die 1,6-Eliminierung von Halogen aus dem Diin **72** unter extrem milden Bedingungen führt zur intermediären Bildung von Kumulenen unter nachfolgender Dimerisierung zum Cyclus **73**.

Das Phänomen der Kumulenbildung durch Eliminierung wurde von HOPF auch für *para*-disubstituierte Aromaten, unter anderem Anthracen, beobachtet (vgl. *Schema 22*). Als Mechanismus der Kumulenbildung aus bis(bromethinyl)substituierten Aromaten wird eine durch den Ring ablaufende 1,10-Eliminierung angenommen. Die Ausbildung eines chinoiden Systems dürfte sich hierbei als treibende Kraft auf den Reaktionsverlauf auswirken. Unter Anwendung extrem milder Bedingungen zur Eliminierung, wie sie bei Verwendung des MORI-Reagenzes vorherrschen,[64] schließt sich die rasche Isomerisierung zu den cyclischen Verbindungen an. Die Kumulene selber sind hingegen nicht isolierbar. Das MORI-Reagenz ist *in situ* aus Tri-*n*-butyl(trimethylsilyl)stannan und Cäsiumfluorid erhältlich und ermöglicht eine effiziente Eliminierung bereits bei sehr niedrigen Temperaturen. Das auf diese Weise dargestellte Anthracenophan **74** erwies sich als extrem instabil und konnte nur in Lösung spektroskopisch untersucht werden. Alle Versuche zur Kristallisation oder chromatographischen Reinigung, auch unter Verwendung von entgastem Kieselgel und entgasten Lösungsmitteln, führten ebenso zur Zersetzung der Substanz wie diffuses Tageslicht und sogar Kunstlichteinstrahlung.

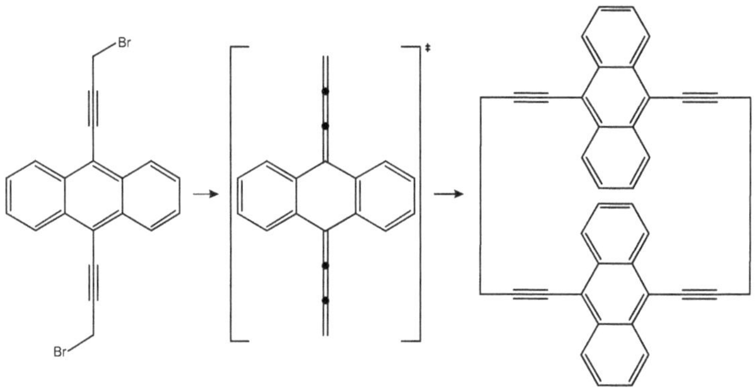

Schema 22: Die Bildung des Anthracenophans **74** nach dem von HOPF *et al.* vorgeschlagenen Mechanismus verläuft über eine 1,10-Eliminierung und nachfolgende Cyclodimerisierung des intermediär gebildeten Kumulens.

Zwar weichen die Reaktionsbedingungen der SONOGASHIRA-Reaktion zur Darstellung des Diols **71** deutlich von den Bedingungen der Cyclophansynthese nach HOPF ab. Vor allem die Eliminierung einer Hydroxygruppe in stark basischem Milieu mutet recht unwahrscheinlich an und widerspricht dem chemischen Verständnis. Als Hypothese könnte jedoch eine Reaktion mit überschüssigem Triphenylphosphin in Erwägung gezogen werden. Am naheliegendsten erschiene ein nucleophiler Angriff des Phosphins auf die elektrophile Methylengruppe des Alkohols, in Folge dessen die Hydroxygruppe abgespalten würde. Diese könnte sich im nächsten Schritt an das Phosphin anlagern und nach Abspaltung eines Protons Triphenylphosphinoxid liefern. Durch die Eliminierung des Oxids würde die Kumulenbildung initiiert, die durch das Ringsystem hindurch in der Abspaltung der zweiten Hydroxygruppe enden würde.

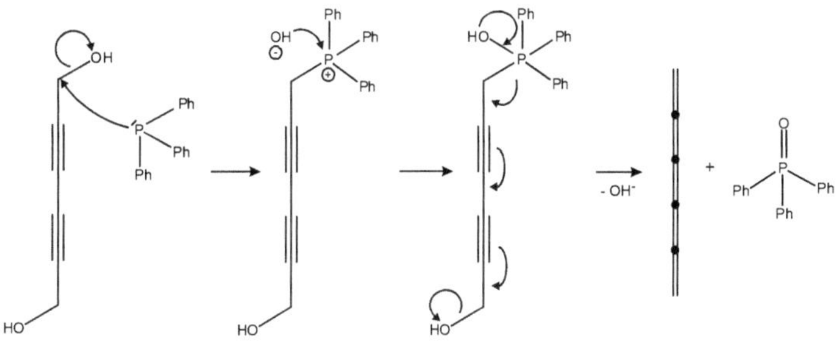

Schema 23: Hypothetischer Mechanismus der Kumulenbildung durch 1,6-Eliminierung unter Beteiligung von Triphenylphosphin, hier exemplarisch an 1,6-Dihydroxyhexa-2,4-diin **75** dargestellt.

Gegen dieser Hypothese spricht jedoch die Tatsache, dass Triphenylphosphin zwar im Verhältnis zum eingesetzten Palladiumkatalysator in deutlichem Überschuss vorliegt, auf die gesamte Ansatzgröße bezogen aber deutlich unterstöchiometrisch eingesetzt wird. Da pro Reaktionsschritt jeweils ein Molekül Triphenylphosphinoxid gebildet würde, kann der formulierte Mechanismus alleine somit nicht für das Scheitern der SONOGASHIRA-Reaktion verantwortlich gemacht werden. Der tatsächliche Mechanismus bleibt vorerst unklar.

3.3.3.10 Darstellung acetalgeschützer Aldehyde durch SONOGASHIRA-Reaktion

Propargylaldehyd **76** ist gegenüber Basen extrem instabil und polymerisiert mitunter in explosionsartiger Heftigkeit.[65] Da für eine SONOGASHIRA-Reaktion die Anwesenheit einer Base aber unabdingbar notwendig ist, kann Propinal **76** selber nicht eingesetzt werden. DOUCET *et al.* berichten jedoch von der erfolgreichen Verwendung des Propinaldiethylacetals **77** unter SONOGASHIRA-Bedingungen mit durch all-*cis*-1,2,3,4-Tetrakis(diphenylphosphinomethyl)cyclopentan (Tedicyp) komplexiertem Palladium.[66] Die Reaktion unter minimalem Katalysatoreinsatz von 0.1 mol % Tedicyp lieferte 9-(3,3-Diethoxyprop-1-inyl)anthracen **78** in 90 % Ausbeute. Über eine nachfolgende Entschützung des Acetals zum Aldehyd **44** wurde aber nicht berichtet.

3.3.3.11 Darstellung von 9-(3,3-Diethoxyprop-1-inyl)anthracen 78

Da das Tedicyp-Katalysatorsystem nach DOUCET nicht ohne weiteres zugänglich war, wurde das für die SONOGASHIRA-Reaktion gut etablierte und leicht zugängliche Bis(triphenylphosphin)palladium(II)-chlorid verwendet. Als Lösungsmittel diente DMF, das in Verbindung mit fein gepulvertem Kaliumcarbonat als Base bei Reaktionstemperaturen von 120 °C aus 9-Bromanthracen **14** das Acetal **78** in erfreulich guter Ausbeute von 73 % lieferte. Da bisher von der Verbindung keine Röntgenstrukturdaten veröffentlicht sind, wurden entsprechende Kristallisationsversuche unternommen. Trotz intensiver Bemühungen konnten aufgrund des niedrigen Schmelzpunktes von etwa 30 °C aber keine Kristalle erhalten werden. Das Produkt fiel stets als schmierige, teilkristalline Masse an, die nie vollständig von Lösungsmittelresten befreit werden konnte. Die zweifelsfreie Charakterisierung war durch Entschützung zum Aldehyd **38** möglich.

3.3.3.12 Darstellung von 9,10-Bis(3,3-diethoxyprop-1-inyl)anthracen 79

Auch für die Darstellung des Bisacetals **79** erwies sich die SONOGASHIRA-Reaktion als suffiziente Methode. Trotz der Verwendung eines dreifachen Überschusses an 3,3-Diethoxypropin **77** wurde der erwartete geschützte Aldehyd **79** allerdings überraschenderweise nur im Gemisch mit dem einfach ethinylierten

9-Brom-10-(3,3-diethoxyprop-1-inyl)anthracen **80** erhalten, wobei das Verhältnis der beiden Verbindungen deutlich von den gewählten Reaktionsbedingungen abhing. Bei Verwendung des ansonsten gut wirksamen Gemisches aus Tetrahydrofuran und Diisopropylamin war die asymmetrische Verbindung **80** Hauptprodukt, in DMF mit Kaliumcarbonat das Bisacetal **79**. Trotz vielfältig variierter Reaktionsbedingungen gelang es jedoch nicht, den Gesamtumsatz auf über 66 % zu erhöhen.

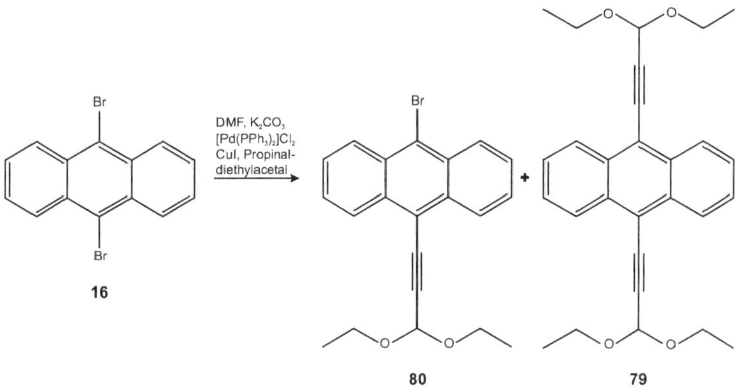

Schema 24: Darstellung der bisher nicht bekannten Acetale **79** und **80** durch SONOGASHIRA-Reaktion. Das Verhältnis der beiden Produkte erwies sich als stark abhängig von verwendetem Lösungsmittel und eingesetzter Base.

9,10-Bis(3,3-diethoxyprop-1-inyl)anthracen **79** zeigte in verschiedenen Lösungsmitteln eine sehr intensive, blaue Fluoreszenz. Die hohe Intensität der Emission ist vermutlich auf einen *push-pull*-Mechanismus zwischen dem Anthracensystem und dem elektronenreichen Acetal zurückzuführen. Der STOKES-Shift als Differenz zwischen Absorptionsmaximum und Emissionsmaximum der Fluoreszenz beträgt lediglich 4 nm, wie in *Abbildung 12* deutlich erkennbar. Dieser geringe Wert und die qualitativ hohe Symmetrie von Absorptions- und Emissionsspektrum deuten darauf hin, dass die Geometrien des Acetals **79** sowohl im Grundzustand wie auch im angeregten Zustand nur geringfügig voneinander abweichen.

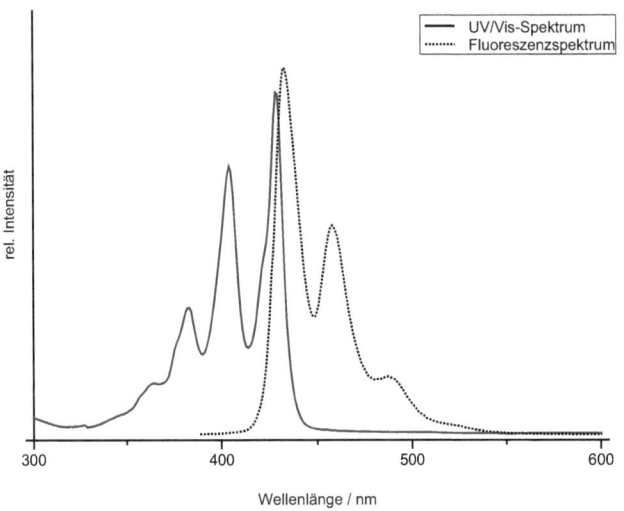

Abbildung 12: UV/Vis- und Fluoreszenzspektrum des Bisacetals **79**. Bei dem Fluoreszenzspektrum handelt es sich um ein Emissionsspektrum, gemessen bei einer Anregungswellenlänge λ_{ex} = 375 nm. Das Absorptionsmaximum des Fluorophors liegt bei $\lambda_{Abs-max}$ = 428 nm, das Fluoreszenz-Emissionsmaximum bei λ_{Em-max} = 432 nm.

Nach chromatographischer Reinigung kristallisierte das Bisacetal **79** bereitwillig aus verschiedenen Solventien. Aus einer Lösung in Acetonitril konnten mit Dichlormethan durch Anwenden der Diffusionsmethode Kristalle erhalten werden, die den Ansprüchen einer röntgenographischen Vermessung genügten. Die Einkristallstrukturanalyse wurde am Institut für Anorganische Chemie durchgeführt. Hierbei konnte gezeigt werden, dass das Bisacetal in der Raumgruppe P2$_1$/c kristallisiert. Durch die hohe Flexibilität der Acetalgruppen kommt es bei der Kristallisation zu einer Fehlordnung, wobei die jeweils diagonal gegenüberliegenden Ethoxygruppen in Form zweier Konformere stochastisch in das Kristallgitter eingebaut werden. Die *Abbildung 13* zeigt das ORTEP-Diagramm der Verbindung.

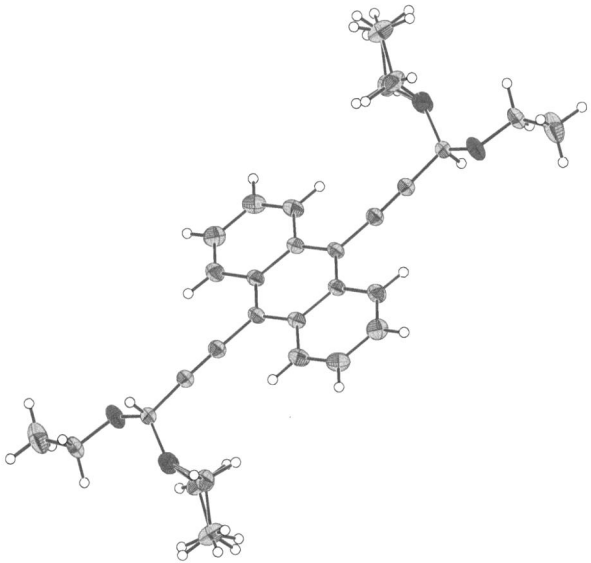

Abbildung 13: Das ORTEP-Diagramm der ermittelten Kristallstruktur von 9,10-Bis(3,3-diethoxy-prop-1-inyl)anthracen **79**. Die diagonal gegenüberliegenden Ethoxygruppen bilden zwei Konformere, die im Kristall stochastisch fehlgeordnet sind. Die thermischen Ellipsoide sind auf 50 % Aufenthaltswahrscheinlichkeit skaliert.

Die hohe konformative Flexibilität manifestiert sich auch im Protonenresonanzspektrum: Die diastereotopen Protonen der Ethylengruppe geben bei 298 K zwei Sätze doppelter Quartetts, die 90.7 Hz auseinander liegen und jeweils einem Konformer zuzuordnen sind (vgl. *Abbildung 14*). Die Integration der Signale weist darauf hin, dass beide Konformere in äquivalentem Verhältnis zueinander vorliegen. Dieses Phänomen zeigte sich auch bei 9-(3,3-Diethoxyprop-1-inyl)anthracen **78** und 9-Brom-10-(3,3-diethoxyprop-1-inyl)-anthracen **80**.

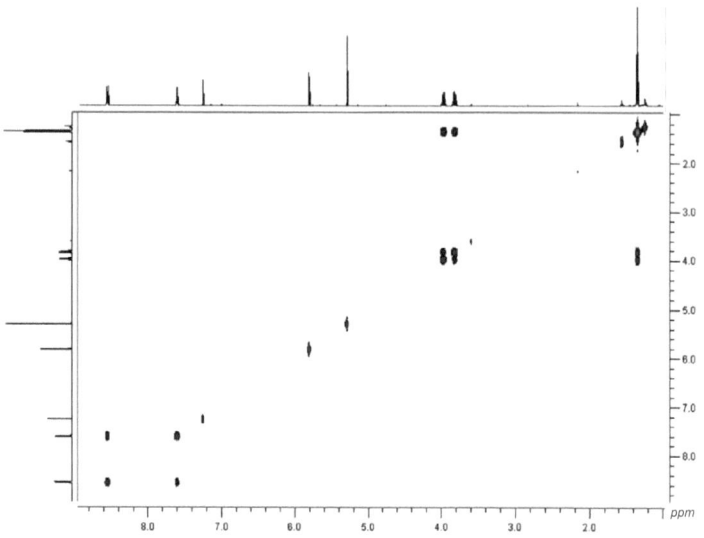

Abbildung 14: Das ^{1}H-^{1}H-COSY-NMR des Bisacetals **79** zeigt deutlich die Kopplung der Methylprotonen mit den Ethylenprotonen der beiden Konformere.

3.3.3.13 Entschützung der Acetale

Zur Entschützung von Acetalen wird in der Regel eine starke Säure eingesetzt. In wässrigen Systemen finden Mineralsäuren, in nicht wassermischbaren hingegen starke organische Säuren Verwendung. Zur Entschützung der drei Acetale wurden vielfältige Kombinationen von Säuren und Lösungsmitteln untersucht. Im einzelnen kamen als Solventien Diethylether, Toluol, Dichlormethan, Ethylacetat, Acetonitril und Methanol, als Säuren Trifluoressigsäure, Trichloressigsäure, *p*-Toluolsulfonsäure, Salzsäure, Schwefelsäure, Ameisensäure sowie Essigsäure zum Einsatz.

Bei den Versuchen zeigte sich, dass alle drei Acetale zwar in fester Form gut lagerfähige und gegenüber vielen Einflüssen stabile Verbindungen darstellten, die Einwirkung von starken Säuren jedoch Folgereaktionen bewirkte. In polaren Lösungsmitteln führten Salzsäure,

Schwefelsäure und Trifluoressigsäure zu einer schnellen Dunkelfärbung und schließlich zur vollständigen Zersetzung des freigesetzten Aldehyds. In Diethylether und Toluol blieb auch beim Erwärmen hingegen jegliche Reaktion aus. Die Behandlung mit den schwächeren Säuren Essigsäure und Ameisensäure führte in keinem Versuch zu einer signifikanten Reaktion. Diese Befunde lassen vermuten, dass zum einen das verwendete Lösungsmittel ausreichend polar sein muss, um eine teilweise Dissoziation der Säure zu ermöglichen. Auf der anderen Seite darf die Säure weder zu stark, wie im Falle der Mineralsäuren und der Trifluoressigsäure, noch zu schwach, wie im Falle von Ameisensäure und Essigsäure, sein. Einzig mit *p*-Toluolsulfonsäure und Trichloressigsäure in polaren Solventien gelang die zersetzungsfreie Entschützung der Aldehyde.

Als besonders elegante Methode erwies sich das Lösen der Acetale in Acetonitril. Durch Zufügen von Wasser bis zur eben einsetzenden Kristallisation und nachfolgender Umsetzung mit der Trichloressigsäure wurden die Acetale nahezu quantitativ gespalten. Die erheblich schwerer löslichen Aldehyde fielen aus dem Reaktionsgemisch aus und konnten dann in einfacher Weise durch Filtration und Waschen mit Wasser isoliert werden. Eine Extraktion der Aldehyde mit Hilfe von Lösungsmitteln führte zwar zu höheren Ausbeuten, die ebenfalls mitextrahierten Acetal- und Säurereste erforderten aber eine aufwändigere Reinigung des Produkts. Die Darstellung der bisher nicht bekannten Aldehyde 9,10-Bis(prop-2-in-1-al-3-yl)anthracen **38** und 10-Brom-9-(prop-2-in-1-al-3-yl)anthracen **39** konnte mit dem beschriebenen Verfahren erstmals realisiert werden.

Insbesondere der Bisaldehyd **38** stellte sich als außerordentlich schwer löslich heraus. Seine geringe Löslichkeit bereitete mannigfaltige Probleme und machte die Aufnahme eines aussagekräftigen ^{13}C-NMR-Spektrums unmöglich. Eine Kristallisation der in Form eines ziegelroten Pulvers anfallenden Verbindung war ebenfalls nicht erfolgreich. Durch hoch auflösende Massenspektrometrie und ergänzende Elementaranalyse konnte die Identität dennoch hinreichend untermauert werden. Die *Tabelle 1* zeigt die experimentell ermittelten Löslichkeiten in einer Auswahl gängiger Lösungsmittel.

Tabelle 1: Experimentell bestimmte Löslichkeiten des 9,10-Bis(prop-2-in-1-al-3-yl)anthracens **38** in einer Auswahl gängiger Lösungsmittel. Rechts die maximal lösliche Menge der Substanz in einem Volumen von 0.6 ml Lösungsmittel, dem Standardvolumen einer NMR-Probe.

Lösungsmittel	Löslichkeit mg/ml	ber. auf 0.6 ml
Aceton	0.309	0.185 mg
Acetonitril	0.144	0.086 mg
Arsen(III)-chlorid	Zersetzung	-
Benzol	1.763	1.058 mg
Chloroform	1.848	1.109 mg
Ethanol	0.384	0.230 mg
n-Hexan	0.085	0.051 mg
Schwefelkohlenstoff	0.796	0.478 mg

Besonders anschaulich konnte das Forstschreiten der Entschützung der Aldehydfunktion anhand der Fluoreszenz beobachtet werden (vgl. *Abbildung 15*), da ihre antiauxochrome Wirkung zu einem im Vergleich mit den Acetalen erheblichen bathochromen Shift der Absorptionsmaxima und der Fluoreszenzmaxima führte. Besonders ausgeprägt zeigte sich dieser Effekt bei dem Bisaldehyd **38**, bei dem das Emissionsmaximum um etwa 60 nm zu niedrigeren Frequenzen verschoben wurde.

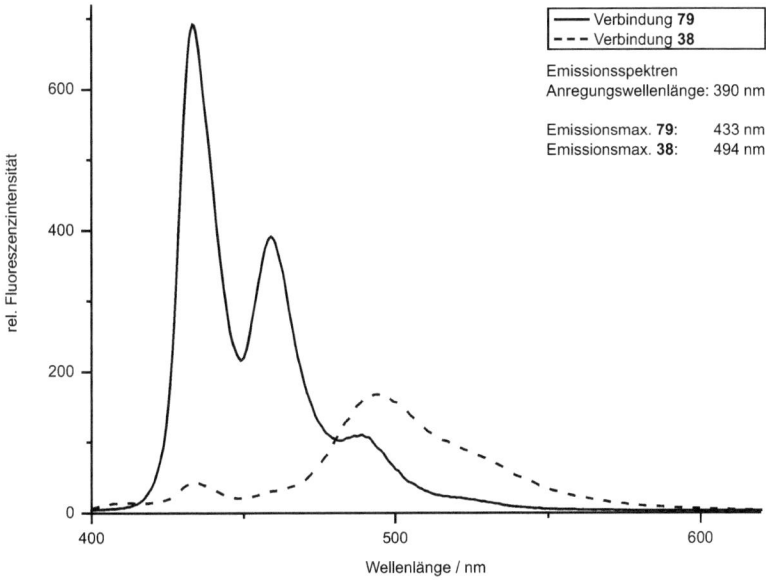

Abbildung 15: Emissions-Fluoreszenzspektren des Bisacetals **79** und des Bisaldehyds **38** bei einer Konzentration von jeweils 10^{-6} mol·l^{-1}, Anregungswellenlänge $\lambda_{ex} = 390$ nm. Deutlich erkennbar ist der bathochrome Shift des Emissionsmaximums um etwa 60 nm durch die Entschützung sowie die erheblich geringere Fluoreszenzintensität.

Alle drei Aldehyde erwiesen als wenig stabile Verbindungen. Insbesondere 9,10-Bis(prop-2-in-1-al-3-yl)anthracen **38** verfärbte sich auch unter Stickstoffatmosphäre nach wenigen Tagen an der Oberfläche dunkel. Dünnschichtchromatographische Untersuchungen zeigten die Bildung verschiedener, vermutlich polymerer Verunreinigungen, die jedoch nicht näher charakterisiert werden konnten. Denkbar ist auch eine Autoxidation zur Carbonsäure durch eingeschleppte Sauerstoffspuren.

3.3.4 Darstellung der Phosphoniumsalze

Ähnlich wie Propargylalkohol **70** lässt sich auch Propargylbromid **81** in einer SONOGASHIRA-Reaktion nicht problemlos einsetzen, da es zur Polymerisation beziehungsweise zur Bildung von Kumulenen kommt. Da somit der direkte Zugang zu 9-(3-Bromprop-1-inyl)anthracen **82** und 9,10-Bis(3-bromprop-1-inyl)anthracen **83** verwehrt war, wurde die Bromierung der korrespondierenden Alkohole untersucht. Neben 9-(1-Hydroxyprop-2-in-3-yl)anthracen **46** war auch erstmals 9,10-Bis(prop-2-in-3-yl-1-ol)anthracen **71** durch Reduktion des Bisaldehyds **38** mittels Natriumborhydrid verfügbar. Das Diol **71** bildete ein nur mäßig beständiges, amorphes, hellgelbes Pulver, das wie das Bisacetal **79** in Lösung eine sehr intensive, blaue Fluoreszenz zeigte.

Zur Darstellung der Bromide wurde mit Rücksicht auf die Reaktivität der Alkingruppe zunächst als sehr milde Substitutionsmethode die APPEL-Reaktion gewählt.[67] Es konnte bei der Umsetzung der Alkohole mit Triphenylphosphin und Tetrabrommethan in Dichlormethan allerdings keine Reaktion beobachtet werden. Daher wurde auf die bereits erfolgreich angewendete Bromierung durch Phosphortribromid in Toluol ausgewichen. Zwar bildeten sich hierbei vermutlich die jeweils gewünschten Produkte, diese erwiesen sich aber bei der notwendigen chromatographischen Reinigung als nicht stabil - noch während der Elution erfolgte eine vollständige Zersetzung der Substanz auf dem Säulenmaterial. Die Deaktivierung des Kieselgels mittels Triethylamin oder Wasser konnte die Zersetzung ebenfalls nicht verhindern. Daher wurde versucht, die Phosphoniumsalze ohne vorherige Isolierung der Bromide darzustellen. Leider blieben diese Versuche ebenfalls erfolglos.

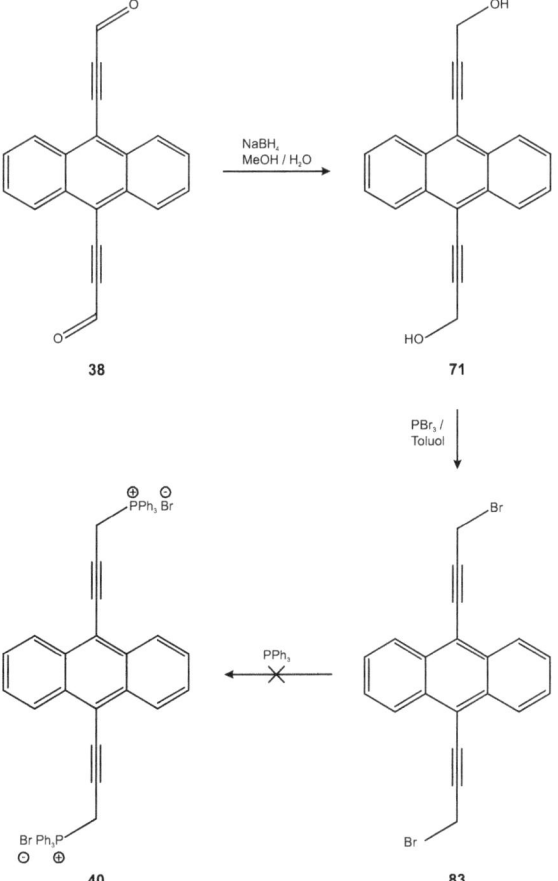

Schema 25: Nicht erfolgreiche Isolierung des Phosphoniumsalzes **40** durch Halogenierung des Diols **71** und Umsetzung mit Triphenylphosphin. Auch die entsprechende Reaktion mit 9-(1-Hydroxyprop-2-in-3-yl)-anthracen **46** war nicht erfolgreich.

3.3.5 Versuche zur MCMURRY-Kupplung

Anders als bei der WITTIG-Reaktion standen durch die erfolgreiche Synthese der Aldehyde **44** und **38** die Edukte für eine MCMURRY-Kupplung zur Verfügung. Auf diese Weise sollten das gewünschte En-Diin **42** in einfacher Weise zugänglich sein. Allerdings wurde die Bildung derartiger Verbindungen in einer MCMURRY-Kupplung bisher nicht in der Literatur beschrieben. Die Beständigkeit der Alkingruppe gegenüber den recht harschen Reaktionsbedingungen konnte im Vorwege nicht abgeschätzt werden. Anwendung fanden daher die für diesen Reaktionstyp bereits beschriebenen Methoden nach LENOIR (Lösungsmittel Tetrahydrofuran) und ODA (Lösungsmittel Toluol / DME) bei tiefen Temperaturen. Als einfache Reaktionskontrolle sollte die Fluoreszenz der Reaktionslösung beobachtet werden: Die Abnahme der deutlich grünen Fluoreszenz des Aldehyds und das Auftreten einer blauen Fluoreszenz durch ein entstandenes nicht konjugiertes Ethinylanthracensystem wäre ein Hinweis auf eine erfolgreiche Umsetzung.

Trotz Durchführung der Reaktion bei -78 °C wurde beim Eintragen von 9-(Prop-2-in-1-al-3-yl)anthracen **44** in die Lösung des niedervalenten Titans eine schnelle Abnahme der Fluoreszenzintensität im Reaktionsgemisch beobachtet. Zusätzliches Reaktionsmonitoring durch Dünnschichtchromatographie zeigte innerhalb von 20 Minuten die fast vollständige Umsetzung des Aldehyds zu einem komplexen Produktgemisch. Nach 60 Minuten konnte nur noch ein harziges Material gefunden werden, das sich mit überschüssigem Zinkstaub zu einer nahezu unlöslichen Masse verbunden hatte. In Gemischen aus Toluol und DME verlief der Zersetzungsprozess zwar langsamer, letztendlich konnte aber ebenfalls kein Produkt erhalten werden.

Der Bisaldehyd **38** war unter den gegebenen Reaktionsbedingungen ebenfalls nicht stabil, seine Zersetzung verlief noch deutlich schneller als bei dem Monoaldehyd **44**. Auch eine niedrige Konzentration des Eduktes von $5 \cdot 10^{-4}$ mol·l^{-1} konnte eine Polymerisation nicht unterdrücken. Es wurde versucht, den Reaktionsverlauf durch Entnahme von Proben in kurzen zeitlichen Abständen mit nachfolgender Microaufarbeitung und Untersuchung durch analytische HPLC zu verfolgen. Es zeigte sich jedoch, dass die maximal löslichen Mengen an Edukt und gebildetem Polymer nicht gross genug waren, um auswertbare Signale des UV-Detektors zu erhalten.

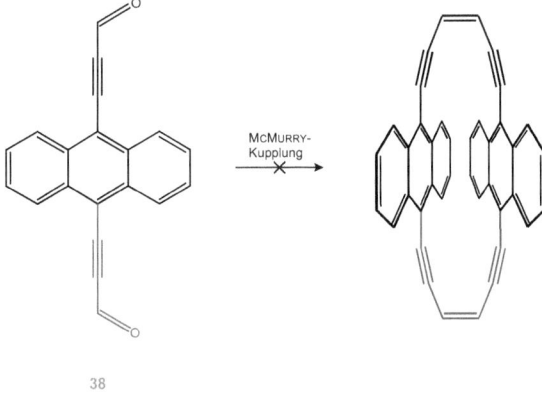

Schema 26: Die MCMURRY-Kupplung der Aldehyde **44** und **38** verlief unter schneller Zersetzung der Edukte und Bildung polymerer Substanzen. Weder das ofenkettige noch das cyclische Produkt konnten gefunden werden.

Die Bildung eines En-Diin-Produktes durch eine MCMURRY-Kupplung konnte mit den verwendeten Aldehyden somit nicht erreicht werden. Die als Abstandshalter vorgesehene Alkingruppe erwies sich als nicht stabil gegenüber den gewählten Reaktionsbedingungen. Die erhaltenen Produkte konnten aufgrund ihrer Unlöslichkeit nicht charakterisiert werden. Das Monitoring durch Dünnschichtchromatographie zeigte jedoch einen schnellen Abbau der Aldehyde und die Bildung einer großen Vielzahl von Produkten. Eine Auftrennung durch HPLC war nicht möglich und ergab ebenfalls keinerlei Hinweise auf definiert verknüpfte aromatische Systeme.

3.3.6 Versuche zur WITTIG-Reaktion

Da die Darstellung der Phosphoniumsalze **40** und **41** nicht erfolgreich durchgeführt werden konnte, erübrigten sich weitere Versuche zur WITTIG-Reaktion. Diese Synthesevariante zum Aufbau der En-Diine konnte im Vorfeld als nicht realistisch verworfen werden.

3.3.7 Fazit der Versuche unter Verwendung einer Spacereinheit

Die Darstellung von 9-(Prop-2-in-1-al-3-yl)anthracen **44** gelang durch Oxidation des korrespondierenden Alkohols und eleganter durch die Entschützung des Diethylacetals. Letzteres konnte durch SONOGASHIRA-Reaktion zugänglich gemacht werden. Die Darstellung und Entschützung des Acetals erwies sich auch als einzig brauchbare Methode, um die Aldehyde 9,10-Bis(prop-2-in-1-al-3-yl)anthracen **38** und 10-Brom-9-(prop-2-in-1-al-3-yl)-anthracen **39** zu synthetisieren. Alle drei Aldehyde zeigten sich als recht labile Verbindungen, die durch Sauerstoff oder Lichteinwirkung rasch zersetzt wurden. Ihre Verknüpfung durch MCMURRY-Kupplung zu cyclischen Produkten verlief enttäuschenderweise nicht erfolgreich. Unter den gegebenen Reaktionsbedingungen erfolgte ebenfalls eine schnelle und vollständige Zersetzung der Aldehyde zu polymeren Produkten.

Die WITTIG-Reaktion als geplante alternative Strategie konnte ebenfalls nicht erfolgreich eingesetzt werden. Zwar wurde durch Reduktion des Bisaldehyds **38** erstmals das Diol **71** erhalten. Die nachfolgende nucleophile Substitution zum Dibromid **83** war jedoch nicht erfolgreich zu belegen, da die Isolierung ebenso wie die Umsetzung zum Phosphoniumsalz scheiterte.

3.4 Alternative Versuche zur Cyclooligomerisierung

Die favorisierten Synthesemethoden zur Cyclooligomerisierung führten bisher nicht zu einem Erfolg. Somit waren alternative Lösungswege in Betracht zu ziehen. Da bei der Darstellung alkinylsubstituierter Anthracene bisher gute Ergebnisse erzielt werden konnten, lag es nahe, diese Verbindungen in die Überlegungen mit einzubeziehen.

3.4.1 Vorüberlegungen

9,10-Diethinylanthracen **51** weist eine vollständig planare Geometrie sowie eine hohe Rigidität auf und ist daher für Cyclisierungen denkbar ungeeignet. Allerdings sind für die

Verknüpfung von Alkinen mehrere gut etablierte Synthesen bekannt, die sowohl eine Homokupplung wie auch eine Kreuzkupplung unter schonenden Bedingungen erlauben.

Durch die schwache Aromatizität verlaufen am Anthracen **6** Additionsreaktionen an der 9,10-Position relativ leicht ab und führen zur Bildung von substituierten 9,10-Dihydroanthracenen. Das 9,10-Dihydroanthracen **10** kann seinerseits als Bisbenzylderivat des 1,4-Cyclohexadiens aufgefasst werden. Während das Cycloalkadien planar ist,[68] weist der Anthracenkörper **10** eine deutliche Wannenkonformation auf.[69] Der Diederwinkel wurde röntgenographisch mit 145° bestimmt, die Atome C-9 und C-10 ragen dabei 0.45 Å über die von den Dien-Doppelbindungen aufgespannte Ebene heraus und die axialen Substituenten stehen nahezu parallel zur Molekülachse. Die Derivate des 9,10-Dihydroanthracens besitzen somit eine geeignete räumliche Vororientierung, die eine Dimerisierung. ermöglichen sollte. Als weiterer Vorteil ist die Tatsache zu sehen, dass sich 9,10-Dihydroanthracene leicht unter oxidativen Bedingungen in die entsprechenden Anthracensysteme überführen lasen. Ziel war somit die diastereomerenselektive Synthese eines *syn*-9,10-Diethinyl-9,10-dihydroanthracens **84**, Generierung eines Cyclus durch eine geeignete Kupplungsreaktion für Alkine und die abschließende Oxidation des Dihydroanthracens zum Anthracengerüstkörper.

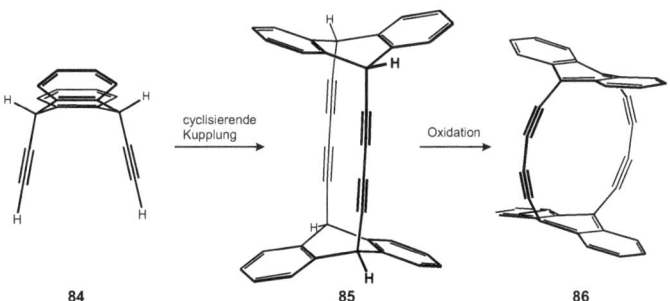

Schema 27: Die Wannenkonformation des substituierten 9,10-Dihydroanthracens **84** führt zu einer geometrischen Vororientierung der axialen Substituenten. Eine cyclisierende Kupplung zum Vorläufermolekül **85** könnte somit begünstigt sein. Die abschließende Oxidation führt unter Rückbildung der Anthraceneinheiten zum voll durchkonjugierten Cyclus **86**.

3.4.2 Reaktionen mit 9,10-Dibrom-9,10-dihydroanthracen

Das bei der Darstellung des 9-Bromathracens **14** intermediär isolierbare 9,10-Dibrom-9,10-dihydroanthracen **15** wäre ein für die Alkinylierung potentiell guter Vorläufer, wenn die beiden Halogenatome im Molekül *syn* zueinander stehen. Eine derartige Anordnung liegt nahe, sofern die Anlagerung des Halogens entsprechend einer 1,4-Addition in einem konzertierten Schritt abläuft. Obwohl die gewünschte Konfiguration in der Literatur beschrieben wurde, konnten durch die geringe Stabilität der Verbindung hierfür bisher weder spektroskopische noch röntgenographische Strukturbeweise erbracht werden.[70]

Versuche zur nucleophilen Substitution des Broms durch Alkine verliefen allerdings nicht erfolgreich, da das hierfür eingesetzte Acetylidion als starke Base die sofortige Eliminierung von Bromwasserstoff und eine Rearomatisierung des Anthracensystems bewirkte. Die Befunde anderer Arbeitsgruppen hinsichtlich einer schlechten Eignung des Dibromids **15** für Substitutionsreaktionen konnten somit vollauf bestätigt werden.[71] Weitere Versuche erschienen nicht sinnvoll.

3.4.3 DIELS-ALDER-Reaktionen an 9,10-disubstituieren Anthracenen

Zur Erzwingung einer Wannenkonformation wäre auch eine DIELS-ALDER-Reaktion an 9,10-Dibromanthracen **16** mit nachfolgender Alkinylierung des Adduktes denkbar. Notwendige Voraussetzungen wären zum einen eine leichte Reversibilität der [4+2]-Cycloaddition oder eine einfache Entfernbarkeit (Reduktion oder Oxidation) der Dienkomponente nach erfolgter Cyclooligomerisierung. Zum anderen müssten in den Cycloaddukten die Alkinylsubstituenten noch immer eine geeignete räumliche Orientierung aufweisen, um eine nachfolgende Cyclisierung zu ermöglichen.

GOLDSMITH *et al.* beschrieben eine DIELS-ALDER-Reaktion an 9,10-Bis(triisopropyl-silylethinyl)anthracen. Als Dienophil wurde *in situ* generiertes Dehydrobenzol verwendet und das resultierende Trypticen in sehr geringen Ausbeuten erhalten.[72] Für ethinylierte Trypticene sind bisher keinerlei Röntgenstrukturen veröffentlicht. Daher wurde versucht, 9,10-Bis(trimethylsilylethinyl)anthracen **60** in einer [4+2]-Cycloaddition umzusetzen. Die

Darstellung des Arins erfolgte aus Anthranilsäure und Isoamylnitrit. Bei der Reaktion mit 9,10-Bis(trimethylsilylethinyl)anthracen **60** konnte allerdings kein entsprechendes Trypticen **87** erfolgreich isoliert werden. Computerberechnete geometrieoptimierte Strukturen (AM1) der Zielverbindung deuteten zudem darauf hin, dass das Anthracengerüst nicht länger eine Wannenkonformation aufweist und die Alkinylgruppen coplanar zur Anthracenebene angeordnet sind. Eine den Ringschluss begünstigende Vororientierung der Monomereinheiten wäre somit nicht gegeben, als Produkt einer Alkinkupplung wäre lediglich ein lineares Polymer zu erwarten. Weitere Untersuchungen zu DIELS-ALDER-Reaktionen im Rahmen der Cyclisierungsversuche wurden daher nicht ausgeführt.

3.4.4 Alkinylierung von Anthrachinon

Anthrachinon **11** besitzt als Oxidationsprodukt von Anthracen ebenfalls zwei aromatische Ringsysteme mit je 6 π-Elektronen und eine planare Konformation des Diketons **11** im zentralen Ring. Trotz der erheblichen sterischen Einflüsse der Protonen sind die Carbonylkohlenstoffatome für einen Angriff durch Nucleophile gut zugänglich. Es kommt hierbei zur Bildung der entsprechend substituierten 9,10-Dihydroxy-9,10-dihydro-anthracenderivate, die unter reduktiven Bedingungen durch Dehydratisierung leicht zu den 9,10-disubstituierten Anthracenen eliminierbar sind (vgl. Kapitel 3.5.1.2).

Als Produkte des nucleophilen Angriffs von Acetyliden auf Anthrachinon **11** sind zwei diastereomere tertiäre Alkohole denkbar. Hinweise auf die bevorzugten Bildung nur eines Diastereomers sind in der Literatur jedoch nicht sehr zahlreich. RIED postuliert die ausschließliche Bildung der *trans*-Diole ebenso wie SKOWRONSKI, wobei letzterer deren Bildung "vorbehaltlich gegenteiliger Beweise" annahm.[73] In keiner der beiden Quellen ist diese Annahme aber durch konkrete Untersuchungen belegt. Lediglich TAYLOR berichtet von einer Lösungsmittel- und Temperaturabhängigkeit der Diastereomerenverteilung und liefert unterstützend einige wenige Zahlenwerte.[74] Lithium(trimethylsilyl)acetylid bildet demnach mit Anthrachinon in Toluol bei Raumtemperatur das *cis*-Diol **88a** mit 68 %, während in Tetrahydrofuran unter Rückfluss zu 90 % das *trans*-Diol **88b** überwiegt.

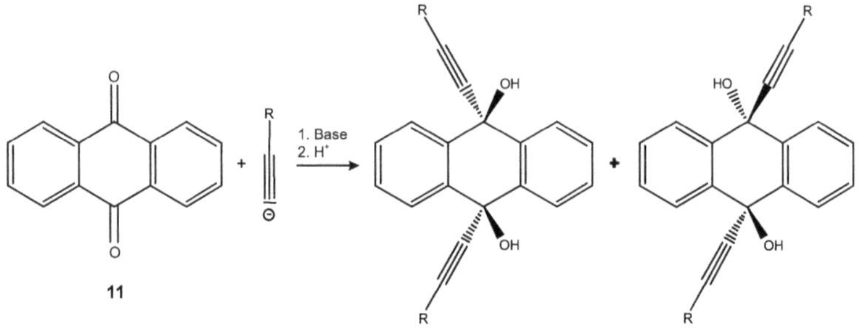

Schema 28: Der nucleophile Angriff eines Acetylides an Anthrachinon **11** führt zur Bildung zweier diastereomerer Alkohole, hier gezeigt für 9,10-Bis(trimethylsilylethinyl)-9,10-dihydroanthracen-9,10-diol **88** und 9,10-Bis(phenylethinyl)-9,10-dihydroanthracen-9,10-diol **90**.

Die Kristallstruktur der Diole selbst wurde bislang nicht publiziert. Es gelang TAYLOR jedoch, nach Veretherung des *cis*-Diols **88a** und Entfernung der Trimethylsilylgruppen geeignete Einkristalle zu erhalten. Die Röntgenstrukturdaten des Methylethers belegen eine deutliche Abflachung der erwarteten Wannenkonformation wodurch die Alkinylsubstituenten mit einem Winkel von 108° nicht länger senkrecht zur Ringebene stehen. Da TAYLOR jedoch mit dem veretherten *cis*-Diol erfolgreich eine rhodiumkatalysierte [2+2+2]-Cycloaddition zum 9,10-Dimethoxytrypticen durchführen konnte, besaß auch die geplante Alkinkupplung eine realistische Aussicht auf Erfolg.

3.4.4.1 Versuche zur Isolierung der diastereomeren Diole

Die Reaktion von Anthrachinon **11** mit Acetyliden zur Darstellung von Alkinylanthracenen war Teil umfangreicherer Untersuchungen in dieser Arbeit. Eine Übersicht über die Reaktionsführung findet sich im nächsten Kapitel, an dieser Stelle seien daher lediglich die Bemühungen zur Isolierung der Diastereomere beschrieben. Die Versuche zur stereoselektiven Alkinylierung wurde unter Verwendung von Phenylacetylen und Trimethylsilylacetylen **89** experimentell nachvollzogen. Die dünnschichtchromatographische Trennung der Rohprodukte zeigte in beiden Fällen tatsächlich zwei Spots, die durch Entwickeln des Chromatogramms mit saurer Zinn(II)-chloridlösung als 9,10-Bis(phenylethinyl)-9,10-dihydroanthracen-9,10-diol **90** beziehungsweise als 9,10-Bis(trimethylsilylethinyl)-9,10-dihydroanthracen-9,10-diol **88** identifiziert werden konnten.

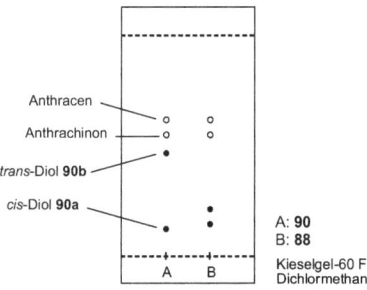

Abbildung 16: Das Dünnschichtchromatogramm der Verbindungen **90** und **88** zeigt die Bildung der beiden diastereomeren Alkohole. Eine Zuordnung gelang nur für das Diol **90**.

Die chromatographische Trennung der Diastereomere erwies sich dennoch als nicht einfach und es gelang nur, das vermeintliche *cis*-Isomer **90a** in einer für weitere Untersuchungen ausreichend reinen Form zu isolieren. Der Schmelzpunkt sowie die chemischen Verschiebungen und Kopplungskonstanten im Protonenresonanzspektrum decken sich mit den veröffentlichten Daten. Allerdings konnte das Signal der OH-Protonen nicht detektiert werden. Da von TAYLOR aber gerade dieses Signal als Unterscheidungskriterium für beide Isomere angeführt wurde und für das *trans*-Isomer keinerlei physikalische oder spektroskopische Daten veröffentlicht sind, konnte letztendlich ein fundierter Beweis für die Isolierung des *cis*-Diols nicht erbracht werden. Auch Einkristalle in einer für die Strukturanalyse hinreichend guten Qualität waren nicht zu erhalten, da sich das Diol **90a** bei Kristallisationsversuchen durch Dehydratisierung langsam zu 9,10-Bis(phenylethinyl)-anthracen **91** zersetzte.

Eine Trennung der Isomere des trimethylsilylethinylsubstituierten Diols **88** scheiterte vollständig. Weder mittels präparativer Dünnschichtchromatographie noch durch analytische HPLC konnten die Diastereomere rein erhalten werden. Auch Variationen der Reaktionsführung durch Wahl anderer Lösungsmittel oder Durchführung der Reaktion bei tiefen Temperaturen führten nicht zu einer optimierten Ausbeute an *cis*-Diol **88a**. Eine quantitative Aussage über die Zusammensetzung des Diastereomerengemisches war daher ebenfalls nicht möglich. Die Auswertung des HPLC-Chromatogramms schlug fehl, da durch die nur gering differierenden Retentionszeiten keine Basislinientrennung der Peaks erreicht werden konnte. Lediglich aus dem Kernresonanzspektrum des Gemisches konnte durch vergleichende Betrachtung der Integrale der Trimethylsilylprotonen das Verhältnis *trans*- zu *cis*-Isomer auf etwa 7:1 abgeschätzt werden.

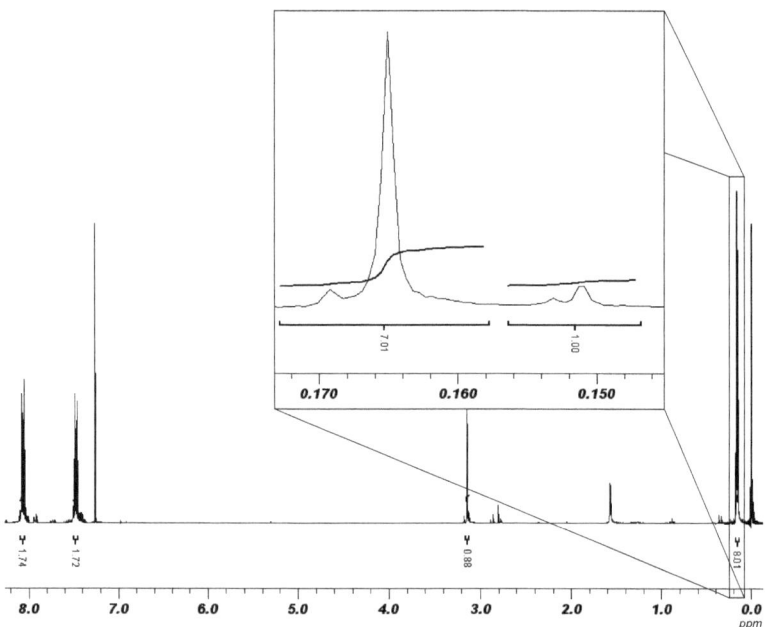

Abbildung 17: Die Auswertung des Protonenresonanzspektrums von 9,10-Bis(trimethylsilylethinyl)-9,10-dihydroanthracen-9,10-diol **88** erlaubte eine ungefähre Abschätzung der Zusammensetzung des Isomerengemisches.

Da die Alkinsubstituenten zur Cyclisierung zwingend in der *syn*-Konfiguration angeordnet sein müssen, wurde das *cis*-Isomer **88a** unter erheblichen Substanzverlusten chromatographisch angereichert. Für die Kupplungsversuche wurde ein Gemisch verwendet, das beide Isomere in etwa äquivalenten Anteilen enthielt.

3.4.5 Kupferkatalysierte Alkinkupplung

Terminale Alkine lassen sich im wesentlichen durch drei kupferkatalysierte Reaktionen kuppeln. Die älteste bekannte Reaktion dieses Typs ist die GLASER-Kupplung. Aus dem Alkin und einem Kupfer(I)-salz wird in einer wässrig-ethanolischen Ammoniaklösung zunächst ein Di-Kupfer-Komplex des Kupfer(I)-acetylids gebildet, der oxidativ zum Diin gekuppelt wird.[75] Ein ebenfalls postulierter radikalischer Mechanismus konnte nicht bestätigt werden.[76] Entgegen früherer Annahmen ist bei der GLASER-Kupplung nicht Sauerstoff das oxidierende Agens, sondern das durch Sauerstoff im Reaktionsgemisch gebildete Kupfer(II)-ion. Die Bildung von Diinen ist auch direkt durch den Einsatz von Kupfer(II)-salzen in überstöchiometrischer Menge möglich. Insbesondere die Verwendung von Kupfer(II)-acetat liefert in Methanol-Pyridin-Gemischen gute Ausbeuten an Kupplungsprodukt. Die nach ihrem Entdecker benannte EGLINGTON-Kupplung ist auch unter Hochverdünnungsbedingungen als sehr wirkungsvoll beschrieben.[77] Während die letztgenannten Reaktionen Homokupplungen von Alkinen darstellen, erlaubt die Reaktion nach CADIOT-CHODKIEWICZ auch eine Kreuzkupplung.[78] Bei dieser Reaktion sind nur katalytische Mengen Kupfer nötig. Nachteilig ist, dass die Reaktion in hohen Verdünnungen nicht ablaufen.[79]

Die EGLINGTON-Kupplung versprach aufgrund ihrer Tauglichkeit für Hochverdünnungsbedingungen die größte Aussicht auf Erfolg für eine Cyclisierung. Da sich 9-Ethinylanthracen **50** und 9,10-Diethinylanthracen **51** im Gegensatz zu den silylgeschützten Verbindungen als nur wenig stabil herausgestellt haben, sollte die Abspaltung der Schutzgruppe durch Fluorid im Reaktionsgemisch ohne eine vorherige Isolierung des terminalen Alkins erfolgen. Es war daher zunächst zu klären, wie sich Fluoridionen auf den Verlauf der EGLINGTON-Kupplung auswirken.

3.4.5.1 Versuche zur EGLINGTON-Kupplung

Zunächst wurde Phenylacetylen in einer von MÜLLER adaptierten Variante der EGLINGTON-Kupplung umgesetzt.[80] Die methanolische Lösung des Alkins wurde hierbei einer siedenden Lösung von Kupfer(II)-acetat in Pyridin zugesetzt, woraufhin das gewünschte 1,4-Diphenylbuta-1,3-diin **92** in hervorragender Ausbeute isoliert werden konnte. Einem weiteren Ansatz wurde eine überstöchiometrische Menge Cäsiumfluorid zugesetzt, um die Auswirkung der Anwesenheit von Fluoridionen auf den Reaktionsverlauf zu überprüfen. Hierbei konnte keine nennenswerte Minderung der Ausbeute und Reinheit festgestellt werden. Daher wurde in zwei weiteren Versuchen 9-(Trimethylsilylethinyl)anthracen **59** durch Zusatz von Cäsiumfluorid oder Tetrabutylammoniumfluorid in Methanol entschützt und nachfolgend gekuppelt. 1,4-Di(anthracen-9-yl)buta-1,3-diin **93** fiel nach wenigen Minuten als ziegelroter, schwer löslicher Feststoff in hoher Ausbeute an (vgl. *Schema 29*). Eine Verzehnfachung des Solvensvolumens reduzierte die Ausbeute allerdings auf ein Drittel. Eine uneingeschränkte Eignung der Reaktion unter Hochverdünnung konnte somit nicht vollauf bestätigt werden. In einer weiteren Reaktion konnte durch Zusatz eines hohen Überschusses an Phenylacetylen das bisher nicht literaturbekannte 9-(4-Phenylbuta-1,3-diinyl)anthracen **94** erhalten werden. Die Homokupplung von 9-Formyl-10-(trimethylsilylethinyl)anthracen **95** lieferte 1,4-Di(9-formylanthracen-10-yl)buta-1,3-diin **96**. Letzteres Kupplungsprodukt war durch seine geringe Löslichkeit allerdings nur massenspektrometrisch nachweisbar und entzog sich Versuchen zur chromatographischen Reinigung. Die Umsetzung von 9,10-Bis(trimethylsilylethinyl)anthracen **60** lieferte erwartungsgemäß binnen weniger Minuten einen vollständig unlöslichen, braunschwarzen, polymeren Feststoff, der nicht weiter charakterisiert werden konnte.

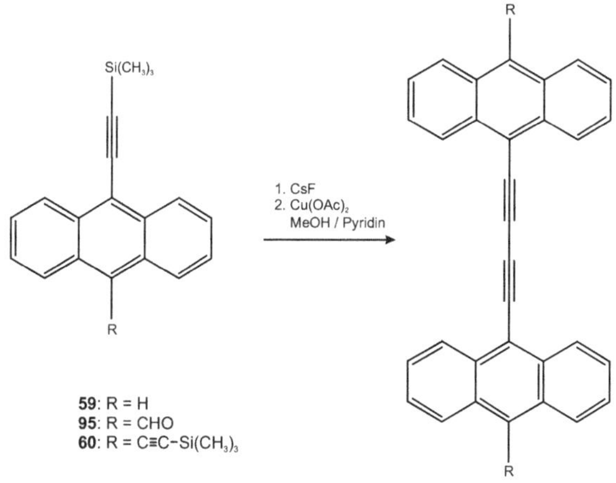

59: R = H
95: R = CHO
60: R = C≡C-Si(CH₃)₃

93: R = H
96: R = CHO

Schema 29: Versuche zur EGLINGTON-Kupplung mit überstöchiometrischen Mengen Kupfer(II)-acetat: Die Reaktion verschiedener 9-Ethinylanthracenen lieferte die gewünschten Kupplungsprodukte während sich mit 9,10-Bis(trimethylsilylethinyl)anthracen **60** erwartungsgemäß ein polymeres Produkt ergab.

3.4.5.2 Kupplung des Diols 88

Das zur Bildung mittelgroßer Ringsysteme häufig angewendete Hochverdünnungsprinzip ist nicht zwangsläufig an ein großes Lösungsmittelvolumen gebunden. Es ist vielmehr ausreichend, die Konzentration der Reaktanden niedrig zu halten (ZIEGLER-RUGGLI-Verdünnungsprinzip).[81] Ein sehr langsames Eintropfen des in stark verdünnter Lösung vorliegenden entschützten Alkins **88a** in die Lösung des Kupfersalzes wäre somit ein denkbarer Weg zur Bildung eines cyclischen Dimers. Aufgrund der zu vermutenden geringen Stabilität der entschützten Spezies wurde jedoch eine alternative Strategie verfolgt: Geschütztes Alkin **88a** und Kupfersalz wurden vorgelegt und das zur Abspaltung der Silylgruppe verwendete Cäsiumfluorid in stark verdünnter Lösung dem Reaktionsgemisch langsam zugesetzt. Hierdurch sollte eine langsame Entschützung erreicht werden. Nach 30 Stunden Reaktionszeit wurde als Produkt allerdings lediglich ein schwarzes, vollständig unlösliches Material erhalten. In einer modifizierten Reaktion wurden dem Kupfer(II)-acetat-Pyridin-Gemisch Lösungen des geschützten Alkins **88a** und des Fluorids gleichzeitig in niedriger Konzentration zugesetzt. Auch hier fiel ausschließlich der unlösliche, schwarze Feststoff an.

Dünnschichtchromatographische Kontrollen sowie die nicht mehr vorhandenen Fluoreszenz des Reaktionsgemischs deuteten auf eine vollständige Umsetzung des Alkins hin. Der abgeschiedene Feststoff ließ sich jedoch nicht in Lösung bringen und zeigte sich auch gegenüber Mineralsäuren als beständig. Eine Reduktion des Dihydroanthracens war ebenfalls nicht erfolgreich. Es gelang nicht, das Material einer Charakterisierung zu unterziehen. Auch das MALDI-TOF-Massenspektrum zeigte keine Hinweise auf das gewünschte Produkt. Eine Elementaranalyse erschien in Hinsicht auf die durch Flammenfärbung sicher nachgewiesenen Anteile von Kupferverbindungen nicht sinnvoll. Ob es sich bei dem Reaktionsprodukt um polymeres Material oder um abgeschiedenes Kupferacetylid handelte, blieb Gegenstand der Spekulation. Da die EGLINGTON-Kupplung jedoch für 9-(Trimethylsilylethinyl)anthracen **59** und 9-Formyl-10-(trimethylsilylethinyl)anthracen **95** gute Resultate lieferte, liegt die Vermutung nahe, dass es sich hier um polymeres Material handelt, da andernfalls auch in den vorgenannten Fällen die Bildung von Kupferacetylid hätte zu beobachten sein müssen.

3.4.6 Zusammenfassende Betrachtung der alternativen Versuche zur Cyclisierung

Ziel der Versuche war die Ausnutzung einer geometrischen Vororientierung verschiedener Alkinylanthracenderivate zur cyclisierenden Dimerisierung oder Oligomerisierung. 9,10-Dibrom-9,10-dihydroanthracen erwies sich jedoch als zu instabil für weitere Reaktionen, DIELS-ALDER-Addukte an ethinylierten Anthracenen waren präparativ nicht zugänglich. Die Ergebnisse computerberechneter, geometrieoptimierter Strukturen deuteten jedoch auf eine mangelnde Eignung letzterer Verbindungen hin. Die diastereomerenselektive Alkinylierung von Anthrachinon konnte zum Teil erfolgreich durchgeführt werden. Die nachfolgende Homokupplung der Alkine nach EGLINGTON erbrachte allerdings kein auswertbares Resultat, obwohl in Vorversuchen die Methode auch unter Hochverdünnungsbedingungen erfolgreich eingesetzt werden konnte.

3.5 Synthese ethinylierter Anthracene

In dieser Arbeit wurden eine Reihe von Arylalkinen als wertvolle Synthesebausteine eingesetzt. Im wesentlichen wurden zu ihrer Darstellung zwei Synthesemethoden angewandt, die je nach Reaktanden unterschiedlich erfolgreich waren:

1. nucleophile Substitution an der Carbonylfunktion von Anthrachinon bzw. Anthron durch Acetylide mit nachfolgender Reduktion oder Eliminierung der resultierenden Diole

2. Palladiumkatalysierte Kupplung an 9,10-Dihalogenanthracen (SONOGASHIRA-Reaktion)

Eine Vergleichende Übersicht über die gewählten Reaktionsbedingungen ist im folgenden gegeben.

3.5.1 Ethinylierte Anthracene durch nucleophile Substitution

Die nucleophile Substitution an einer Carbonylverbindung ist eine häufig anzutreffende Reaktion in der organischen Chemie. Werden Kohlenstoff-Nucleophile eingesetzt, so eröffnet sich ein sehr einfacher Zugang zur C-C-Verknüpfung unter völligem Verzicht auf Übergangsmetallkatalysatoren. Die Reaktionsführung ist in der Regel einfach und der synthetische Aufwand gering. Diese Methode wurde daher als erste einer genaueren Betrachtung unterzogen.

3.5.1.1 Alkine als Nucleophile

Terminale Alkine besitzen eine recht hohe C-H-Acidität. Dies ist dem ausgeprägten s-Charakter der sp-Hybridbindung des Acetylens geschuldet. Die Aufenthaltswahrscheinlichkeit der Elektronen ist deutlich in Richtung des Kohlenstoffatoms verschoben und die C–H-Bindung somit geschwächt. Acetylen selber besitzt einen für reine

Kohlenwasserstoffe bereits sehr niedrigen pK_s-Wert von etwa 26 (vgl. pK_s Ethen ≈ 39, pK_s Ethan ≈ 45).[82] Die Acidität anderer Alkine weicht substituentenabhängig von diesem Wert ab; so ist Phenylacetylen mit einem pK_s von 21 geringfügig acider als 1-Heptin mit einem pK_s von 23.[83] Eine Deprotonierung in das entsprechende Alkinylidianion ist daher mit ausreichend starken Basen problemlos möglich. Besonders geeignet sind Protonenakzeptoren, deren korrespondierende Säuren gasförmige Produkte darstellen, da somit das Gleichgewicht in Richtung der salzartigen Acetylide verschoben wird (vgl. *Schema 30*). GRIGNARD-Reagenzien wie Ethylmagnesiumbromid oder Isopropylmagnesiumchlorid in etherischer Lösung, aber auch Natriumamid oder Lithiumamid in flüssigem Ammoniak genügen diesen Ansprüchen. Im Verlauf der Arbeiten stellte sich allerdings die Verwendung von *n*-Butyllithium durch seine einfache Handhabbarkeit und die gute kommerzielle Verfügbarkeit als besonders geeignet heraus.

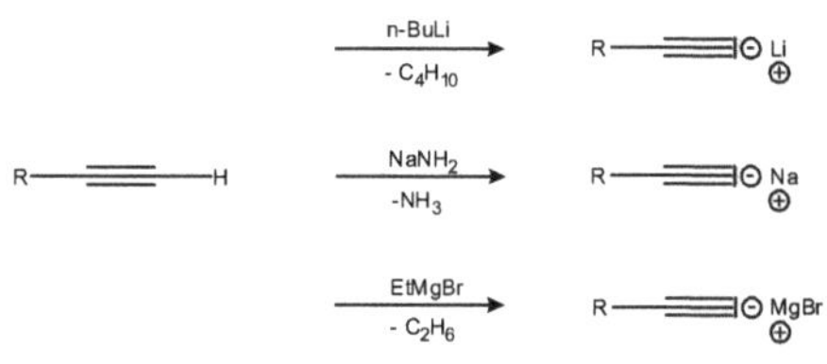

Schema 30: Die Übersicht zeigt schematisch die gängigsten Methoden zur Erzeugung von Alkinylidionen. Die gasförmig entweichenden korrespondierenden Säuren begünstigen die Verschiebung des Gleichgewichtes auf die rechte Seite.

Eine Einschränkung bestand für die Verwendung basenlabiler Alkine wie Trimethylsilylacetylen **89**, Propiolsäure, Propargylbromid **81** oder Propargylaldehyd **76**, da die entstehenden nucleophilen Alkinylidionen zum Teil mit sich selber unter Polymerisation abreagieren.

3.5.1.2 Ethinylierung von Anthrachinon 11

Für die Substitutionsreaktion mit Metallalkinyliden an Anthrachinon 11 wurden zahlreiche Lösungsmittel untersucht. Als gut geeignet erwiesen sich höher siedende Ether, unpolare Lösungsmittel waren, abgesehen von Toluol, nur bedingt tauglich. Als optimales Solvens wurde Tetrahydrofuran ermittelt, sofern das Verhältnis der diastereomeren Alkohole nicht relevant war (vgl. Kapitel 3.4.4.1).

Die geringe Löslichkeit von Anthrachinon 11 erwies sich als ungünstig. Ein Zutropfen in Lösung resultierte selbst bei kleinen Reaktionsansätzen in nicht mehr einfach handhabbar großen Reaktionsvolumina und somit in nicht akzeptablen Ausbeuteverlusten. Die alternativ untersuchte kontinuierliche Heißextraktion erbrachte ebenfalls keinen Vorteil. Hierzu wurde eine mit dem Diketon 11 beschickte Soxhlet-Extraktionshülse in eine zwischen Reaktionskolben und Rückflusskühler geschaltete Hempel-Kolonne eingebracht. Optimal war der Zusatz als Feststoff, wobei eine portionsweise Zugabe keinerlei erkennbaren Vorteil mit sich brachte.

Die als Produkte der nucleophilen Substitution anfallenden 9,10-Bis(alkinyl)-9,10-dihydroxy-9,10-dihydroantracenderivate waren nur mäßig stabil und durch Eliminierung unter reduktiven Bedingungen in die entsprechenden Anthracenderivate überführbar. Iodwasserstoffsäure, Zink in Eisessig sowie Mischungen aus Ameisensäure und Natriumformiat oder Natriumdithionit in protischen Lösungsmitteln als sehr milde Reduktionsmittel wurden untersucht, lieferten aber zumeist unbefriedigende Resultate.[84] Auf Kieselgel, insbesondere beim Erwärmen, war eine signifikante Dehydratisierung zu beobachten, was eine chromatographische Reinigung der Diole erschwerte. Die besten Resultate wurden unter Verwendung von Zinn(II)-chlorid in Eisessig / Salzsäuregemischen erzielt.[85] Nicht alle gebildeten Alkinylanthracene erwiesen sich jedoch gegenüber den stark sauren Bedingungen als stabil, wodurch Folgereaktionen eintraten.

Die in zahlreichen Versuchen optimierten Reaktionsbedingungen wurden in der allgemeinen Arbeitsvorschrift AAV 1 zusammengefasst (vgl. Kapitel 7.2.1).

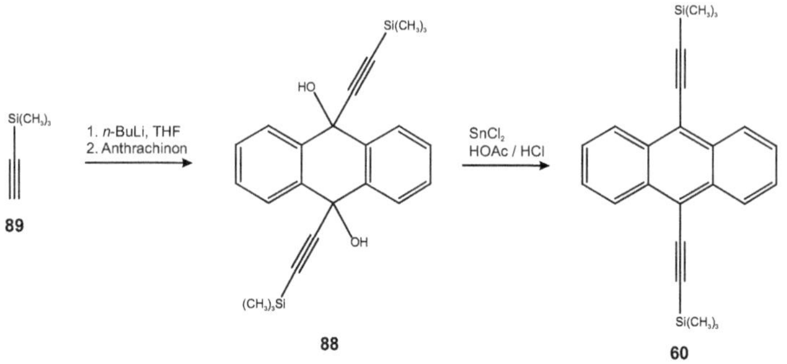

Schema 31: Die Umsetzung von Alkinyliden mit Anthrachinon **11** gemäß der allgemeinen Arbeitsvorschrift AAV 1liefert zunächst die Diole und nach Reduktion die 9,10-Bis(alkinyl)anthracene, wie hier exemplarisch für Trimethylsilylacetylen **89** gezeigt.

Die Ergebnisse der Versuche sind in *Tabelle 2* zusammengefasst. Wie der Aufstellung zu entnehmen ist, sind die Ausbeuten in nur wenigen Fällen befriedigend, in einigen Fällen konnte kein Produkt nachgewiesen werden. Detaillierte Daten zu den pK_s-Werten lagen nicht für alle eingesetzten Alkine vor, ein konsistenter Zusammenhang zwischen Acidität und erzielter Ausbeute konnte daher nicht belegt werden. Ein Blick auf die Siedepunkte verleitet zu der Vermutung, dass die Konzentration der leichtflüchtigen Alkine im Reaktionsverlauf durch Verdampfung gesunken und die geringe Ausbeute so zu erklären ist. Da die Alkine aber zu Beginn der Reaktion in die salzartigen Lithiumalkynilide überführt wurden, erscheint auch diese Annahme nicht schlüssig.

Tabelle 2: Vergleichende Übersicht über 9,10-Bis(alkinyl)anthracene durch nucleophile Substitution an Anthrachinon

H−≡−R, R =	Siedepunkt	Produkt	Ausbeute [%]
H−	−84 °C (Subl.)	**51**	0
$(CH_3)_3Si-$	53 °C	**60**	23
$OHCH_2-$	115 °C	**71**	0
$OH(CH_3)_2C-$	104 °C	**58**	9
$CH_3(CH_2)_2-$	40 °C	**139**	7
$CH_3(CH_2)_4-$	100 °C	**110**	18
$(CH_3CH_2O)_2CH-$	35 °C / 15 mbar	**78**	0
Ph−	142 °C	**91**	68

3.5.1.3 Nucleophile Substitution mit Propargylalkohol

Wie in Kapitel 3.3.3.8 beschrieben, war die Synthese von 9,10-Bis(1-hydroxyprop-2-in-3-yl)anthracen **71** durch eine SONOGASHIRA-Reaktion nicht möglich. *Tabelle 2* ist zu entnehmen, dass auch die nucleophile Substitution an Anthrachinon **11** nach der allgemeinen Arbeitsvorschrift AAV 1 scheiterte. Als kritischer Reaktionsschritt erwies sich hier die Reduktion des Diols durch das Zinn(II)-chlorid. Auch in diesem Fall ist die Bildung eines Kumulens denkbar. Ein entsprechender Mechanismus wurde von RIED und DANKERT für den nucleophilen Angriff eines Acetylids an 1,4-Chinone und nachfolgender Reduktion durch Zinn(II)-chlorid beschrieben.[86] Die Reaktionsbedingungen weisen sehr große Parallelen zur Vorschrift AAV 1 auf.

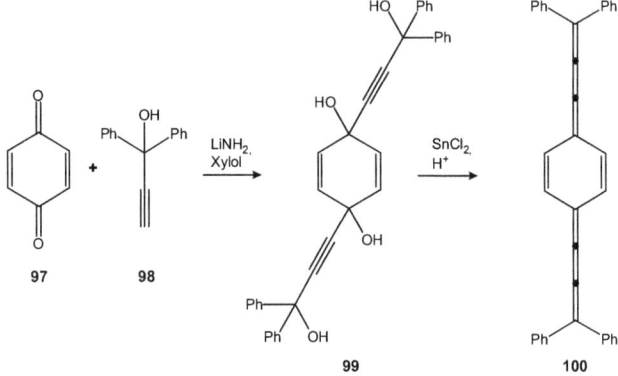

Schema 32: Die von RIED vorgestellte Reaktion von *p*-Benzochinon **97** mit 1,1-Diphenylprop-2-in-1-ol **98** führt zur Bildung des stabilen Kumulens **100** durch Reduktion des 1,4-Diols **99**.

Anders als die Kumulene von HOPF ist das 9,10-Bis(3,3-diphenylpropadienyliden)-9,10-dihydroanthracen **101** stabil und konnte von RIED und DANKERT charakterisiert werden. Es ist daher zu vermuten, dass im Fall der Umsetzung mit Propargylalkohol das resultierende Kumulen ohne den schützenden sterischen Effekt der Phenylsubstituenten einer schnellen Polymerisation unterliegt. Dies würde das Scheitern der Synthese von **71** unter den Bedingungen der Vorschrift AAV 1 erklären.

3.5.1.4 Verwendung anderer Ketone

Da unter Verwendung von Anthrachinon **11** nur die 9,10-Bis(ethinyl)anthracene erhalten werden konnten, wurden weitere Ketone untersucht, um auch die einfach substituierten Verbindungen zugänglich zu machen.

3.5.1.5 Ethinylierung von Anthron

Ein anderes Anthracenderivat mit Ketofunktion im mittleren Ringsystem ist Anthron **102**. Es besitzt in 10-Position ein vollständig sp^3-hybridisiertes Kohlenstoffatom und steht mit seinem Tautomer, dem 9-Hydroxyanthracen **103**, im Gleichgewicht. In organischen Lösungsmitteln liegt dieses Gleichgewicht bei neutralem pH-Wert fast vollständig auf der Seite des Ketons,[87] es kann jedoch in basischen Medien leicht in Richtung des Alkohols verschoben werden. Dieser Vorgang lässt sich visuell gut verfolgen, da der Alkohol **103** im Gegensatz zum Keton **102** stark fluoresziert.

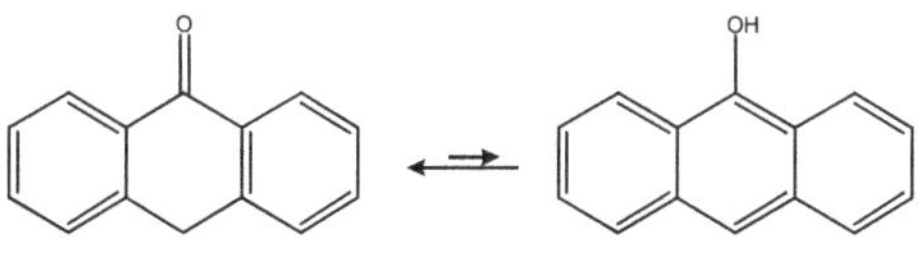

Schema 33: Keto-Enol-Tautomerie von Anthron **102**. Im sauren bis neutralen Bereich liegt das Gleichgewicht überwiegend auf der linken Seite, Zusatz von Basen führt zur Bildung des intensiv fluoreszierenden 9-Hydroxyanthracens **103**.

Anthron **102** ist über mehrere Reaktionswege zugänglich. BARNETT et al. wählten eine mehrstufige Synthese, bei der 9-Nitroanthracen **104** durch Erhitzen in Bianthron **105** überführt und durch Zinn und Salsäure zum Produkt **102** reduziert wurde.[88] Diese Methode lieferte das Produkt nur in moderater Ausbeute. Die Friedel-Crafts-Acylierungen nach STEYERMARK und GARDNER gehen von Benzol und Phthalid aus.[89] Auch diese Variante war nicht befriedigend reproduzierbar. Die Reduktion von Anthrachinon **11** mit Zinn und Salzsäure nach MEYER lieferte Anthron **102** hingegen in hoher Reinheit.[90] Nicht untersucht wurde die intramolekulare Friedel-Crafts-Acylierung von 2-Benzylbenzoylchlorid, wie von OLAH et al. publiziert.[91]

Gemäß seiner Konstitution war zu erwarten, dass das Keton **102** nach nucleophiler Substitution mit einem Alkinylid durch eine 1,4-Eliminierung von Wasser in einfacher Weise C-9 substituierte Anthracenderivate liefern sollte.[92]

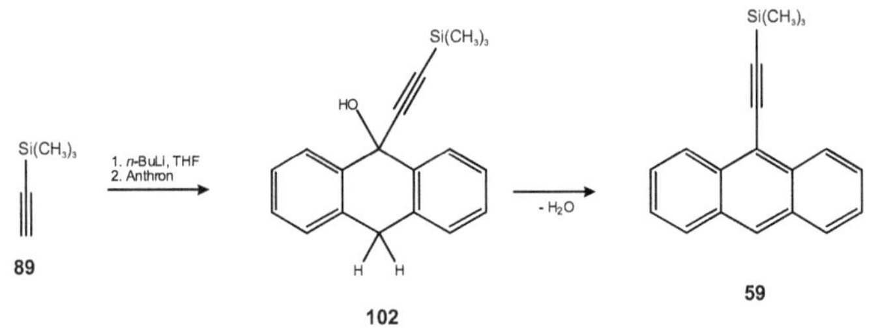

Schema 34: Die Alkinylierung von Anthron **102** führt nach sauer katalysierter Eliminierung zur Bildung von 9-Alkinylanthracenen, exemplarisch gezeigt für 9-(Trimethylsilylethinyl)anthracen **59**.

Tatsächlich finden sich in der Literatur aber nur wenige Beispiele für derartige Reaktionen.[93] Die Umsetzung mit Acetyliden wurde sowohl von RIED als auch von HOUSE durch die Verschiebung des tautomeren Gleichgewichtes in Richtung zum nicht substituierbaren Alkoholat übereinstimmend als nicht möglich beschrieben.[94] TOYOTA berichtete hingegen über die Reaktion von Anthron **102**, Trimethylsilylacetylen **89** und *n*-Butyllithium mit nachfolgender Eliminierung zu 9-(Trimethylsilylethinyl)anthracen **59** auf Kieselgel in sehr guter Ausbeute von 85 %.[95]

Eigene Untersuchungen mit drei verschiedenen Alkinen unter Verwendung der Synthesevorschrift von TOYOTA lieferten ein unerwartet uneinheitliches Bild. Die Reaktion mit 1-Heptin ergab kein isolierbares Produkt. Bei der Umsetzung mit Trimethylsilylacetylen **89** wurde zwar 9-(Trimethylsilylethinyl)anthracen **59** dünnschichtchromatographisch im Rohprodukt beobachtet, eine säulenchromatographische Aufreinigung scheiterte jedoch an der Vielzahl der gebildeten Substanzen. Bei der Reaktion mit Phenylacetylen wurde neben dem erwarteten 9-(Phenylethinyl)anthracen **106** auch 9,10-Bis(phenylethinyl)anthracen **91** als Hauptprodukt gefunden. Da das eingesetzte

Anthron **102** frei von Anthrachinon **11** war, kommen für die Bildung dieses unerwarteten Produkts nur zwei Möglichkeiten in Betracht.

Zum einen wäre es denkbar, dass in die Reaktionsmischung eingebrachter Sauerstoff zur Oxidation von Teilen des Anthrons **102** geführt hat. Die Oxidation des Monoketons unter basischen Bedingungen durch Luft(sauerstoff), die bei geeigneter Reaktionsführung nahezu quantitative Ausbeuten von Anthrachinon **11** liefert, ist bereits mehrfach beschrieben und kinetisch untersucht worden. Das bisethinylierte Anthracen **91** wäre somit das Produkt der Reaktion mit dem gebildeten Diketon **11**. Auf der anderen Seite kann aber auch ein basenkatalysierter Redoxprozess in Erwägung gezogen werden, an dem zwei Moleküle Anthron **102** teilnehmen. Als Produkt dieser, einer Disproportionierung ähnlichen, Reaktion werden Anthracen **6** und Anthrachinon **11** auch in Abwesenheit von Sauerstoff gebildet. Entsprechende Beobachtungen wurden bereits in der Literatur erwähnt, ein möglicher Mechanismus aber nicht postuliert.[96] Dieser könnte wie in *Schema 35* gezeigt ablaufen.

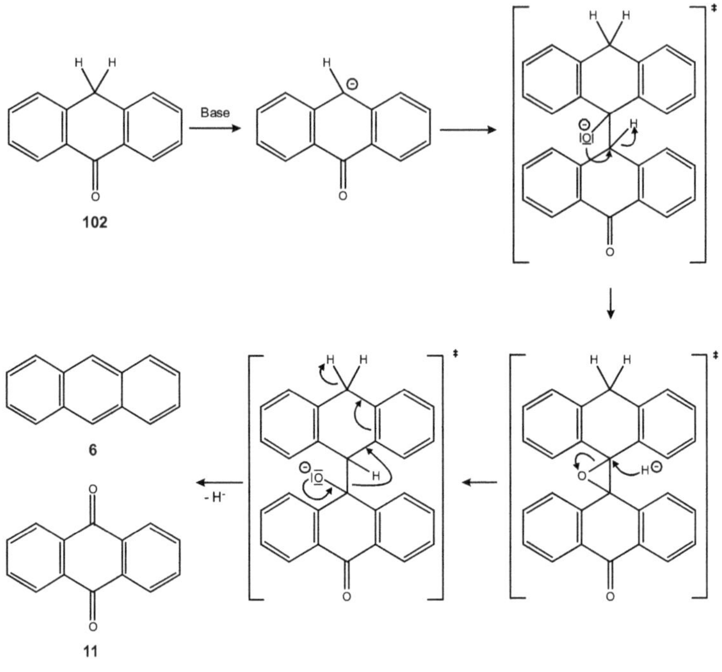

Schema 35: Vorschlag eines Mechanismus zur Bildung von Anthracen **6** und Anthrachinon **11** durch einen basenkatalysierten Redoxprozess.

Da bei den Untersuchungen an Anthron **102** keine strikten Inertbedingungen eingehalten wurden, ist anzunehmen, dass die Bildung des Diketons **11** durch beide Prozesse stattgefunden hat. Dünnschichtchromatographische Analysen zeigte stets die Anwesenheit von Anthracen **6**. Das Auftreten dieses Begleitprodukts stützt den postulierten sauerstofffreien Redoxmechanismus. Einschränkend muss aber gesagt werden, dass Spuren des Aromaten **6** in beinahe allen Produkten auf Anthracenbasis nachweisbar waren, gleich welche Synthesemethode eingesetzt wurde. Auch wurde der Mechanismus ist nicht durch weitere Untersuchungen abgesichert.

3.5.1.6 Ethinylierung von 10-Bromanthron 107

Von besonderem synthetischen Interesse war neben Anthron **102** auch das Bromderivat **107**, da es theoretisch den Zugang zu den asymmetrisch substituierten 9-Brom-10-alkinylanthracenen ermöglichen sollte.

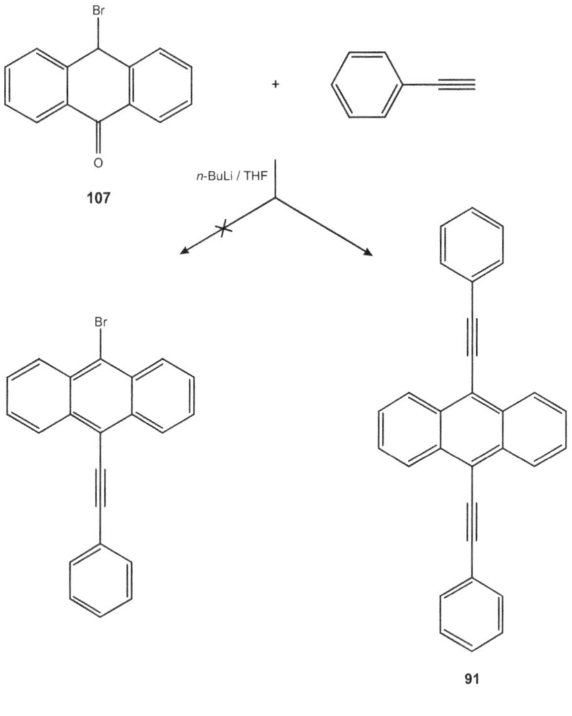

Schema 36: Bei der Umsetzung von Lithiumphenylacetylid mit 10-Bromanthron **107** kam es zur unerwarteten Bildung von 9,10-Bis(phenylethinyl)anthracen **91**.

Die Bromierung des Ketons **102** in Schwefelkohlenstoff mit Brom nach GOLDMANN gelang glatt und in sehr guter Ausbeute.[97] Die Alkinylierung scheiterte jedoch. Als Produkt der Umsetzung mit Phenylacetylen wurde neben einem großen Anteil nicht charakterisierbaren Materials ausschließlich 9,10-Bis(phenylethinyl)anthracen **91** gefunden.

Es ist somit sehr wahrscheinlich, dass neben der nucleophilen Substitution am Carbonylkohlenstoffatom zusätzlich an C−10 eine nucleophile Substitution des Bromids mit nachfolgender Eliminierung von Wasser stattgefunden hat. Aufgrund der unbefriedigenden Resultate wurden keine weiteren Untersuchungen an 10-Bromanthron **107** durchgeführt.

3.5.1.7 Ethinylierung von Bianthron 105

Analog zu Anthron sollte auch Bianthron **105** ethinylierbar sein. Durch die Eliminierung von zwei Molekülen Wasser wären somit die in der Literatur bisher nicht beschriebenen 10,10'-Bis(alkinyl)bianthrylderivate zugänglich.

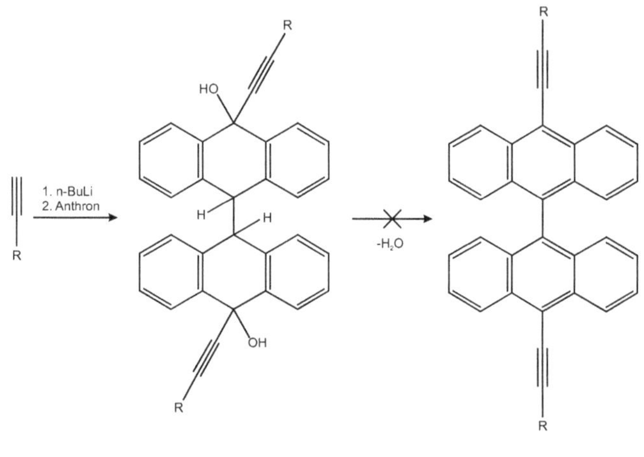

Schema 37: Alkinylierung von 10,10'-Bianthron **105** und nachfolgende sauer katalysierter Eliminierung zu den 10,10'-Bis(alkinyl)bianthrylen.

Zur Untersuchung der Reaktivität wurde Bianthron **105** analog der Synthesevorschrift AAV 1 mit Phenylacetylen und *n*-Butyllithium in Tetrahydrofuran umgesetzt. Neben großen Mengen eines extrem schwerlöslichen Feststoffs wurde dünnschichtchromatographisch eine derartige Vielzahl an Reaktionsprodukten gefunden, dass eine weitere Aufreinigung nicht möglich war. Die Schmelzpunktbestimmung des schwerlöslichen Niederschlags deutete auf Bianthryl hin, die Verbindung konnte jedoch nicht zweifelsfrei identifiziert werden.

3.5.1.8 Zusammenfassende Betrachtung

Es wurden die vier Ketone Anthrachinon **11**, Anthron **102**, 10-Bromanthron **107** und Bianthron **105** hinsichtlich ihrer Reaktivität gegenüber Acetyliden untersucht. Die resultierenden Alkohole wurden in der Regel ohne vorherige Isolierung in die alkinylierten Anthracenderivate überführt. Hierbei konnte nur mit Anthrachinon **11** die Bildung der gewünschten Produkte beobachtet werden, Phenylacetylen lieferte als einziges Alkin eine befriedigende Ausbeute. Die Verwendung anderer Alkine führte zu unerwartet schlechten Umsetzungen und Bildung zahlreicher Nebenprodukte. Die Reaktionen mit Anthron **102** ergaben ein sehr uneinheitliches Bild und die erwarteten Produkte konnten, wenn überhaupt, nur in geringen Mengen dünnschichtchromatographisch nachgewiesen werden. Bromanthron **107** und Bianthron **105** erwiesen sich als völlig ungeeignete Reaktionspartner.

Zusammenfassend ist festzustellen, dass sich die hier vorgestellte Methode zur Darstellung alkinylierter Anthracene mit einer Ausnahme nur unzureichend eignet. Die ökonomischen und synthetisch-präparativen Vorteile des Verzichts auf Übergangsmetallkatalysatoren und Durchführung als Ein-Topf-Reaktion erwiesen sich durch die schwierige Aufreinigung durch Bildung zahlreicher Nebenprodukte sowie generell niedrige Ausbeuten als nachrangig. Eine Optimierung der Reaktionsbedingungen sollte daher unbedingt Gegenstand weiterführender Untersuchungen sein.

3.5.2 Ethinylierte Anthracene durch palladiumkatalysierte Kreuzkupplung (SONOGASHIRA-Reaktion)

Eine zentrale Bedeutung für die Ethinylierung von Halogenaromaten hat die im Jahre 1975 von SONOGASHIRA veröffentlichte palladiumkatalysierte Kreuzkupplung unter Verwendung von Kupfer(I)-salzen als Co-Katalysatoren.[98] Adaptiert man die Reaktion auf die Anthracen-Familie, so werden Halogenanthracene benötigt. Da diese leicht zugänglich waren und für die SONOGASHIRA-Reaktion eine Reihe etablierter Syntheseprotokolle zur Verfügung stand, wurden günstige Reaktionsbedingungen ermittelt und hierzu vergleichende Untersuchungen angestellt. Im Verlaufe der Untersuchungen konnten mehrere, bisher nicht veröffentlichte Verbindungen erhalten werden.

3.5.2.1 Ethinylierung von Halogenanthracenen

Für die SONOGASHIRA-Reaktion ist mittlerweile eine große Vielfalt an Palladiumkomplexen bekannt. Spezielle, auf das Substrat abgestimmte Katalysatorsysteme ergeben sehr hohe Ausbeuten bei minimalsten Palladiummengen. Für eine breite Anwendung unter Tolerierung vieler Funktionalitäten hat sich Bis(triphenylphosphin)palladium(II)-chlorid als optimaler Katalysatorkomplex bewährt. Bevorzugte Lösungsmittel sind Mischungen aus Tetrahydrofuran und Alkylaminen aufgrund der hervorragenden Löslichkeit vieler Reaktanden. Die gute Wirksamkeit und breite Anwendbarkeit dieses Systems ermöglichte den erfolgreichen Einsatz in Reaktionen mit Halogenanthracenen nach der Arbeitsvorschrift AAV 2. Als alternatives Lösungsmittel wurde DMF mit Kaliumcarbonat als Base untersucht. Auch zu diesem Syntheseprotokoll wurde eine allgemeine Arbeitsvorschrift (AAV 3) entwickelt. Die höhere Polarität dieses Solvens wies in einigen Fällen deutliche Vorteile auf. Eine genaue Beschreibung der allgemeinen Arbeitsvorschriften ist in Kapitel 7.2 gegeben.

Als Halogenaromaten kamen 9-Bromanthracen **14**, 9,10-Dibromanthracen **16**, 9,10-Diiodanthracen **17** sowie 10,10'-Dibrom-9,9'-bianthryl **108** zum Einsatz. Trimethylsilylacetylen **89** und Propinaldiethylacetal **77** wurden in erheblichen Mengen benötig, daher war weiterhin für diese beiden Alkine eine Synthese zu etablieren, um entsprechende Quantitäten bereitzustellen.

3.5.2.2 Darstellung von Trimethylsilylacetylen 89

Die Gewinnung des trimethylsilylgeschützten Alkins **89** gelingt allgemein in einfacher Weise aus Acetylen und Trimethylsilylchlorid. Das Alkin wird durch eine geeignete Base deprotoniert und reagiert dann in einer nucleophilen Substitution mit dem Chlorsilan ab. Die hierzu publizierten Vorschriften unterscheiden sich fast ausschließlich in der Wahl der Base, in deren vorgelegte Lösung gereinigtes Acetylen eingeleitet wird. Als zwingend notwendig erwies sich bei der Überprüfung der veröffentlichten Methoden stets die Reinigung des verwendeten technischen Acetylens, welches mit einer erheblichen Menge an Aceton verunreinigt war. Zwischen Gasflasche und Reaktionsgefäß wurde daher eine Gasreinigungsapparatur geschaltet, die einen Großteil der Verunreinigungen wirksam zurückhielt.

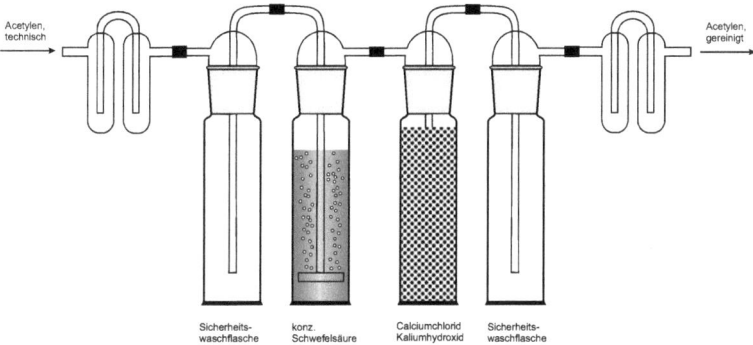

Abbildung 17: Reinigungsapparatur zur Bindung mitgerissenen Acetons aus technischem Acetylen durch konzentrierte Schwefelsäure.

Als Basen zur Deprotonierung wurden Ethylmagnesiumbromid und *n*-Butyllithium untersucht. Die destillative Isolierung des Produkts **89** gelang allerdings nur in inakzeptabel niedrigen Ausbeuten. Grund hierfür war die geringe Differenz der Siedepunkte von Silylierungsreagenz (Sdp. 64 °C), dem Lösungsmittel Tetrahydrofuran (Sdp. 60 °C) und

Produkt (Sdp. 53 °C). Auch unter Verwendung einer langen Destillationskolonne war kein scharfes Schneiden reiner Destillatfraktionen möglich.

Als außerordentlich erfolgreich erwies sich hingegen die Methode von SCHMIDBAUR.[99] Metallisches Natrium wurde mittels Hershbergrührer in Anisol zu einer feinen Suspension zerschlagen und innerhalb von zwei Stunden quantitativ zu Natiumacetylid umgesetzt. Nach Reaktion mit stöchiometrisch eingesetztem Trimethylchlorsilan konnte das Rohprodukt gewonnen werden, eine Feindestillation über Natriumacetat lieferte analytisch reines Trimethylsilylacetylen **89**.

3.5.2.3 Darstellung von 3,3-Diethoxypropin 77

Nach KRANZFELDER ist das Acetal **77** aus Ethinylmagnesiumbromid und Triethylorthoformiat als elektrophilem Reaktionspartner unter Abspaltung eines Alkoholatrestes darstellbar.[100] In eigenen Versuchen war aber weder die Verwendung des Acetylen-GIGNARD-Reagenzes noch der Einsatz von Natriumacetylid erfolgreich. Daher wurde auf eine alternative Synthesesequenz aus Bromierung, Acetalisierung und nachfolgender Eliminierung von Acrolein zurückgegriffen. Die beiden ersten Reaktionsschritte lieferten das 2,3-Dibrompropionaldehyddiethylacetal **109** in einer Ein-Topf-Synthese in nahezu quantitativer Umsetzung.[101] Die anschließende zweifache Dehydrohalogenierung des Dibromids **109** mittels Kalium-*tert*-butanolat in *tert*-Butanol ergab das Alkin **77** nach einfacher destillativer Aufarbeitung in vorzüglicher Ausbeute von 70 %.

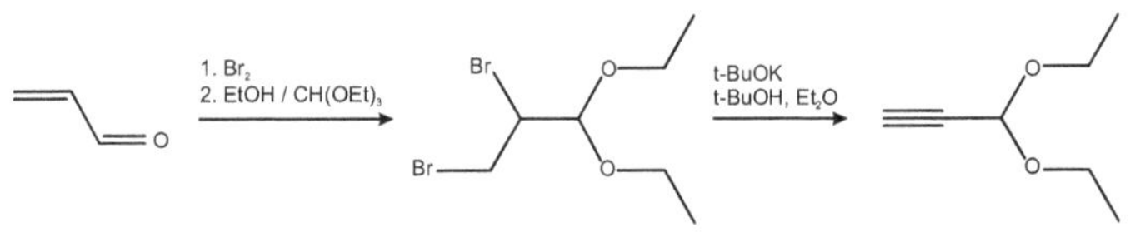

Schema 38: Die Synthesesequenz aus Bromierung, Acetalisierung und Eliminierung von Acrolein zur Darstellung von 3,3-Diethoxypropin **77** konnte mit guten Ausbeuten realisiert werden.

3.5.2.4 Zusammenfassende Betrachtung

Um geeignete Reaktionsbedingungen für die SONOGASHIRA-Reaktion zu ermitteln, wurden zunächst 9-Bromanthracen **14** und 9,10-Dibromanthracen **16** mit 1-Nonin, 1-Heptin sowie 1-Pentin umgesetzt. Die Verwendung der *n*-Alkine sollte eine einfache Abschätzung des Einflusses von Arylhalogenid und Alkin auf den Erfolg der Synthese ermöglichen. Bis auf 9,10-Bis(hept-1-inyl)anthracen **110** waren die dabei erhaltenen Produkte bislang nicht literaturbekannt. Nach Auswertung der Ergebnisse wurde die Methode auch für weitere Alkine eingesetzt. Die SONOGASHIRA-Reaktion erwies sich dabei als sehr gut wirksame Reaktion zur Ethinylierung von Anthracen. Der gewählte Katalysator Bis(triphenyl-phosphin)palladium(II)-chlorid zeigte für alle eingesetzten Alkine eine ausreichende Aktivität. Die Ausbeuten waren bei Verwendung von 9-Bromanthracen **14** in der Regel um einige Prozent höher als mit 9,10-Dibromanthracen **16**. Eine Abhängigkeit der Ausbeute vom verwendetem Halogenanthracen beziehungsweise Alkin war aber nicht schlüssig abzuleiten. In einigen Fällen traten zudem unerwartete Nebenreaktionen auf.

3.5.2.5 Einfluss der verwendeten Halogenanthracene

Da die Iodaromaten gerade bei niedrigen Temperaturen in der Regel als deutlich reaktiver gelten als die entsprechenden Bromverbindungen, werden erstere gerne für Kreuzkupplungsreaktionen eingesetzt. Für 9,10-Diiodanthracen **17** konnte jedoch keine erhöhte Reaktivität festgestellt werden. Reaktionen bei Raumtemperatur liefen ebenso wie mit dem dibromierten Anthracen unter sehr schlechter Umsetzung ab, bei erhöhter Temperatur waren die Ausbeuten in beiden Fällen vergleichbar (vgl. *Tabelle 3*).

Tabelle 3: Vergleichende Übersicht über die Ausbeuten der SONOGASHIRA-Reaktionen nach der allgemeinen Arbeitsvorschrift AAV 2 bei 70 °C mit 9,10-Dibromanthracen **16** und 9,10-Diiodanthracen **17**.

H—≡—R	$(CH_3)_3Si-$	$HO(CH_3)_2C-$	$OHCH_2-$	$CH_3(CH_2)_4-$	$CH_3(CH_2)_6-$
9,10-Dibromathracen	71 %	59 %	-	72 %	73 %
9,10-Diiodanthracen	79 %	63 %	-	73 %	62 %

3.5.2.6 Einfluss der verwendeten Alkine

Die Kreuzkupplungen unpolarer Alkine in Tetrahydrofuran und Alkylaminen als Base lieferten in aller Regel gute Ausbeuten sowohl für die einfach wie auch für die doppelt substituierten Anthracene (vgl. *Tabelle 4*). Polare Alkine zeigten in DMF die bessere Reaktivität. Dies ist vermutlich auf die höhere Basizität des in der allgemeinen Arbeitsvorschrift AAV 3 verwendeten Kaliumcarbonats zurückzuführen. Der von DANG postulierte Zusammenhang zwischen Siedepunkt des Alkins und Vollständigkeit der Umsetzung konnte beim Vergleich von drei *n*-Alkinen nicht bestätigt werden.[102] Die geringere Ausbeute bei Verwendung von 1-Pentin beruht auf der unerwarteten Bildung des Nebenprodukts 9-Brom-10-(pent-1-inyl)anthracen **111**, der Gesamtumsatz lag in diesem Fall bei 60 %.

Tabelle 4: Übersicht über die Ergebnisse der SONOGASHIRA-Kupplung. Die Ausbeuten bei Verwendung von 9-Bromanthracen **14** sind in der Regel höher als mit 9,10-Dibromanthracen **16**.

H–≡–R	9-Bromanthracen 14		9,10-Dibromathracen 16	
$(CH_3)_3Si–$	70 %	**59**	71 %	**60**
$OHCH_2–$	59 %	**46**	0 %	**71**
$OH(CH_3)_2C–$	50 %	**57**	37 %	**58**
$CH_3(CH_2)_2–$	50 %	**138**	37 %	**139**
$CH_3(CH_2)_4–$	73 %	**140**	72 %	**110**
$CH_3(CH_2)_6–$	73 %	**141**	73 %	**142**
$(CH_3CH_2O)_2CH–$	12 %	**78**	17 %	**79**
Ph–	60 %	**106**	21 %	**91**

3.5.2.7 Bildung von Nebenprodukten

Die chromatographische Reinigung der durch SONOGASHIRA-Reaktion alkinylierten Anthracene gestaltete sich teilweise anspruchsvoll. Bei Anwesenheit von Sauerstoffspuren kam es mitunter zur Homokupplung der eingesetzten Alkine (GLASER-Kupplung). Durch Abspaltung von Substituenten und undurchsichtige Oxidationsprozesse waren weiterhin stets Anthracen **6** und Anthrachinon **11** als Verunreinigungen anwesend.

Teilweise wurden auch unerwartete Nebenprodukte in erheblichem Maße gebildet. So kam es mit 9,10-Dibromanthracen insbesondere bei der Verwendung von 1-Pentin und 3,3-Diethoxypropin **77** zur Bildung der synthetisch durchaus interessanten, bisher nicht bekannten Verbindungen 9-Brom-10-(pent-1-inyl)anthracen **111** und 9-Brom-10-(3,3-diethoxyprop-1-inyl)anthracen **80**. Hohe Überschüsse an Alkin konnten ihre Entstehung nicht unterdrücken, ebenso wenig war eine gezielte Darstellung durch stöchiometrischen Einsatz der Reaktanden möglich. Der Grund für das Auftreten dieser Nebenprodukte konnte bisher nicht geklärt werden.

Als weiteres Nebenprodukt wurden stets Aceanthrylene gefunden, die Isomere der Zielverbindungen sind (vgl. *Schema 39*). Die Bildung dieser Spezies bei der SONOGASHIRA-Reaktion ist mechanistisch bisher nicht schlüssig aufgeklärt. DANG postulierte einen Mechanismus, bei dem ein intermediär gebildeter Alkenylpalladiumkomplex in die Doppelbindung eines Anthracenringes insertiert.[102] Er Untermauert seine Vermutung durch Erkenntnissen von YAMAMOTO zur Alkin-Alken-Insertion an Aromaten.[103] DANG gelang es, unter erhöhtem Druck und in Abwesenheit von Kupfer Aceanthrylene als Hauptprodukt zu gewinnen. Unter den Bedingungen der Arbeitsvorschriften AAV 2 und AAV 3 stellten Aceanthrylene mit einem Anteil von etwa 0.1 bis 1 % hingegen nur eine Verunreinigung dar. Es gelang jedoch nicht, die Bildung dieser Nebenprodukte durch höhere Kupferkonzentrationen und niedrigere Reaktionstemperaturen vollständig zu vermeiden. Die chromatographische Abtrennung war nahezu unmöglich und musste stets mit erheblichen Substanzverlusten erkauft werden. Durch die extrem intensive Farbe der Aceanthrylene waren trotz der niedrigen Konzentration alle durch SONOGASHIRA-Reaktion hergestellten Alkinylanthracene mehr oder weniger rot verfärbt.

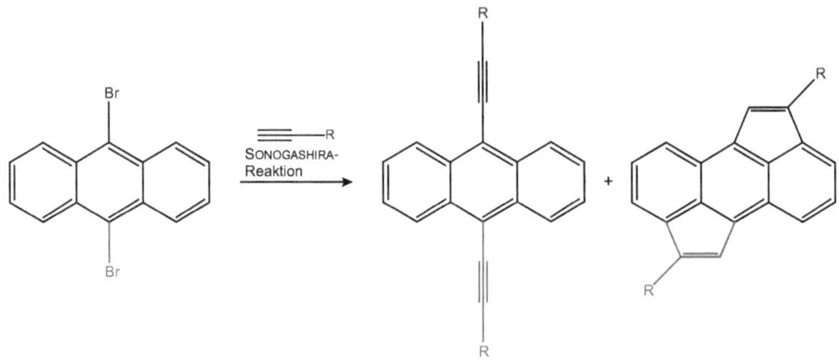

Schema 39: Bei der SONOGASHIRA-Reaktion wurden neben den erwarteten Produkten stets Spuren der isomeren Aceanthrylene gebildet. Selbige zeigen eine intensiv rote Farbe, wodurch sich trotz der geringen Konzentration die Produkte mitunter vollständig rot gefärbt zeigen.

4 Solubilisierung von Carbon-Nanotubes

4.1 Allgemeines

4.1.1 Eigenschaften kommerziell produzierter Nanotubes

Allen Verfahren zur Produktion von Carbon Nanotubes ist gemein, dass in dem als "Soot" bezeichneten Rohprodukt die Nanotubes stets von einer Reihe Verunreinigungen in variablen Anteilen begleitet sind. So enthalten die Produkte der Chemical-Vapor-Deposition (CVD) stets Reste der als Wachstumskeime verwendeten Metallkatalysatoren, die von den entstehenden Nanotubes eingeschlossen werden. Auch die in den LASER-Ablationsverfahren oder bei der Bogenentladung (Arc Discharge) verwendeten Graphitkörper enthalten meistens einige zehntel Prozent an metallischen Beimengungen als Katalysatoren.[6] Diese Zusätze sind insbesondere dann notwendig, wenn gezielt Single-Walled-Carbon-Nanotubes (SWNT) hergestellt werden sollen, wobei der hierdurch induzierte Wachstumsmechanismus bis heute noch nicht vollständig aufgeklärt ist.[103] Die nanoskaligen Metallpartikel finden sich dann vorwiegend verkapselt in graphitischen Strukturen oder den Nanotubes selber (vgl. *Abbildung 19*).

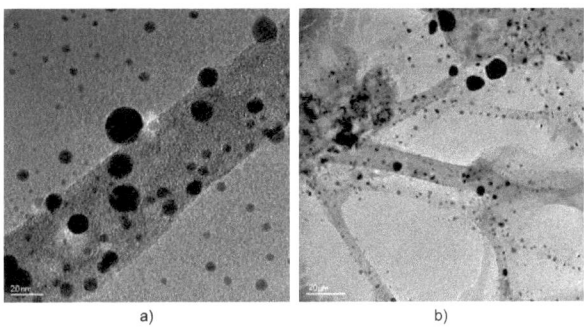

a) b)

Abbildung 19: Je nach Herstellungsprozess bilden sich verschiedenste Verunreinigungen, die sich sowohl als eigenständige Agglomerate (a, sichtbar als dunkle Punkte, vgl. hierzu auch[105a]), aber auch direkt auf (a und b, dunkle Punkte, vgl. hierzu[105b]) und sogar in den Nanotubes finden.

Neben Nanotubes entstehen weiterhin zahlreiche kohlenstoffhaltige Verunreinigungen. So werden nicht nur amorpher und nanokristalliner Kohlenstoff neben rußartigen Agglomeraten, sondern auch durchaus geordnete Strukturen wie Fullerene, Graphene und polycyclische Aromaten gebildet, letztere bedingt durch den Anteil an Wasserstoff im Prozessgasstrom. Diese Partikel scheiden sich an den Wandungen der Apparatur ab, teilweise bedecken sie aber auch die gebildeten Nanotubes selbst.[106]

In den letzten Jahren hat die Qualität von kommerziell erhältlichen Nanotubes erheblich zugenommen. Optimierte Herstellungsprozesse liefern einheitlichere Chargen und eine grobe Vorseparation seitens der Hersteller ermöglicht es heute, Produkte zu erwerben, in denen nicht nur der Gehalt an Nanotubes bei über 90 % liegt, sondern auch Röhren ähnlicher Länge oder Durchmesser angereichert sind.[107] Mit Hilfe einer in Wasser gequollenen Kaliumpolyacrylatmatrix, die eine stationäre Phase für die Größenausschlusschromatographie bildet, ist eine solche Selektion in Grenzen möglich. Während die Nanotubes für die Kavitäten der Matrix zu groß sind und eluiert werden, bleiben viele Verunreinigungen dort zurück.[108]

Zur Reinigung des Rohprodukts, das prozessabhängig lediglich zwischen 5 und 50 % Nanotubes enthält, hat sich ein Verfahren unter Verwendung von Mineralsäuren besonders bewährt, da es auch zur Reinigung größerer Mengen an Rohmaterial (inzwischen im 100 g-Maßstab) bei guter Reproduzierbarkeit geeignet ist.[109] Es werden dabei Reste der Metallkatalysatoren und kohlenstoffhaltige Verunreinigungen recht wirksam entfernt. Teilweise gelingt auch die Ausheilung von strukturellen Defekten in den Nanotubes. Die Entfernung der Metallpartikel kann durch Behandeln des Rohprodukts mit starken Mineralsäuren erfolgen. Auf diese Weise sind allerdings nur die dem Angriff der Säure frei zugänglichen Partikel löslich. In graphitischen Strukturen oder in Nanotubes verkapselte Metallcluster werden nicht erfasst. Das Problem lässt sich auf einfache Weise umgehen, wenn eine oxidierende Säure verwendet wird. Zuverlässige Methoden sind das Refluxieren des Rohmaterials bis zu 45 h in 2-3 M Salpeter- oder Perchlorsäure. Salzsäure als nicht oxidierende Säure ist verwendbar, wenn eine vorherige Oxidation des Rohmaterials in einer Sauerstoffatmosphäre stattgefunden hat.[110] Die strukturell hoch geordneten Nanotubes sind gegenüber oxidativen Bedingungen recht widerstandsfähig, amorpher Kohlenstoff und Fullerene werden hingegen teilweise zu Kohlenstoffdioxid oder zu wasserlöslichen, carboxylierten Verbindungen oxidiert und aus dem Gemisch entfernt. Empfindlich gegenüber oxidativen Bedingungen sind auch die Endkappen der Nanotubes. Sie werden bevorzugt angegriffen, da hier durch die stärkere Wölbung der Oberfläche die Kohlenstoff-Kohlenstoff-Bindungen im Vergleich zu denen im Mantel der Röhren deutlich gespannter sind. Nach erfolgreichem Entfernen der Endkappen ist die Säure in der Lage, auch in den Nanotubes befindliches Metall zu lösen. Die nachfolgende Entfernung von Mineralsäureresten erfolgt durch wiederholtes Waschen mit Wasser, Zentrifugieren und Dekantieren des Überstands und nachfolgender Redispergierung der sedimentierten Nanotubes. Nahezu restlos metallfreie Proben lassen sich jedoch nur durch weitergehende Methoden herstellen. Da die verunreinigenden Metallpartikel in der Regel ferromagnetisch sind, können sie durch magnetische Separation aus dem vorgereinigten Gemisch entfernt werden.[111]

Allerdings sind nicht nur amorphe Verunreinigungen und die Endkappen der Röhren anfällig für Oxidation. Auch bereits vorhandene Defektstellen wie Löcher, Knicke oder Verzweigungen in der Seitenwand können durch Säuren angegriffen werden, wodurch die Nanoröhren in zwei Teile geschnitten und die Defekte entfernt werden. Die dabei eintretende Verkürzung der Röhren ist nicht immer erwünscht, obgleich dieser Prozess mitunter zum kontrollierten Kürzen von Nanotubes angewandt wird.[112] Für das gezielte Schneiden der Röhren an bereits vorhandenen Defektstellen hat sich ein Gemisch aus konzentrierter Schwefelsäure und Wasserstoffperoxidlösung bewährt, das im Labor gemeinhin als "Piranha-Wasser" bezeichnet wird.

Nachteilig bei dieser Art der Reinigung ist der erheblichen Materialverlust von teilweise bis zu 80 %.[113] Je nach Konzentration und Einwirkdauer des Oxidanz kann es mitunter zur zusätzlichen Ausbildung von Defektstellen, zur Funktionalisierung der Tubes oder gar zu ihrer vollständigen Zerstörung kommen. Vorwiegend finden sich nach der oxidativ-sauren Behandlung Carboxylgruppen an den Röhrenenden, teilweise aber auch am Röhrenmantel. Ein abschließendes Erhitzen des Materials auf Temperaturen von bis zu 1200 °C unter einer speziellen wasserstoffangereicherten Schutzgasatmosphäre, so genanntes "thermisches Annealing", heilt diese Defekte weitgehend aus.[114] Ein nach heutigem Stand gängiges Protokoll zur nahezu vollständigen Aufreinigung roher Nanotubes ist in *Abbildung 20* dargestellt.

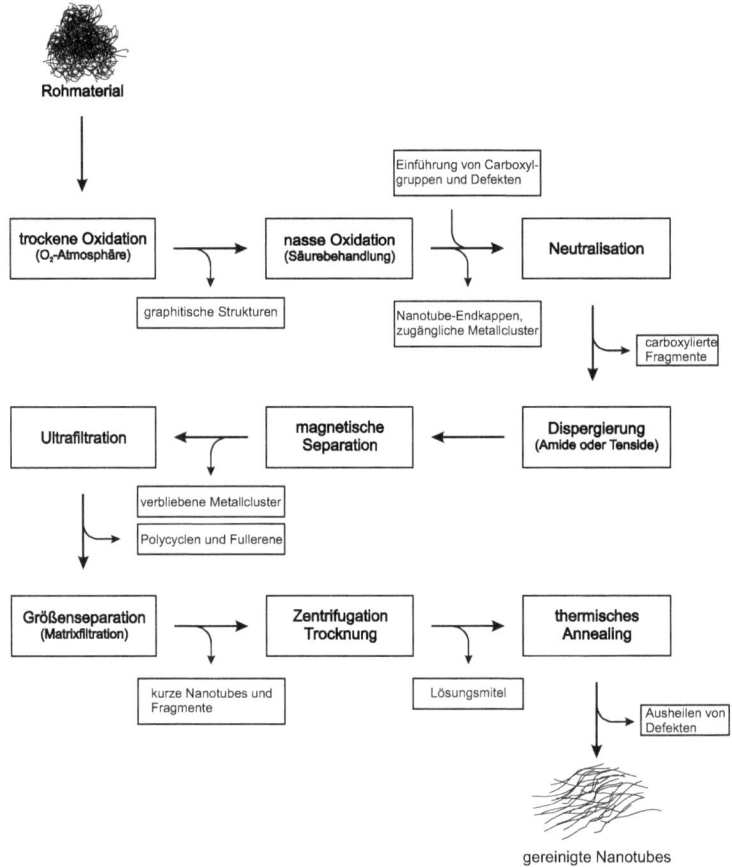

Abbildung 20: Schematische Darstellung der Arbeitsschritte zur nahezu vollständigen Reinigung von Nanotube-Rohmaterial.[105]

Sowohl vor als auch nach der oxidativen Reinigung liegen die Röhren zumeist nicht als diskrete Einzelobjekte, sondern als Bündel (sog. Bundles) vor.[115] Eine Entbündelung (Debundling) mittels Ultraschall, gegebenenfalls unter Zuhilfenahme von Detergentien oder Amiden als Lösungsmittel, schafft hier Abhilfe. Auf diese Weise werden auch innerhalb der Bündel befindliche Verunreinigungen und Nanotubes für eine weitere Reinigung zugänglich gemacht.

4.1.2 Entbündelung und Löslichkeit von Nanotubes

Die Krümmung der Graphenlagen zur Röhrenform führt zu einer relativ leichten Polarisierbarkeit der π-Elektronen, wodurch bei Annäherung zweier Tubes die π-Systeme in Wechselwirkung treten können. Zwar ist die Stärke der π-π-Wechselwirkungen punktuell nicht sehr groß, da sich die Wechselwirkungen jedoch über die gesamte Länge des Tubes und somit durchaus über einige Mikrometer erstrecken können, führen die kleinen Energiebeiträge in der Summe doch zu einer ausgeprägten Neigung zur Bündelung. Durch die relativ geringe Varianz der Röhrendurchmesser neigen insbesondere Single-Walled-Carbon-Nanotubes (SWNT) zum Bundling, da sich hier die Tubes zusätzlich in trigonal dichten Packungen über lange Strecken parallel zueinander anordnen können (vgl. *Abbildung 21*). Multi-Walled-Carbon-Nanotubes (MWNT) weisen in der Regel eine breitere Durchmesserverteilung auf und zeigen dieses Phänomen weniger ausgeprägt als Single-Walled oder Double-Walled-Nanotubes.

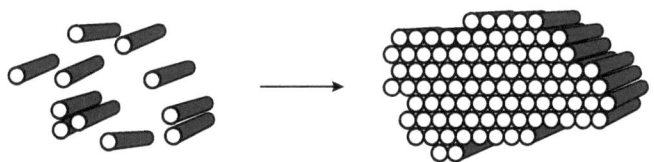

Abbildung 21: Die Graphik zeigt die insbesondere bei SWNTs auftretende starke Tendenz zur Bildung so genannter Bundles, stabilen Agglomeraten von über lange Strecken parallel angeordneten Röhren. Entsprechende TEM-Aufnahmen sind literaturbekannt.[116]

Das Aufbrechen der Bündel zu einzelnen Tubes ist eine nach wie vor große Herausforderung. Die zwei Strategien mit dem besten Erfolg sind die chemische und die physikalische Modifikation der Nanotubes, die im folgenden kurz näher erläutert werden.

Bei der chemischen Modifikation wird die Wandstruktur der Tubes funktionalisiert. Dies geschieht zum Teil bereits bei den zur Reinigung des Materials angewendeten Methoden. Nach einer Säurebehandlung ist die Carboxylgruppe die vorherrschende Funktionalität. Sie verbessert die Löslichkeit in polaren Solventien drastisch. Durch weitere Umsetzungen (Veresterung oder Reduktion zu Alkoholen mit nachfolgender Veretherung) lassen sich die Eigenschaften des Kohlenstoffmaterials gezielt auf das gewünschte Lösungsmittelsystem anpassen. Nachteilig bei dieser Methode ist jedoch, dass die Nanotubes in ihren mechanischen und elektronischen Eigenschaften durch die Modifikation der Röhrenwand mehr oder weniger stark verändert werden, was insbesondere bei Anwendungen in der Mikroelektronik nicht erwünscht ist.

Als alternative Strategie bietet sich die physikalische Modifikation an. Hierbei findet eine Entbündelung mittels oberflächenaktiver Substanzen, zum Beispiel Natriumdodecylsulfat, statt.[117] Gemäß SMALLEY et al. umhüllen die Tensidmoleküle die Röhren mit ihren unpolaren Resten.[118] Durch die abstoßende Wirkung der hydrophilen Kopfgruppen kommt es zu einem reißverschlussartigen Auftrennen der Bündel. Die einzelnen Tubes sind nach erfolgter Entbündelung jeweils vollständig von einer Tensidmicelle umschlossen. Da die Tendenz zur selbstständigen Entbündelung auch bei Verwendung großer Tensidkonzentrationen nur gering ist, hat sich der zusätzliche Eintrag von Energie, insbesondere in Form von Ultraschall, als unterstützende Maßnahme sehr bewährt. Die resultierenden Nanotubedispersionen weisen eine durchaus gute Stabilität auf. Allerdings bestehen sie teilweise zu mehr als 80 % aus Tensid. Die Entfernung der Amphiphile nach einer erfolgreichen Applikation der Nanotubes ist dann eines der vordringlichsten Ziele. Ein anderer Ansatz der nicht kovalenten Funktionalisierung ist die Einbettung in Polymermatrices.[119] Wird eine ultraschallunterstützte Entbündelung vor der Einbettung angewendet, so ist es möglich, ebenfalls stabile Suspensionen diskreter Röhren herzustellen. Auch bei diesen Methoden führen Entbündelung und Solubilisierung aber zu stark veränderten physikalischen und chemischen Eigenschaften der Tubes.

Carbon-Nanotubes sind ähnlich wie ihr Stammsystem Graphit in herkömmlichen Lösungsmitteln nahezu unlöslich. Die mit der Entbündelung einhergehende drastische Vergrößerung der Oberfläche ist eine entscheidende Grundvoraussetzung zur Solubilisierung von Nanotubes. Zwar gelingt es, Nanotubes durch chemische oder physikalische Modifikation in verschiedenen Solventien als Dispersion zu stabilisieren. Die Ausbildung einer echten Lösung im klassischen Sinne ist aber wohl kaum möglich und scheitert als Mischung zweier Komponenten unter Ausbildung nur einer homogenen Phase nicht zuletzt schon an der Größe der Strukturen. Für molekular disperse Systeme wird als obere Grenze eine Teilchengröße des Soluts von etwa einem Nanometer angenommen. Größere Teilchen bilden kolloidale Dispersionen. Somit sind auch Proteine, die aufgrund zahlreicher hydrophiler Wechselwirkungen oft eine scheinbar gute Löslichkeit in wässrigen Medien aufweisen, lediglich zur Ausbildung kolloiddisperser Systeme befähigt. Nanotubes besitzen zwar Durchmesser von wenigen Nanometern, ihre Länge reicht aber gängigerweise in den Bereich von Mikrometern, mitunter sogar Millimetern hinein.

Für eine Vielzahl von Anwendungen wäre es sehr wünschenswert, entbündelte Nanotubes als Dispersion stabilisieren zu können, ohne eine tief greifende physikalische oder chemische Modifikation herbeizuführen. Versuche, das Bundling bereits während der Herstellung zu unterbinden, scheiterten bislang. Für die Dissolution vorgereinigter Tubes wurden Untersuchungen für eine Reihe von Lösungsmitteln angestellt.[120] Mit mäßigem Erfolg wurden unter anderem ε-Caprolacton, Cyclohexanon, Hexamethylphosphortriamid und Tetramethylensulfoxid verwendet. Besonders gute Resultate zur Erzeugung stabiler Dispersionen ohne zusätzliche Modifikationen wurden allerdings bei Einsatz stickstoffhaltiger Lösungsmittel erzielt. Verbindungen wie N,N-Dimethylformamid (DMF), N,N-Dimethylpropionamid (DPA) und vor allem N-Methyl-2-pyrrolidon (NMP) konnten auch ohne Verwendung von Ultraschall einzelne Nanotubes aus den Bündeln lösen und stabilisieren. Die solvatisierenden Eigenschaften eines Lösungsmittels wurden von ABBOUT, TAFT und KAMLET quantifiziert.[121] Die oben genannten Lösungsmittel besitzen alle für die TAFT-KAMLET-Lösungsmittelparameter einen niedrigen α-Wert, der die Wasserstoffbückendonor-Eigenschaften quantifiziert, sowie hohe Werte für β (Wasserstoffbrückenakzeptor-Eigenschaften) und π* (Dipol-Polarisierbarkeit). Als Begründung für die gute Stabilisierung des Kohlenstoffmaterials werden schwache charge-transfer-Wechselwirkungen zwischen Lösungsmittelmolekülen und Nanotubes sowie "πstacking-Prozesse" diskutiert.[122] Alleine das Vorhandensein hoher Dipolmomente und freier Elektronenpaare sowie geeignete TAFT-KAMLET-Parameter können den offensichtlichen Vorteil stickstoffhaltiger Solventien gegenüber hoch polaren Verbindungen wie Dimethylsulfoxid oder Acetonitril allerdings nicht ausreichend erklären. Über diese Eigenschaften hinaus wird auch eine geeignete Geometrie der Lösungsmittelmoleküle diskutiert. Je ähnlicher sich die hexagonalen Strukturelemente der Röhrenwand und die Geometrie des Solvens hinsichtlich Bindungslängen und Bindungswinkel sind, desto besser scheint ein Solvatationsprozess abzulaufen.[123]

4.2 Auswahl eines "ungewöhnlichen" Lösungsmittels

Aus den bisherigen Untersuchungen geht hervor, dass ein zur Solubilisierung von Nanotubes geeignetes Lösungsmittel ein schlechter Wasserstoffbrückendonor und ein guter Wasserstoffbrückenakzeptor sein sollte. Es kommen somit bevorzugt polare, aprotische Lösungsmittel in Frage, die über ein Heteroatom mit freiem Elektronenpaar verfügen. Mit NMP wurde ein Solvens gefunden, das diesen Anforderungen genügt. Nachteilig ist jedoch, dass sich NMP nicht ohne weiteres wieder von den solvatisierten Nanoröhren entfernen lässt. Obwohl lediglich physisorbiert, ist zur vollständigen Beseitigung von Lösungsmittelresten ein längeres Erwärmen des entbündelten Materials auf 340 °C im Vakuum nötig.[124] Dieser Arbeitsschritt ist zeit- und energieintensiv. Ziel dieser Arbeit war es daher, eine mögliche Alternative unter Verwendung eines recht selten anzutreffenden Lösungsmittels aufzuzeigen.

Das erste Halbmetall der Stickstoffgruppe, Arsen, ist ein Element mit vielfältigen Eigenschaften. Es bildet mit Chlor eine bei 130 °C siedende, farblose Flüssigkeit, die bereits seit längerer Zeit für ihre hervorragenden Lösungseigenschaften organischer Substanzen bekannt ist. Dennoch sind Literaturstellen, in denen Arsen(III)-chlorid **7** als Lösungsmittel beschrieben wird, äußerst rar. Erste Untersuchungen der Substanz als ionisches Lösungsmittel wurden von WALDEN im Jahre 1900 unternommen.[125] Er betrachtete die Löslichkeiten verschiedenster anorganischer und organischer Substanzen und bestimmte teilweise die Leitfähigkeiten der entstandenen Lösungen. Gute Lösungseigenschaften schrieb er dem Arsen(III)-chlorid für Kohlenwasserstoffe, Ester, Ketone, Carbonsäuren und tertiäre Amine zu. Ergänzende Untersuchungen erfolgten 50 Jahre später, als GUTMANN umfangreiche potentiometrische Messungen durchführte.[126] Er verwendete allerdings, abgesehen von einigen quartären Ammoniumsalzen, ausschließlich anorganische Verbindungen. Erst SZYMANSKI griff die Idee, das Chlorid 7 als Lösungsmittel für organische Substanzen zu verwenden, wieder auf und untersuchte den Einfluss des Solvens auf die Ergebnisse NMR- und infrarotspektroskopischer Messungen.[127] In weiteren Experimenten wurden Phenolharze sowie eine Vielzahl weiterer Thermoplaste hinsichtlich ihrer Löslichkeit untersucht.[128] Auch BRAME et al. berichteten von einer hervorragenden Solvatisierung von ansonsten schwer löslichen Polyurethanen und einer guten Eignung als Lösungsmittel für NMR-Messungen.[129] Weitere Untersuchungen zur Verwendung als Solvens finden sich in der Literatur aber kaum, sieht man von der der Bestimmung einiger Mischungsenthalpien mit organischen Solventien ab.[130] Berichte über organische Reaktionen in Arsen(III)-chlorid sind nicht bekannt.

Neben den bereits erwähnten guten Eigenschaften zur Lösung organischer Substanzen, namentlich aromatischen Kohlenwasserstoffen und Polymeren, sprechen auch die spektroskopischen Eigenschaften von $AsCl_3$ für dessen Verwendung zur Solubilisierung von Carbon-Nanotubes. Aus den Untersuchungen von SZYMANSKI geht hervor, dass 7 als Solvens in Kernresonanzexperimenten keine nennenswerte lösungsmittelabhängige Verschiebung der ^{1}H- und ^{13}C-NMR-Signale verursacht. Die gemessenen Shifts variierten im ^{13}C-NMR um weniger als 1 ppm verglichen mit den Messungen in Deuterochloroform oder Tetrachlormethan. Lediglich für Alkohole wurden Tieffeldshifts zwischen 2 und 4 ppm für direkt mit der Hydroxygruppe verknüpfte C-Atome ermittelt.[131] Das Solvens selber gibt kein Signal und stört daher ebenfalls nicht, macht aber gegebenenfalls den Zusatz eines internen oder externen Standards erforderlich. Es bieten sich somit ideale Bedingungen für eine NMR-spektroskopische Charakterisierung von Nanotubes, ohne störende Einflüsse des Lösungsmittels oder anderer Substanzen befürchten zu müssen.

Die gute Eignung von $AsCl_3$ als Lösungsmittel ist nicht nur seit langer Zeit bekannt, sie wird mitunter auch in Lehrbüchern und Vorlesungen erwähnt. Über die genauen Hintergründe des Solvatisierungsprozesses anorganischer und organischer Verbindungen finden sich dort aber keine Informationen. Es kann jedoch davon ausgegangen werden, dass das Arsen, ähnlich wie der Stickstoff in Lösungsmitteln wie DMF und DMP, mittels seines freien Elektronenpaars in Wechselwirkung mit den π-Elektronensystemen der Solute treten kann. Da über die zu erwartenden Wechselwirkungen aromatischer Substanzen mit Arsen(III)-chlorid keine

Informationen verfügbar waren, wurden von HERGES Dichtefunktionalberechnungen eines Solvatkomplexes zwischen AsCl₃ und Benzol durchgeführt. Die Berechnung mit dem Programm "Gaussian" auf dem Niveau B3LYP/6-31G* ergab für das Solvensmolekül eine nahezu senkrechte und mittige Anordnung über dem Aromaten.[132] Der Abstand zwischen der Ebene des Benzols und dem Arsenatom wurde aus der optimierten Struktur mit 3.068 Å bestimmt. Die *Abbildung 22* zeigt den Solvatkomplex und die gute Übereinstimmung der Bindungswinkel von Solut und Solvens.

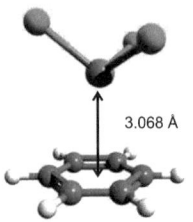

Abbildung 22: DFT-geometrieoptimierte Struktur eines über π-π-Wechselwirkungen stabilisierten Solvatkomplexes von Benzol und Arsen(III)-chlorid **7**, links in der Seitenansicht, rechts in der Draufsicht.

Da nicht nur planare aromatische Systeme in **7** löslich sind, sondern, wie DEICHMANN anhand des röhrenförmigen Tetradehydrodianthracens **1** (TDDA) zeigen konnte, auch tubular-aromatische Strukturen,[20] wurden Versuche zur Solubilisierung von Single-Walled-Carbon-Nanotubes angestellt. Die Ergebnisse werden im folgenden näher beschrieben.

4.2.1 Allgemeine Eigenschaften, Handhabung und Toxizität von Arsen(III)-chlorid 7

Arsen(III)-chlorid **7** liegt bei Temperaturen über -16.2 °C als klare, farblose, leicht ölige Flüssigkeit vor, die bei 130.2 °C siedet und eine Dichte von 2.16 g · cm⁻³ besitzt. Die Verbindung ist mit einem Dampfdruck von 13 hPa (20 °C) deutlich weniger flüchtig als Wasser oder Essigsäure. Dennoch verdampft sie auch bei Raumtemperatur merklich. Bei Kontakt mit feuchter Luft zersetzen sich ihre Dämpfe sichtbar unter Nebelbildung. Auch bei direktem Kontakt mit Wasser zerfällt das Halogenid **7** exotherm in Umkehrung der Bildungsgleichung in Chlorwasserstoff und Arsenik (As_2O_3). Aus diesem Grund muss seine Handhabung und Lagerung stets unter Schutzgas erfolgen. Es wurde im Verlauf der Versuche festgestellt, dass sich auch dann schnell weiße Ausblühungen an Schliffen oder Verschlüssen mit $AsCl_3$ befüllter Gefäße bildeten, wenn diese gut gefettet oder mit Parafilm® verschlossen waren. Die Ausblühungen bestanden jedoch, wie durch Nachweisreaktionen festgestellt wurde, nur zu einem geringen Teil aus Arsenoxid. Vermutlich handelte es sich im wesentlichen um Salze, die durch ausgasenden Chlorwasserstoff und flüchtige Amine aus der Laborluft gebildet wurden. Die stete Bildung von Chlorwasserstoff und seinen Salzen führte in der Umgebung von Apparaturen, die mit **7** befüllt waren, stets zu einer deutlich verstärkten Korrosion des Laborinventars.

$AsCl_3$ selbst besitzt einen charakteristisch stechenden Geruch, wie er auch Phosphortrichlorid eigen ist. Er ist auf den bei der Hydrolyse frei werdenden Chlorwasserstoff zurückzuführen. **7** ist als giftig und ätzend eingestuft. Die Giftwirkung entfaltet sich sowohl beim Einatmen als auch beim Verschlucken. Die akute Toxizität beruht hier aber nicht primär auf der Giftwirkung des Arsens, sondern vielmehr auf der Hydrolyse im Lungengewebe oder im Magen. Im Labortest wurde an Ratten diejenige Dosis ermittelt, bei der 50 % der Versuchstiere starben (Ratte, LD_{50} oral 48 mg · kg^{-1}, LD_{50} dermal 80 mg · kg^{-1}).[133] Die niedrigste bekannte letale Dosis für die Inhalation wurde an Katzen bestimmt (Katze LC_{Lo} inhalativ 200 mg · m^{-3}).[134] Auch die Giftwirkung des Arsens ist daher nicht zu unterschätzen, zumal Tierversuche eindeutige Hinweise auf eine krebserzeugende Wirkung von **7** ergeben haben. Erhöhte Vorsicht und die strikte Verwendung persönlicher Schutzkleidung sind bei allen Arbeitsschritten geboten.

4.3 Versuche zur Solubilisierung

4.3.1 Reinigung von Arsen(III)-chlorid

Ein großes Problem im Vorfeld der Arbeiten stellte die Beschaffung ausreichender Quantitäten des Lösungsmittels dar. Obwohl Arsen(III)-chlorid in der Industrie, namentlich in der Metallurgie, auch heute noch eine gewisse Bedeutung besitzt, war der Bezug analytisch reiner Proben recht schwierig. Aufgrund der ständig restriktiver werdenden Gesetzgebung in Deutschland ist das Produkt aktuell nur noch bei drei Anbietern erhältlich. Zur fraglichen Zeit waren jedoch alle Firmen auf unbestimmte Zeit nicht lieferfähig. Daher wurde auf einen französischen Lieferanten ausgewichen.

Das Produkt der Firma Strem sollte laut Katalogangabe eine Reinheit von 99.5 % aufweisen. Die bereits beim Öffnen der Umverpackung deutlich wahrnehmbaren Salzsäuredämpfe sowie das nahezu vollständig aufgelöste Flaschenetikett (vgl. *Abbildung 23*) ließen jedoch deutliche Qualitätseinbußen befürchten. Statt der erwarteten klaren und farblosen wurde eine trübe, tief schwarz gefärbte Flüssigkeit vorgefunden. Die Verunreinigungen wurden offensichtlich durch Bestandteile des Flaschenverschlusses verursacht.

Abbildung 23: Gezeigt ist Arsen(III)-chlorid **7** der Fa. Strem. Der Zustand der noch original verschlossenen Flasche nach Entfernung der Umverpackung zeigt deutlich, dass der Verschluss für den aggressiven Inhalt nur bedingt tauglich war.

Die Flüssigkeit wurde daher einer fraktionierenden Destillation unterzogen, wobei ein teerartiger Destillationssumpf anfiel. Als Destillat wurde eine farblose, augenscheinlich reine Substanz erhalten. Die nachfolgende Aufnahme eines ^{1}H-NMRs zeigte jedoch deutlich, dass noch immer organische Verunreinigungen vorhanden waren (vgl. *Abbildung 23*). Eine erneute Feindestillation unter Verwendung einer Füllkörperkolonne erbrachte kein wesentlich verbessertes Resultat. Als finaler Reinigungsversuch wurde das Arsen(III)-chlorid mit

Perchlorsäure versetzt und mehrere Stunden refluxiert. Die organischen Bestandteile sollten hierbei entweder oxidiert oder halogeniert und somit destillativ entfernbar gemacht werden. Um eventuell entstehendes Chlor abzufangen, wurde die Füllkörperkolonne teilweise mit Arsengranalien beschickt. Auch diese Maßnahme führte jedoch nicht zum erhofften Erfolg.

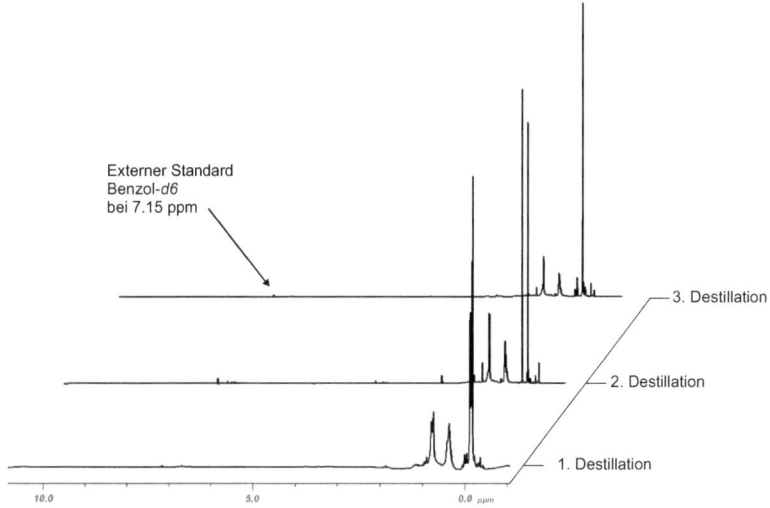

Abbildung 24: ^{1}H-NMR-Spektren von AsCl$_3$ jeweils nach den einzelnen Destillationsschritten. Um ein Loggen zu ermöglichen, wurde dem NMR-Röhrchen eine mit Benzol-*d*6 befüllte, abgeschmolzene Glaskapillare als externer Standard zugefügt.

Da bei den Destillationen stets ein angemessener Vor- und Nachlauf geschnitten wurde, beliefen sich die Verluste an **7** nach den Reinigungsschritten bereits auf etwa 60 %. Um weitere Verluste zu vermeiden, wurde beschlossen, die Solubilisierungsversuche an Carbon-Nanotubes zunächst mit dem verunreinigten Lösungsmittel auszuführen, zumal die detektierten Signale im NMR auf aliphatische Substanzen hindeuteten, die bei der Messung von Carbon-Nanotubes nicht stören sollten.

4.3.2 Vorbehandlung und Solubilisierung der Nanotubes

Für die Untersuchung der Solubilisierbarkeit von Kohlenstoffnanoröhren wurde ein kommerziell erhältliches Produkt der Firma Nanocyl (SWNTs, Durchmesser 2-4 nm, Kohlenstoffgehalt >70 %, metallische Verunreinigungen <30 %) verwendet. Zur weiteren Aufreinigung wurden jeweils Quantitäten von 150 mg Nanotubes in 100 ml 20proz. Wasserstoffperoxidlösung im Gemisch mit 50 ml konz. Schwefelsäure vorgelegt und 1 h in einem Ultraschallbad behandelt. Nachfolgend wurde 24 h bei 100 °C refluxiert und dann zentrifugiert (Zentrifuge Hettich EBA 21 mit Rotorkopf Typ 1112, 10 min bei 12000 rpm). Zur Entfernung metallischer Verunreinigungen wurde anschließend 24 h in 20proz. Salzsäure refluxiert und durch wiederholtes Zentrifugieren, Dekantieren und Redispergieren mit Millipore®-Wasser ein säurefreies Material erhalten. Durch eine nicht immer vollständige Sedimentation in der Zentrifuge kam es bei der nachfolgenden Dekantation teilweise zur Ausschwemmung von Nanotubes. Die Verluste an Material waren nicht reproduzierbar und lagen zwischen 20 % und 70 % nach Trocknung.

Zur Solubilisierung wurden 20 mg der gereinigten Nanotubes in 20 ml Arsen(III)-chlorid vorgelegt und in einer Apparatur nach *Abbildung 25* mit Ultraschall behandelt (Dispersion A). In einem Vergleichsexperiment wurde die Vorgehensweise auf eine gleich große Quantität des kommerziellen, nicht aufgereinigten Materials angewendet (Dispersion B).

Zur Erzeugung des Ultraschalls wurde ein Branson Sonifier II Modell W-250 (Cell-Disruptor) mit einer Arbeitsfrequenz von 20 kHz verwendet. Die Apparatur wurde eigens für die Lösungsversuche entwickelt, da sowohl die Länge des Resonators des Cell-Disruptors, wie auch das kleine Probenvolumen unter Berücksichtigung der Korrosivität und Toxizität von **7** ein entsprechend angepasstes Reaktionsgefäß erforderlich machten. Die Ausführung der Apparatur ermöglichte es, auch bei minimalen Probenvolumina die Ultraschallenergie effizient unter Schutzgasbedingungen einzutragen und gleichzeitig Verluste an Lösungsmittel durch Verdampfung und somit eine Kontamination des Versuchsaufbaus, insbesondere der Resonatorspitze und des Ultraschallgenerators, zu minimieren. Während der Behandlung wurde der angebrachte Rückflusskühler mit einem Stopfen verschlossen und die Apparatur über die Schutzgaszuführung an eine Schlenklinie mit Überdrucksicherung angeschlossen. Als Schutzgas diente Stickstoff. Um eine übermäßige Erosion der Resonatorspitze (Standard-

Mikrospitze aus Titan, konisch, Durchmesser 3 mm) durch Kavitation zu verhindern, wurde im gepulsten Modus gearbeitet. Die gemittelte Schall-Abgabeleistung betrug zwischen 100 und 150 W. Das unterstützend eingesetzte Ultraschallbad (Bandelin Sonorex RK 106) diente zum einen der Durchmischung und Temperierung des Probenvolumens und verhinderte zum anderen weitgehend das Absetzen verspritzter Nanotubes an der Glaswandung oberhalb des Lösungsmittelspiegels (vgl. *Abbildung 25*). Die Ultraschallbehandlung wurde über 2 h ausgeführt und die erhaltenen Dispersionen unter Schutzgas in Messkolben überführt.

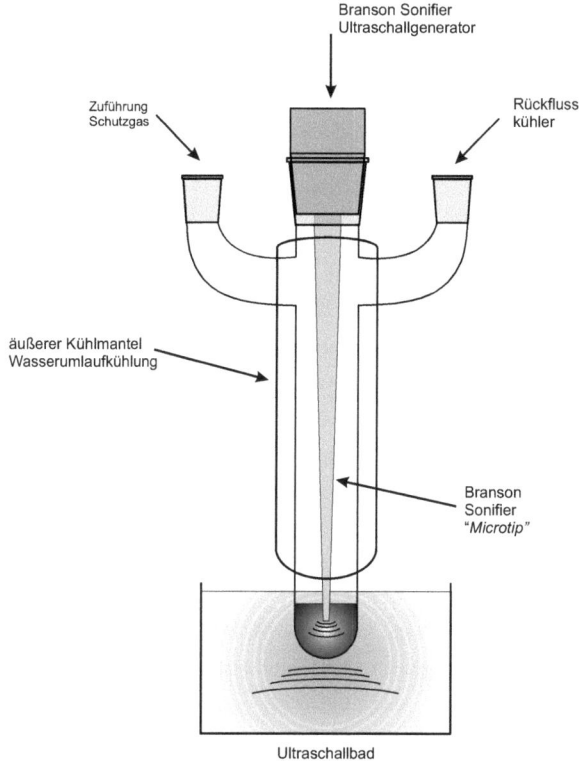

Abbildung 25: Schematische Zeichnung der Ultraschallapparatur zur Solubilisierung der Carbon-Nanotubes in Arsen(III)-chlorid.

4.3.3 Begutachtung der Nanotubedispersionen

Nach Beendigung der Ultraschallbehandlung wurde die Güte der erhaltenen Dispersionen zunächst visuell beurteilt. Es lagen in beiden Fällen vollständig schwarze Flüssigkeiten vor, die beim Abpipettieren aus der Reaktionsapparatur noch deutlich sichtbare, großkörnige Agglomerate von Kohlenstoffmaterial aufwiesen. Zur Entfernung dieses Materials wurden die Dispersionen unter Schutzgas über ein kleines Glaswattepolster filtriert.

Bei der Probe des kommerziellen Produkts (Dispersion B) kam es binnen weniger Stunden zur Phasentrennung, wobei sich aufgrund der geringeren Dichte die Nanotubes an der Flüssigkeitsoberfläche sammelten. Das abgesetzte Lösungsmittel war farblos und vollständig klar. Da keine Dispergierung von Kohlenstoffmaterial zu beobachten war, wurde die Dispersion B nicht weiter untersucht und das Lösungsmittel durch Destillation zurückgewonnen.

Das schwarze Filtrat der Dispersion A zeigte hingegen auch nach mehreren Monaten keine Tendenz zur Aufrahmung oder Phasentrennung. Eine weitere Verdünnung durch Zugabe von Arsen(III)-chlorid änderte zunächst nichts an der Stabilität. Erst bei Erreichen sehr geringer Konzentrationen konnte eine Reaggregation von Nanotubes beobachtet werden. Dabei schieden sich aus der zunächst durchsichtigen, graubraunen "Lösung" nach und nach Zusammenballungen ab, die als flockige Aggregate in der Schwebe blieben. Die Stabilität kolloidaler Lösungen lässt sich über die DLVO-Theorie beschreiben, in der die attraktiven und repulsiven Wechselwirkungen der dispergierten Teilchen berücksichtigt sind.[135] Bei Verdünnung einer kolloidalen Lösung überwiegen die repulsiven Kräfte, wodurch das Kolloid stabiler und die Aggregationsneigung geringer wird. Das Verhalten der Nanotubedispersion war mit der DLVO-Theorie somit nicht hinreichend zu beschreiben. Denkbar ist ein im Verlauf der Zeit eingetretenes Rebundling, das zum Ausfallen der entstandenen größeren Aggregate führte. Trotz Verdünnung und Ausflockung zeigte die Probe einen deutlichen TYNDALL-Effekt. Dies wurde als eindeutiger Hinweis auf das Vorliegen einer Dispersion gedeutet.

Versuche, die Agglomerate durch Zentrifugation abzutrennen und lediglich die Dispersion zu untersuchen, scheiterten. Die zu geringe Differenz der Dichte beider Medien war hierfür vermutlich die Ursache. Bei der Zentrifugation wurden mit Rücksicht auf die hohe Dichte von Arsentrichlorid zunächst nur niedrige Drehzahlen angewendet. Bei schrittweiser Erhöhung der Drehzahl auf 5000 rpm kam es dann tatsächlich zu einem fatalen Bruch des Zentrifugenröhrchens. Hierbei wurde die Kunststoffauskleidung des Rotorkopfes von austretendem Lösungsmittel teilweise aufgelöst, wodurch die gesamte Edelstahlauskleidung des Innenraums der Zentrifuge mit Arsen kontaminiert wurde. Von weiteren Versuchen zur Zentrifugation wurde daher abgesehen.

4.4 Messung von ^{13}C-NMR-Spektren

4.4.1 Allgemeines zur NMR-Spektroskopie an Carbon-Nanotubes

Die Messung von ^{13}C-Kernresonanzspektren an Nanotubes ist in mehrerer Hinsicht problematisch. Generell ist zu erwarten, dass das Vorhandensein vieler hunderter oder gar tausender Kohlenstoffatome mit sehr ähnlicher chemischer und magnetischer Umgebung zu Spektren mit breiten Banden, keinesfalls aber zu scharfen Signalen einzelner Atome führt. Informationen über chemische Umgebung und Bindungsverhältnisse einzelner Atome sind somit nicht zu gewinnen. Ferner wird das Problem durch weitere Umstände verschärft. Für Kernresonanzexperimente ist in der Regel die Aufbereitung der Probensubstanz als Lösung nötig. Dem gegenüber steht aber die Unlöslichkeit der Nanotubes in den gängigen Lösungsmitteln. Messungen in Suspension unter Zuhilfenahme von Detergentien sind zwar bereits gelungen.[136] Jedoch wirkt sich hier die hohe Konzentration der Tenside negativ auf das Untersuchungsergebnis aus, da sich diese Substanzen nicht indifferent gegenüber dem elektromagnetischen Feld verhalten. Funktionalisierte Nanotubes sind zwar in der Regel bedeutend besser löslich, liefern jedoch durch die Substituenten ebenfalls kein Spektrum nativer Nanotubes.[137] Auch Festkörpermessungen sind prinzipiell möglich, sie führen aber durch die Anisotropie des Untersuchungsmaterials prinzipiell zu einer starken Signalverbreiterung. Die Anwendung des Magic-Angle-Spinnings (MAS-NMR) schafft hier in gewissem Maße Abhilfe.[138] Das gravierendste Problem stellen jedoch die selbst nach Aufreinigung der Nanotubes verbleibenden Reste an metallischen Verunreinigungen dar. Diese Metalle weisen oft einen ausgeprägten Ferromagnetismus auf, der sich beim NMR-Experiment ebenfalls in einer starken Verbreiterung der Signale äußert. Eine sorgfältige

Entfernung metallischer Verunreinigungen unter Verwendung der magnetischen Separation ist von entscheidender Bedeutung zur Erzielung qualitativ hochwertiger Spektren.[139] Dennoch belegen sowohl mittels DFT-Methoden berechnete als auch mit verschiedenen Methoden gemessene Spektren, dass für Single-Walled-Carbon-Nanotubes im ^{13}C-Experiment generell breite Banden bei einer chemischen Verschiebung zwischen 120 und 150 ppm zu erwarten sind. Durch Dekonvolution konnte das breite Signal in zwei sich überlagernde Banden aufgetrennt werden.[136] Die intensivere Bande bei 128 ppm war halbleitenden, die schwächere Bande bei 144 ppm metallisch leitenden Nanotubes zuzuordnen. Der Hochfeldshift der halbleitenden Spezies beruht vermutlich auf lokalen induzierten Ringströmen, die genaue Aufklärung dieses Phänomens ist aber noch Gegenstand aktueller Untersuchungen.

4.4.2 NMR-Untersuchungen an der Dispersion A

In dieser Arbeit wurde zur Anfertigung eines ^{13}C-NMR-Spektrums die in Kapitel 4.3.3 beschriebene Dispersion A aus vorbehandelten und mittels Ultraschall in Arsen(III)-chlorid 7 dispergierten Nanotubes verwendet. Die Messungen wurden an einem Bruker DRX 500 Spektrometer bei einer Temperatur von 300 K ausgeführt. Allerdings konnten auch nach 10000 Scans keine Signale detektiert werden, die Kohlenstoffnanoröhren zuzuordnen waren. Lediglich die Signale aus den bereits erwähnten Verunreinigungen wurden mit erheblicher Intensität aufgenommen. Nach dem Verdampfen des Lösungsmittels zeigte sich, dass in der Probe lediglich weniger als 0.01 mg Kohlenstoffmaterial dispergiert gewesen waren. Es ist daher zu vermuten, dass die äußerst geringe Konzentration an Nanotubes für das negative Messergebnis verantwortlich war. Ferner erwiesen sich Verunreinigungen aus dem Lösungsmittel bei der benötigten langen Messdauer als äußerst störend, obwohl in der vorgehenden Untersuchung des destillierten Arsentrichlorids im Bereich aromatischer Kohlenstoffatome nur sehr schwache Signale gemessen wurden. Bedingt durch die hohe Zahl der Scans addierten sich diese schwachen Signale jedoch und überlagerten eventuelle Signale des Analytmoleküls.

Nachdem über längere Zeit alle Versuche scheiterten, weiteres Lösungsmittel zu erhalten, wurde gegen Ende der Arbeit die Lieferung des Lösungsmittels in einer Reinheit von 99.9 %

möglich. Auch in diesem Fall zeigten sich aber am Flaschenverschluss deutliche Auflösungserscheinungen, die erneut die Kontamination des Inhaltes mit organischen Verbindungen vermuten ließen. Durch Aufnahme eines Protonenresonanzspektrums wurde diese Befürchtung leider bestätig. Es zeigten sich nicht nur im Bereich aliphatischer Protonen intensive Signale sondern es konnten auch aromatische Verbindungen nachgewiesen werden. Da somit in absehbarer Zeit nicht zu erwarten war, spektroskopisch reines Arsen(III)-chlorid erhalten zu können, wurden keine weiteren Versuche zur Messung von ^{13}C-NMR-Spektren an Carbon-Nanotubes unternommen.

4.5 Messung von RAMAN-Spektren

4.5.1 Allgemeines zum RAMAN-Effekt

Setzt man eine Ansammlung von Partikeln der Wirkung elektromagnetischer Strahlung aus, so wird ein großer Teil dieser Strahlung die Probe ungehindert passieren oder direkt reflektiert werden, je nach optischer Dichte und Eigenschaft des Mediums. Die Absorption von Strahlung führt je nach Wellenlänge auch zur Anregung rotatorischer, vibronischer oder elektronischer Prozesse auf molekularer Ebene.

Ein Teil der auftreffenden Strahlung wird an den Partikeln gestreut werden, wobei verschiedene Streuphänomene eine Rolle spielen. Betrachtet man aus dem elektromagnetischen Spektrum den Teil des sichtbaren Lichtes, so wird das Streuverhalten an Partikeln, deren Größe in etwa der Wellenlänge des auftreffenden Lichtes entspricht, durch die MIE-Theorie beschrieben.[140] Die MIE-Streuung ist ein Phänomen, das im wesentlichen auf der äußeren Gestalt des Streukörpers beruht. Ist die Teilchengröße hingegen sehr klein im Verhältnis zur Wellenlänge der auftreffenden Strahlung, treten zwei weitere Streuungsphänomene auf, die auf molekularer Ebene ablaufen. Sie beruhen auf einem elastischen oder einem inelastischen Stoßprozess eines Photons mit einem Molekül.

In der klassischen Darstellung induziert das elektrische Feld einer elektromagnetischen (Licht)Welle im Streusystem ein Dipolmoment. Dieser Vorgang ist als periodische Verschiebung der Elektronenwolken gegenüber den Molekülrümpfen im äußeren Feld vorstellbar. Das induzierte Dipolmoment schwingt mit der Frequenz des anregenden Feldes und wird dadurch selbst zur einer sekundären Strahlungsquelle. Das nun mit der Frequenz der Primärstrahlung schwingende induzierte Dipolmoment ist die Ursache für die RAYLEIGH-Streuung, bei der das emittierte Photon die gleiche Energie besitzt wie das absorbierte. Es findet somit bei der RAYLEIGH-Streuung in Summa keine Energieübertragung statt.

Wird die Schwingung des induzierten Dipolmoments jedoch zusätzlich durch Eigenschwingungen des Streusystems moduliert, treten additiv zwei Sätze zur Primärstrahlung symmetrische Banden im Spektrum des Streulichtes auf (vgl. *Abbildung 26*). Hierbei überträgt das Photon einen Teil seiner Energie auf das Molekül, wobei es zu einer Änderung der Rotations- und Schwingungsenergie kommt. Das emittierte Photon ist demnach energieärmer und das Streulicht zu kleineren Frequenzen verschoben (Rotverschiebung). Dieser Prozess wird als STOKES-Streuung bezeichnet. Befindet sich das Molekül vor dem Stoß in einem schwingungsangeregten Zustand, so kann alternativ auch Energie auf das Photon übertragen werden. Die bei der Anti-STOKES-Streuung emittierte Strahlung ist zu höheren Frequenzen relativ zur Primärstrahlung verschoben (Blauverschiebung). Die resultierenden STOKES- und Anti-STOKES-Linien sind zwar hinsichtlich ihrer Lage symmetrisch zur Anregungswellenlänge, allerdings ist die Intensität der STOKES-Banden in aller Regel höher, da sich im thermischen Gleichgewicht nur wenige Moleküle in einem schwingungsangeregten Zustand befinden.

Dieser Effekt wurde im Jahr 1923 durch den Österreicher SMEKAL vorhergesagt und 1928 erstmals durch den indischen Physiker RAMAN beobachtet.[141] Er ist daher heute allgemein als RAMAN-, seltener als RAMAN-SMEKAL-Effekt, bekannt. Die Lage von RAMAN-Banden ist molekülspezifisch. Die RAMAN-Spektroskopie ist daher ähnlich wie die Infrarotspektroskopie eine geeignete Methode, Informationen über Molekülschwingungen zu erhalten. Durch leistungsfähige LASER-Systeme und computergestützte Auswertung sind moderne RAMAN-Spektrometer derart kompakt, dass diese Methode mit ihrem geringen Messaufwand insbesondere in der industriellen Prozesskontrolle heute stark etabliert ist. In der Analytik der klassischen organischen Chemie hat diese Methode allerdings bisher nur wenig Verbreitung gefunden.

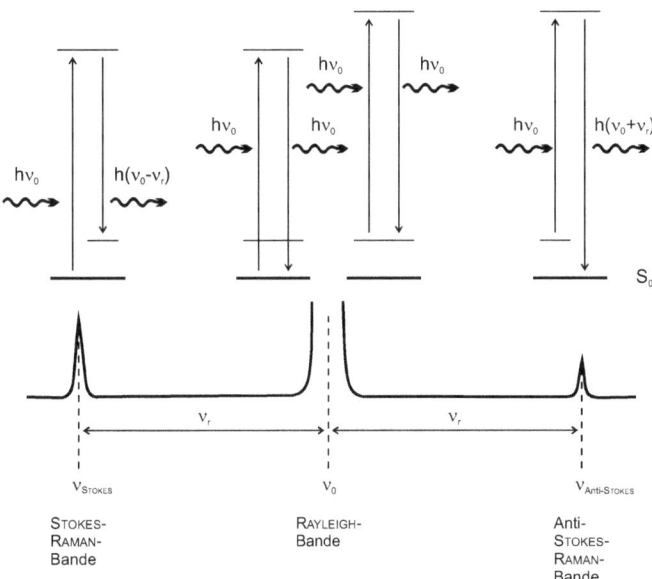

Abbildung 26: Der inelastische Stoß von Photonen (hv₀) mit Molekülen führt zur Lichtstreuung. Durch Energieübertragung entstehen die beiden symmetrisch zur Anregungswellenlinie rot- bzw. blauverschobenen STOKES- und Anti-STOKES-RAMAN-Banden (h(v_0-v_r) bzw. h(v_0+v_r)). Bei der RAYLEIGH-Streuung wird keine Energie übertragen, die emittierten Photonen besitzen die Wellenlänge der Primärstrahlung (hv₀).

4.5.2 RAMAN-Spektroskopie an Carbon-Nanotubes

Obwohl die RAMAN-Spektroskopie bei der Analytik einfacher organischer Moleküle einen nur mäßigen Nutzen und daher keine nennenswerte Bedeutung besitzt, ist sie bei der Untersuchung von Macromolekülen mitunter sehr hilfreich. So zeigen Carbon-Nanotubes durch ihre räumliche Struktur ein besonders charakteristisches Signal, das ausschließlich bei diesem Kohlenstoffmaterial auftritt. Die synchrone, radiale Schwingung aller Kohlenstoffatome senkrecht zur Röhrenachse führt zur Ausbildung der "radial-breathing-mode" (RBM), benannt in Anlehnung an die "atmende" Bewegung des Kohlenstoffgerüstes. Die Signallage ist proportional zum Durchmesser der Tubes und daher ein geeignetes Kriterium zur Abschätzung dieser Größe.[142] Liegen Röhren mit leicht unterschiedlichen Durchmessern im Gemisch vor, wie bei kommerziell gefertigten, nicht separierten Produkten üblich, so verschmelzen die einzelnen RBM-Signale zu einer breiten Bande, die als R-Bande bezeichnet wird.[4] Durch Detektion der RBM kann sehr einfach auf das Vorhandensein oder Fehlen von Kohlenstoffnanoröhren in einer Probe geschlossen werden. Ebenfalls analytisch wertvoll sind die oft schwach ausgeprägte D-Bande, die Informationen über Fehlordnungen in der Röhrenwand liefert, und die durch Schwingung parallel zur Röhrenachse entstehende, intensive G-Bande. Letztere wird in einigen Publikationen auch als "hochenergetische Mode" (HEM) bezeichnet.[143]

Die genannten Effekte sollten somit dazu geeignet sein, mittels RAMAN-Messungen Aufschluss über die erfolgreiche Herstellung einer Dispersion und gegebenenfalls den Einfluss des Lösungsmittels auf die dispergierte Phase zu gewinnen.

4.5.3 RAMAN-Spektroskopie an der Dispersion A

Die RAMAN-spektroskopischen Untersuchungen an der Dispersion A wurden in Kooperation mit der Arbeitsgruppe von Prof. Dr. THOMSEN am Institut für Festkörperphysik der Technischen Universität Berlin durchgeführt. Zur Messung wurde ein RAMAN-Dreifach-Spektrometer Dilor XY 800 mit zwei Anregungs-LASER-Systemen verwendet. Als Anregungslichtquelle diente ein Spectra-Physics 2030 Argon-Krypton-Mischgas-LASER, die Detektion des RAMAN-Lichts erfolgte mit einer flüssigstickstoff-gekühlten CCD-Kamera. Der Strahlengang des Spektrometers ist in *Abbildung 27* schematisch dargestellt. Sowohl das reine Lösungsmittel als auch die Dispersionen wurden in Quarzküvetten der Fa. PerkinElmer vermessen. Die Küvetten dienen standardmäßig zur Aufnahme von Fluoreszenzspektren, sind aber durch das Vorhandensein planer, optisch klarer Flächen auch für die RAMAN-Spektroskopie geeignet. Gemessen wurden STOKES-verschobene, unpolarisierte Spektren in 180° Rückstreugeometrie.

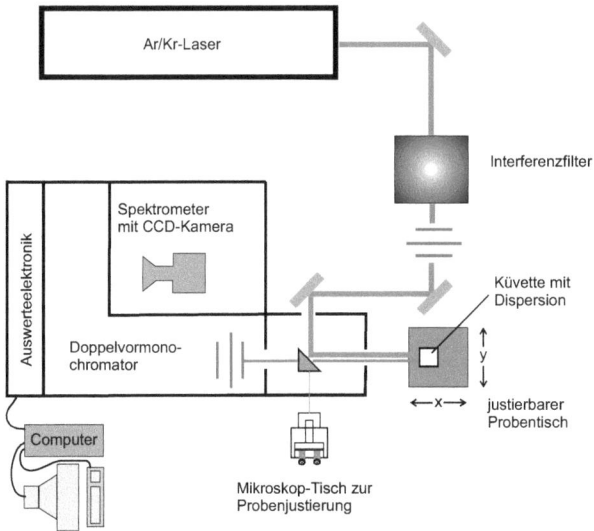

Abbildung 27: Schematischer Aufbau und Strahlengang des Dilor XY 800 RAMAN-Spektrometers der AG THOMSEN, TU Berlin.

Zunächst wurde das reine Lösungsmittel **7** untersucht (vgl. *Abbildung 28*). Zur Probenanregung wurde die Lichtquelle auf die intensive LASER-Linie bei 488 nm eingestellt und mit Hilfe des an den justierbaren Probentisch gekoppelten Mikroskopsystems beziehungsweise einer in den Strahlengang eingeschobenen Digitalkamera der LASER-Strahl auf das Lösungsmittel in der Küvette fokussiert.

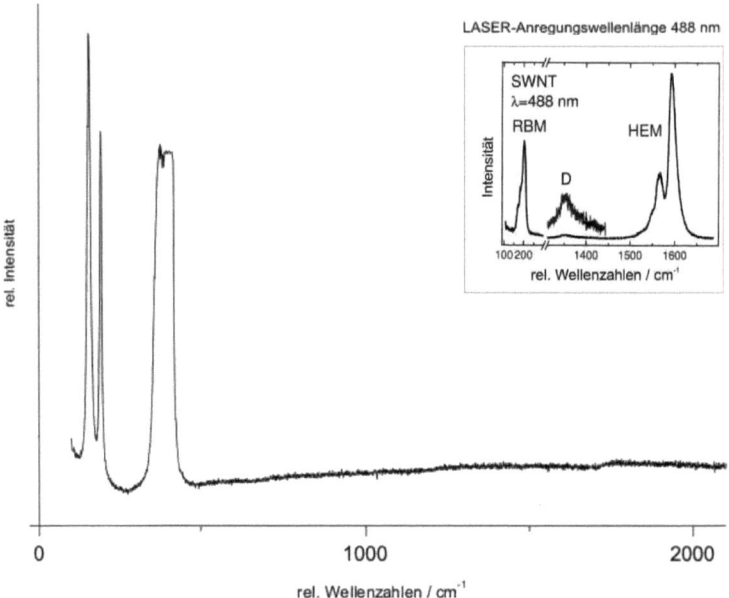

Abbildung 28: RAMAN-Spektrum des reinen Lösungsmittels **7**. Vergleichend gezeigt ist ein in der Literatur veröffentlichtes RAMAN-Spektrum von Single-Walled-Carbon-Nanotubes.[144]

Nachfolgend wurde die unverdünnte Suspension A vermessen. Hierbei zeigte sich, dass der Fokus des LASERs zu tief innerhalb der Dispersion gewählt war und so das eingestrahlte LASER-Licht vollständig absorbiert wurde. Als neuer Fokus wurde ein Punkt etwa 1 mm innerhalb der Dispersion gewählt. Ein kleinerer Abstand zur Küvettenwand konnte nicht eingestellt werden, da auch Quarz RAMAN-aktive Schwingungen zeigt und daher die Gefahr bestand, die Küvette statt ihres Inhaltes zu vermessen. Allerdings konnte auch nach der neuen Fokussierung kein RAMAN-Signal detektiert werden. Es war daher zu vermuten, dass noch immer eine zu starke Absorption des emittierten RAMAN-Lichtes in der Dispersion auftrat. Zur Umgehung dieses Problems wurde die Dispersion durch Zusatz von Lösungsmittel **7** verdünnt, wobei offensichtlich wurde, dass die Dispersion trotz vorhergehender Filtration nicht vollständig homogen war. Ferner trat nach einiger Zeit eine Aggregation der Nanotubes auf. Die Aggregate blieben jedoch fein verteilt in der Schwebe und zeigten keine Tendenz zur Sedimentation oder Aufrahmung.

Durch die Verdünnung konnte nun erstmals ein RAMAN-Signal registriert werden. Das erhaltene Spektrum zeigte die für Single-Walled-Carbon-Nanotubes erwarteten charakteristischen R- und G-Banden. Allerdings traten diese Signale bei unerwartet kleinen relativen Wellenzahlen auf (vgl. *Abbildung 29*). Ein Vergleich mit dem Spektrum des Lösungsmittels **7** zeigte schnell, das es sich tatsächlich nicht um Signale von Kohlenstoffmaterial, sondern um das Spektrum des Lösungsmittels handelte.

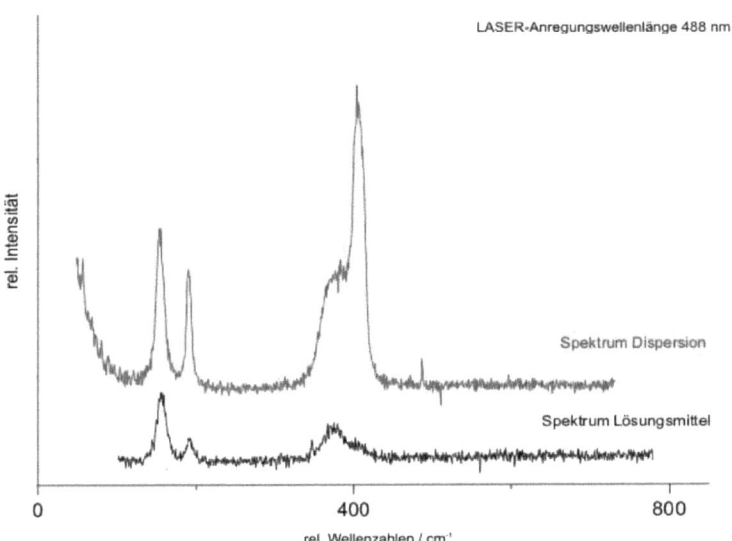

Abbildung 29: Vergleichende Darstellung der RAMAN-Spektren der Dispersion A und des Lösungsmittels **7**. Die in der Dispersion zusätzlich auftretende RAMAN-Bande bei 405 cm^{-1} ist vermutlich größeren Nanotubefragmenten zuzuordnen.

Betrachtet man beide Spektren vergleichend, so fällt im Falle der Suspension A eine zusätzliche Bande bei 405 cm^{-1} auf, die im Lösungsmittelspektrum nicht existiert. Dieses Signal konnte nicht zugeordnet werden. Da Fullerene und höhere kondensierte Aromaten in diesem Wellenlängenbereich RAMAN-Signale aufweisen, stammt die zusätzliche Bande mit hoher Wahrscheinlichkeit von Nanotubefragmenten, die während der Ultraschallbehandlung oder durch Reaktion mit Arsentrichlorid **7** entstanden sind.

4.6 Diskussion der Ergebnisse

Ziel der Messung war es, die G-Bande als das für das Vorhandensein von Nanotubes zuverlässigste RAMAN-Signal zu detektieren. Für das Scheitern der Versuche waren mehrere Gründe zu diskutieren.

Zunächst stellte sich die Frage der Eignung des verwendeten Messaufbaus mit Blick auf die Eigenschaften der Dispersion. Die Lage der G-Bande ist abhängig vom Durchmesser der Nanotubes. Mit steigendem Durchmesser wandert die Lage der G-Bande zu kleineren relativen Wellenzahlen.

$$\omega = \frac{234 \text{ nm} \cdot \text{cm}^{-1}}{d_{SWNT} \text{ [nm]}} \qquad \text{Gleichung 1}$$

Da die Intensität der RAYLEIGH-Streuung um ein vielfaches größer ist als die der RAMAN-Streuung und der Anregungs-LASER kein streng monochromatisches Licht liefert, sind Messungen nahe der Anregungswellenlänge nicht möglich. Der Durchmesser der verwendeten Nanoröhren war seitens des Herstellers mit 2 bis 4 nm angegeben. Gemäß *Gleichung 1* wäre die G-Bande somit zwischen 58.5 und 117 cm^{-1} zu erwarten.[4] *Abbildung 29* zeigt jedoch deutlich, dass in diesem Bereich das gemessene Signal bereits erheblich in die Flanke der RAYLEIGH-Streuung hineinläuft. Eine Erweiterung des Messbereiches ohne weitere Maßnahmen hätte somit unweigerlich zu einer Beschädigung der CCD-Kamera geführt. Zunächst wurden Polarisationsfilter verwendet, um auch bei kleineren Wellenzahlen eine Messung zu ermöglichen. Allerdings verlängerte die dadurch stark herabgesetzte Intensität der Anregungsstrahlung die Messzeiten auf ein nicht tolerables Maß.

Dieses Problem konnte durch Ausweichen auf intensivere LASER-Linien (568 nm und 515 nm) teilweise umgangen werden. Nun traten jedoch im Bereich zwischen 40 und 120 cm^{-1} relativer Wellenzahl mehrere Banden störend in Erscheinung, die offensichtlich von der Umgebungsluft herrührten. Daher wurde alternativ versucht, die in der Regel sehr intensive G-Bande statt der R-Bande zu erfassen. Diese Versuche blieben allerdings leider ebenfalls ohne Resultat.

Es musste somit befürchtet werden, dass die Eigenschaften der Dispersion selber eine erfolgreiche Vermessung verhinderten. Es wurden folgende Ursachen in Betracht gezogen:

- Eine zu hohe Verdünnung der Dispersion würde den ohnehin schwachen RAMAN-Effekt undetektierbar machen, da die Intensität des emittierten RAMAN-Lichtes zu gering wäre. Eine höhere Konzentration an Nanotubes könnte hier Abhilfe schaffen. Die Vorversuche zeigten jedoch, dass bei zu hohen Konzentrationen eine vollständige Absorption des Streulichtes auftrat. Es wäre somit nötig, in sorgfältig ausgeführten Verdünnungsreihen eine optimale Konzentration zu ermitteln. Entsprechende Versuche waren aufgrund der mangelnden Ausstattung und der begrenzt zur Verfügung stehenden Messzeit jedoch nicht durchführbar.

- Die Nanotubes wurden durch die Ultraschallbehandlung nicht dauerhaft entbündelt. Beim Verdünnen konnte nach einiger Zeit visuell die Bildung flockiger Aggregate beobachtet werden. Es ist somit durchaus möglich, dass durch eine Reaggregation und "Rebundling" die Konzentration an freien Nanoröhren unter die zur Detektion nötige Grenze abgesenkt wurde. Prinzipiell sollte sich aber auch von diesen Aggregaten ein RAMAN-Spektrum messen lassen. Da die Aufenthaltsdauer der Aggregate im Fokus des Anregungs-LASER-Strahles aber jeweils nur kurz im Vergleich zur gesamten Messdauer war, konnten diese Aggregate kein Spektrum erzeugen.

- Das Kohlenstoffmaterial wurde während der Vorbehandlung und / oder der Herstellung / Lagerung der Dispersion derart geschädigt, dass keine Nanotubes mehr vorlagen.

Um die letzteren zwei Möglichkeiten zu überprüfen, wurde versucht, einige Tropfen der Dispersion auf einen geeigneten Träger zu bringen und nach Verdampfen des Arsen(III)-chlorids den verbleibenden Rückstand zu untersuchen. Für den Fall, dass in der Dispersion noch Nanotubes vorhanden waren, sollte sich auf diese Weise ein RAMAN-Spektrum messen lassen. Als Träger wurde ein Siliciumwafer gewählt, da Silicium eine sehr scharfe, leicht zu detektierende RAMAN-Bande bei 520 cm^{-1} aufweist und somit Störeinflüsse durch das Wafermaterial schnell zu ermitteln sind. Als große Herausforderung stellte sich jedoch die für chemische Versuche nur unzulängliche Ausstattung der Physiklabore heraus. Zwar war in einem Labor ein (nicht voll funktionstüchtiger) Abzug vorhanden. Es konnte hier jedoch weder unter Vakuum noch unter Schutzgas gearbeitet werden, da entsprechende Medien fehlten. Das Verdampfen des Lösungsmittels musste somit an Luft erfolgen, was zur Bildung eines dichten Überzugs aus Arsen(III)-oxid führte. Diese kristallinen Abscheidungen verursachten allerdings unerwartet ein Problem: Ein korrektes Fokussieren des LASERs auf eventuelle Nanotuberückstände war nun unmöglich und es konnte ausschließlich die RAMAN-Bande von Silicium zweifelsfrei ermittelt werden. Es war somit weiterhin unklar, ob die mangelhaften Eigenschaften der Dispersion oder ein völliges Fehlen intakter Nanotubes für das Scheitern der Messungen verantwortlich waren.

4.7 Alternative Versuche mit HiPCO-Nanotubes

In einem letzten Versuch wurde auf ein anderes RAMAN-Spektrometer ausgewichen. Das Dilor LabRam ist deutlich kompakter im Aufbau und verfügt über einen integrierten Helium-Neon-LASER (Anregungswellenlänge 633 nm) und eine peltier-gekühlte CCD-Kamera. Durch Verwendung von Notch-Filtern ist eine sehr hohe Empfindlichkeit gewährleistet, wodurch auch sehr schwache Signale detektierbar sind und die Messzeit drastisch verkürzt ist. Das Mikroskop zur Fokussierung des LASERs ist direkt in den x-y-Probentisch integriert und ermöglicht so ein genaues Positionieren der Probensubstanz.

In einem ersten Versuch wurden Kohlenstoffnanoröhren vermessen, die durch die Hochdruckumwandlung von Kohlenmonoxid (**High** **P**ressure **CO** Conversion, HiPCO) erzeugt wurden. Im HiPCO-Prozess entstehen fast ausschließlich Single-Walled-Carbon-Nanotubes.[145] Es wurde ein Festkörper-RAMAN-Spektrum erhalten, das den in der Literatur veröffentlichten Spektren weitgehend entsprach (vgl. *Abbildung 30*).[146]

Bei der anschließenden Vermessung der Dispersion A wurde der Messbereich lediglich auf die Lage der intensiven G-Bande eingeschränkt. Zum einen zeigte das Lösungsmittel in dem Bereich keine RAMAN-Signale, zum anderen war bei der Festkörpermessung die G-Bande von allen Signalen am intensivsten. Dennoch konnte bei Untersuchung der Dispersion erneut kein RAMAN-Signal detektiert werden.

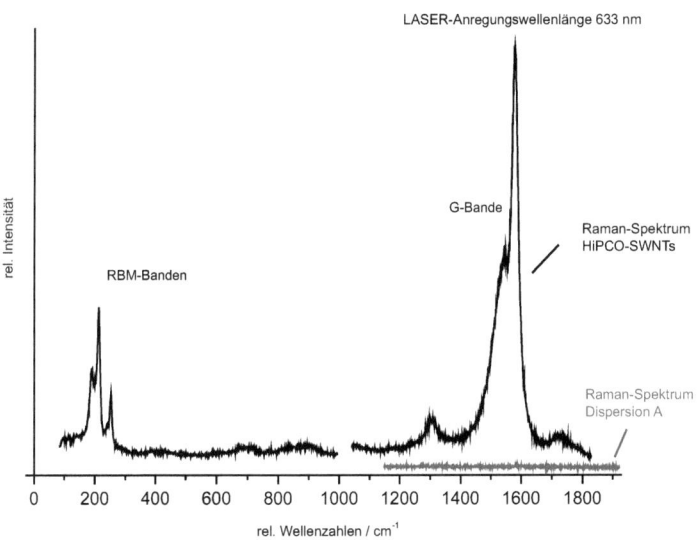

Abbildung 30: RAMAN-Spektren von HiPCO-Nanotubes als Festkörpermessung und Spektrum der Dispersion A im Wellenzahlbereich der D-Bande, gemessen am LabRam-Spektrometer.

Da auch diese Messung nicht erfolgreich war, wurde versucht, die nicht vorbehandelten HiPCO-Nanotubes in Arsen(III)-chlorid zu dispergieren. Auf diese Weise sollte eine Dispersion bereitgestellt werden, die auf jeden Fall noch intakte Nanotubes enthielt. Da kein Cell-Disruptor, sondern nur ein leistungsschwaches Ultraschallbad zur Verfügung stand, konnte kein hoher Zerteilungsgrad des in Flockenform vorliegenden Nanotubematerials erzielt werden. Visuell waren große Aggregate erkennbar, die nicht weiter zerkleinert und dispergiert werden konnten. Dennoch war im LASER-Fokus des LabRam-Spektrometers ein deutlicher Tyndall-Effekt erkennbar, der auf das Vorhandensein solubilisierter Nanotubes hindeutete (vgl. *Abbildung 31*). Trotz der hohen Empfindlichkeit des LabRam-Spektrometers konnte jedoch auch in diesem Fall aus der Dispersion kein Signal gemessen werden, das den dispergierten Nanotubes zuzuordnen gewesen wäre.

Abbildung 31: Links: Nicht vorgereinigte HiPCO-Nanotubes in ihrer typischen, flockigen Kugelform. Rechts die Dispersion der HiPCO-Tubes in $AsCl_3$ unter dem LabRam-Spektroskop. Deutlich erkennbar sind der Tyndallkegel und der Fokuspunkt des Anregungs-LASERs.

4.8 Zusammenfassung und Fazit der Versuche mit Arsen(III)-chlorid 7

Bei den durchgeführten Arbeiten mit Arsen(III)-chlorid 7 galt es zu klären, ob dieses recht ungewöhnliche Lösungsmittel, das bereits in einigen dokumentierten Fällen erfolgreich für extrem schwer lösliche organische Verbindungen eingesetzt wurde, auch bei Carbon-Nanotubes zu einer Solubilisierung führt. Neben einer Aufreinigung kommerziell bezogener Nanoröhren waren die Herstellung einer Dispersion und deren Charakterisierung die

Hauptaufgaben. Neben der Frage, ob eine derartige Dispersion überhaupt herstellbar ist, war auch zu überprüfen, ob und wie die Nanotubes einen längeren Kontakt mit der recht aggressiven Verbindung 7 überstehen würden.

Zur Herstellung der Dispersion mittels unterstützendem Eintrag von Ultraschall wurde eine geeignete Glasapparatur entwickelt. Die vorhergehende Säurebehandlung des Kohlenstoffmaterials erwies sich dabei als absolut notwendig, da nur in diesem Fall die erhaltene Dispersion über viele Monate hinweg stabil war. Dispersionen mit unbehandeltem Material zeigten schnell eine vollständige Phasentrennung.

Probleme traten bei der Untersuchung der Dispersion durch Kernresonanzspektroskopie auf. Die in dem Lösungsmittel bereits bei Lieferung vorhandenen organischen Verunreinigungen, die sich trotz erheblicher Anstrengungen nicht entfernen ließen, machten die Messung unmöglich. Da sich die Konzentration an dispergierten Nanoröhren auf weniger als $0.2 \text{ mg} \cdot \text{ml}^{-1}$ Lösungsmittel belief, waren die Signale der Verunreinigungen, bedingt durch die notwendige lange Pulsdauer, auch im Bereich aromatischer Kohlenstoffatome sehr intensiv. Eventuell vorhandene Signale der Nanotubes waren somit aus dem Grundrauschen nicht herauszufiltern.

Die grundsätzliche Frage, ob nach der Dispergierung überhaupt noch Nanotubes vorlagen, sollte durch RAMAN-spektroskopische Untersuchungen geklärt werden. Im RAMAN-Spektrum zeigen Kohlenstoffnanoröhren eine hoch spezifische Bande, die als absolut sicheres Indiz für ihre Existenz betrachtet werden kann. Dennoch konnte auch bei vielfältiger Variation der Messbedingungen kein positives Resultat erzielt werden. Auch eine *in situ* angefertigte Dispersion von nicht vorgereinigten HiPCO-Nanotubes zeigte in einem hoch empfindlichen Experiment keinerlei typische RAMAN-Banden. Die Ergebnisse lassen den Schluss zu, dass in diesem Fall ebenfalls die Konzentration an freien Tubes in der Dispersion zu gering für einen eindeutigen Nachweis war. Hieraus prinzipiell auf eine mangelnde Eignung der Arsenverbindung 7 zu schließen, wäre jedoch verfrüht.

Ein direkter Nachweis von Nanoröhren im Trocknungsrückstand der Dispersion durch RAMAN-Spektroskopie konnte wegen präparativer Schwierigkeiten nicht erfolgen. Noch wesentlich aufschlussreicher wären ohnehin ergänzende Untersuchungen im

Transmissionselektronenmikroskop gewesen, da nicht nur das Vorhandensein, sondern auch eine möglicherweise erfolgte Entbündelung direkt visualisierbar gewesen wäre. Entsprechende Versuche an der Technischen Fakultät der Universität Kiel waren geplant. Durch einen langfristigen Ausfall des Geräts konnte bisher jedoch keine Messzeit zur Verfügung gestellt werden.

Den ultimativen Nachweis einer erfolgten Entbündelung würde die Fluoreszenzspektroskopie liefern.[147] Halbleitende Nanoröhren zeigen eine deutliche Fluoreszenz im nahen Infrarot, wenn sie als diskrete Objekte vorliegen. In Nanotube-Bündeln wird die Fluoreszenz hingegen durch Wechselwirkungen mit metallisch leitenden Röhren vollständig gelöscht. Da die Lage der Fluoreszenzbanden abhängig vom Durchmesser der Röhren ist, wären im Falle des untersuchten Materials die Signallagen bei deutlich oberhalb 1200 nm zu erwarten gewesen. Dieser Wellenlängenbereich wird von normalen Fluoreszenzspektrometern jedoch nicht abgedeckt. Zur Anregung eines detektierbaren Fluoreszenzsignals ist ferner eine sehr starke Lichtquelle nötig.[148] Da kein geeignetes Spektrometer verfügbar war, konnte bedauerlicherweise auch diese Untersuchungsmethode nicht angewendet werden.

Auch wenn somit bisher die zu klärenden Fragen noch nicht abschließend beantwortet werden konnten, so ist dennoch klar, dass Arsen(III)-chlorid 7 als Lösungsmittel auch für Kohlenstoffnanoröhren durchaus ein hohes Potenzial besitzt. Die erhebliche Toxizität, Probleme bei der Handhabung und vor allem die großen Schwierigkeiten, ein analytisch reines Lösungsmittel zu erhalten, dürften einen breiten Einsatz von $AsCl_3$ allerdings hinderlich entgegen stehen.

5 Versuche zur Synthese von 9,10-Diaminoanthracen

5.1 Motivation der Untersuchungen

Die Darstellung von Tetradehydrodianthracen 3 (TDDA) ist außerordentlich anspruchsvoll. Die erste erfolgreiche Synthese wurde 1974 von GREENE et al. publiziert, lieferte aber nur schlechte Ausbeuten.[149] Zahlreiche Verbesserungen durch NEUMANN und DEICHMANN ermöglichen heute zwar die Darstellung im Grammmaßstab,[150] dennoch erfordert der Prozess noch immer mehrere Synthesestufen mit Reaktionszeiten von jeweils einigen Wochen.[20] Auch das CARPINO-Reagenz stellt eine große Herausforderung an den Synthetiker dar. Die Darstellung des zur Freisetzung von TDDA 3 unabdingbar notwendigen o-Mesitylensulfonylhydroxylamins ist äußerst aufwändig und mit einer Gesamtausbeute von knapp 20 % über sechs Synthesestufen nur leidlich effizient. Ein alternativer Zugang zu TDDA 3 wäre demnach ein sehr reizvolles Ziel.

Nachdem APPLEQUIST im Jahre 1959 über einige erfolglose Versuche berichtete, TDDA 3 zu erhalten,[151] publizierte er neun Jahre später höchst interessante Untersuchungen zu 9,9'-Didehydrodianthracen 112 (DDDA), das quasi den "kleinen Bruder" des TDDA 3 darstellt.[25] Er setzte zunächst 9-Aminoanthracen 113 mit Anthracen-9-carbonsäurechlorid 114 zum Säureamid um. Das Anthracen-9-carbonsäure-N-(anthracen-9-yl)amid 115 konnte durch Bestrahlung über eine intramolekulare [4+4]-Cycloaddition in das Lactam 116 überführt werden (vgl. *Schema 40*).

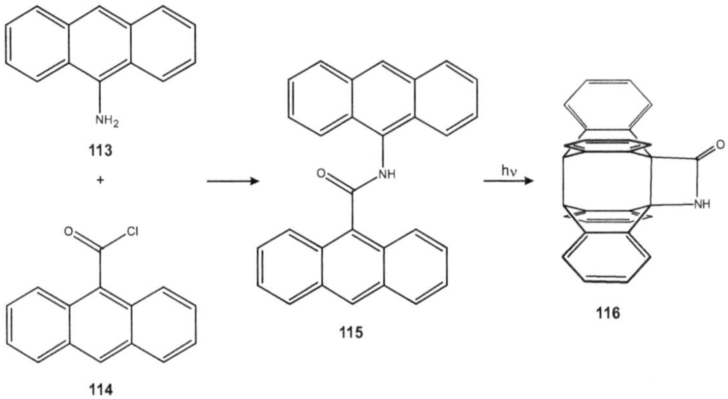

Schema 40: Das Lactam **116**, photochemisch aus dem Säureamid **115** gebildet, diente APPLEQUIST als Vorstufe für 9,9'-Didehydrodianthracen **112**.

Nitrosamide können durch Umlagerung in Azoester übergehen, die bei Pyrolyse unter Abspaltung von Stickstoff zerfallen.[152] APPLEQUIST hoffte, durch Nitrosierung des Lactams **116** am Stickstoffatom ein entsprechendes Nitrosamid **117** zu erhalten. Die Pyrolyse des Umlagerungsprodukts sollte mit einiger Wahrscheinlichkeit durch Verlust von Stickstoff und zusätzliche Decarboxylierung das gewünschte DDDA **112** ergeben. Allerdings konnte bereits die Nitrosierung nicht erfolgreich durchgeführt werden. Als Grund wurde die Bildung eines *N*-Nitrolactams **118** vermutet, obwohl diese Möglichkeit lediglich spekulativ behandelt wurde (vgl. *Schema 41*). Auch über die zur Nitrosierung angewendeten Reaktionsbedingungen machte APPLEQUIST keinen näheren Angaben.

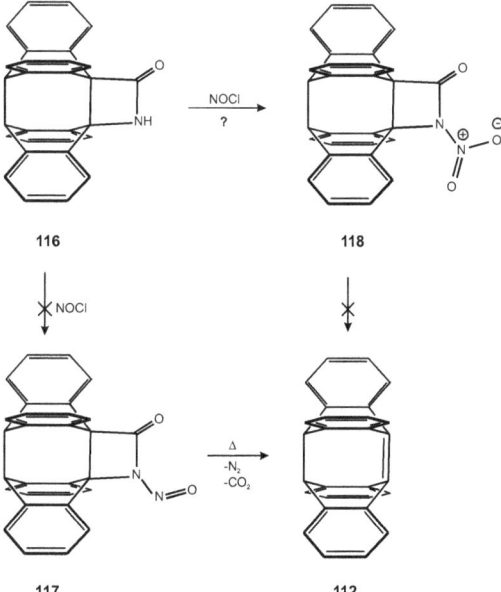

Schema 41: Die Nitrosierungsversuche von APPLEQUIST am Lactam **116** führten nicht zu dem gewünschten Nitrosamid **117**, sondern zu einem *N*-Nitrolactam **118**.

Eine erneute und intensivere Untersuchung der Reaktion, über die bisher nur recht spärliche Informationen zur Verfügung stehen, und die Anwendung neuer Synthesemethoden könnten somit durchaus eine Chance auf Erfolg aufweisen, das Zielprodukt dennoch zu erhalten. Durch den Einsatz von 9,10-Diaminoanthracen **8** und Anthracen-9,10-dicarbonsäure **31** ist somit potentiell die Erschließung einer Syntheseroute zu TDDA **1** möglich.

5.2 Betrachtung der Zielverbindung

9,10-Diaminoanthracen **8** ist auf den ersten Blick eine einfache und scheinbar leicht zugängliche Verbindung. Dennoch sind Synthese und Handhabung keineswegs trivial. Die Substanz ist extrem instabil und neigt in Gegenwart von Oxidationsmitteln oder Luft zur Bildung des Bisimins **119**.[153] Letzteres unterliegt beim Zutritt von Wasser einer partiellen Hydrolyse zum Ketoimin **120**, welches letztendlich zu Anthrachinon **11** zersetzt wird.

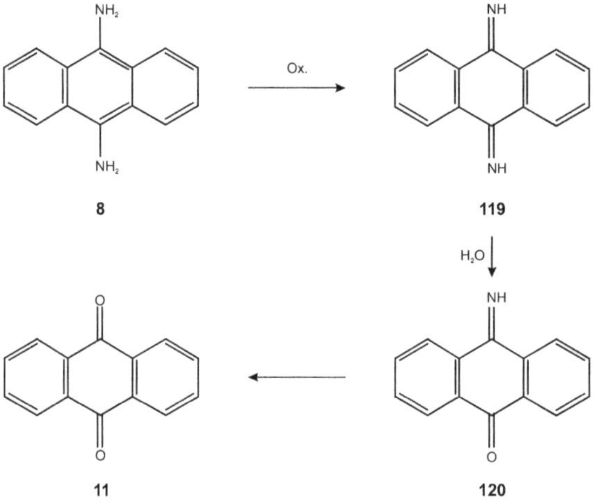

Schema 42: 9,10-Diaminoanthracen **8** ist gegenüber oxidativen Bedingungen extrem instabil. Zunächst wird das Bisimin **119** gebildet, bei Anwesenheit von Wasser erfolgt schnell die Umwandlung in Anthrachinon **11** über das Ketoimin **120**.

5.3 Syntheseversuche

Mehrere Synthesen zur Darstellung des Diamins **8** wurden bisher veröffentlicht, eine vollständige Charakterisierung der Verbindung ist bis heute jedoch nicht erfolgt. Daher wurden die publizierten Methoden einer Überprüfung unterzogen und ein alternativer

Syntheseansatz entwickelt. Auf die durchgeführten Versuche wird im folgenden genauer eingegangen.

5.3.1 Darstellung aus Anthrachinon 11 unter reduktiven Bedingungen

Die Zersetzung des Diamins **8** durch Oxidationsmittel (vgl. *Schema 42*) legt nahe, dass unter reduktiven Bedingungen in Anwesenheit einer Stickstoffquelle die Umkehrung der Reaktion möglich sein sollte. Tatsächlich ist eine solche Reaktion in der Literatur bekannt. Gemäß MICHAILOW kann Anthrachinon **11** in einem Gemisch aus Natriumdithionit und konzentrierter wässriger Ammoniaklösung bei 150 °C binnen weniger Stunden in 9,10-Diaminoanthracen **8** überführt werden.[154] Diese verblüffend einfache Synthesevorschrift ließ sich jedoch in mehrfacher Hinsicht nicht nachvollziehen. Zwar bildete sich beim Erhitzen des heterogenen Reaktionsgemischs entsprechend der Literaturangabe eine tiefrote Flüssigkeit, während die Menge des auf der Lösung schwimmenden, freien Diketons **11** sichtbar geringer wurde. Weder aber wurde das Anthrachinon **11** vollständig umgesetzt, noch konnte bei der anschließenden Aufarbeitung das Diamin **8** isoliert werden.

Unstimmigkeiten zur Literatur traten bereits bei Betrachtung der Reaktionsbedingungen auf. Mit der konzentrierten Ammoniaklösung konnte erwartungsgemäß lediglich eine Reaktionstemperatur von 100 °C erreicht werden. Weiterhin verdampfte trotz Verwendung eines Intensivkühlers, bedingt durch die zur Umgebung offene Apparatur, das Ammoniak bereits nach etwa 2 Stunden vollständig. Die anfänglich auftretende Rotfärbung schwand in dem Maße, wie gasförmiges Ammoniak entwich und trat wieder auf, sobald frische Ammoniaklösung zugefügt wurde. Diese Beobachtungen lassen vermuten, dass MICHAILOW in seinen Versuchen unter erhöhtem Druck in einer geschlossenen Apparatur gearbeitet hat, obwohl keine Reaktionsführung im Autoklaven beschrieben war. Das gravierendste Problem war jedoch die Extraktion des vermeintlichen Produkts. Beim Ausschütteln mit verschiedenen Lösungsmitteln trat stets eine spontane Entfärbung der Lösung unter Ausscheidung von Anthrachinon **11** ein. Auch die Extraktion unter Schutzgas schaffte keine Abhilfe. Aufgrund der erheblichen Schwierigkeiten wurde dieser Reaktionsweg nicht weiter verfolgt.

5.3.2 Reduktion von Nitroanthracenen

9,10-Dinitroanthracen **121** bietet sich in Hinsicht auf etliche bekannte Methoden zur Reduktion von Nitrogruppen zur Aminfunktion als Ausgangsverbindung an.[155] Allerdings ist die Darstellung der Dinitroverbindung **121** als Vorläufer des Diamins **8** ebenfalls nicht trivial. Bei einem Blick in die Literatur finden sich nur wenige Quellen neueren Datums. Gerade in Veröffentlichungen aus dem Ende des 19. Jahrhunderts stößt man aber auf teilweise verwirrende Strukturvorschläge und stark divergierende Beschreibungen des Produkts. Dies legt nahe, dass in einigen Fällen die Experimentatoren mitnichten 9,10-Dinitroanthracen **121** in den Händen hielten. Allen Quellen ist jedoch gemein, dass das gewünschte Produkt nicht in einem einzigen Reaktionsschritt aus Anthracen **6** zugänglich ist.

Einfacher war der Zugang zu 9-Nitroanthracen **104**. Es konnte in guten Ausbeuten nach der Vorschrift von BRAUN et al. (vgl. *Schema 43*) synthetisiert werden.[156] Hier zeigte sich erneut die von anderen Aromaten abweichende Reaktivität des Anthracens **6**: Das Produkt konnte nicht durch eine einfache Nitrierung erhalten werden. Als Zwischenprodukt wurde stattdessen 9-Chlor-10-nitro-9,10-dihydroanthracen **122** isoliert, aus dem die Nitroverbindung **104** durch Verreiben mit wässriger Kaliumhydroxidlösung im Mörser freigesetzt werden musste.

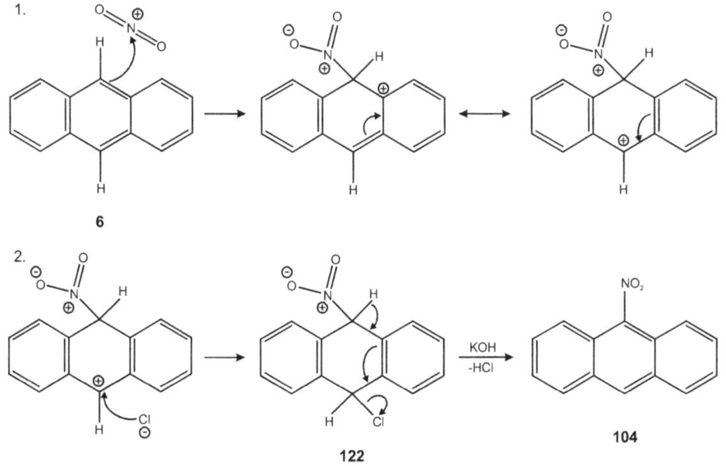

Schema 43: Darstellung von 9-Nitroanthracen **104** nach der Methode von BRAUN: Die Reaktion von Anthracen **6** mit Salpetersäure liefert nicht direkt das Produkt; dieses ist nur nach Fällung des Chlorderivates **122** und nachfolgender Eliminierung von Chlorwasserstoff isolierbar.

Die Zweitnitrierung unter Verwendung von Nitriersäure ergab jedoch nicht das erwartete Dinitroanthracen **121**.[157] Die in der Literatur beschriebene Methode, bei der höhere Nitrierungsprodukte durch Einleiten nitroser Gase in eine Lösung von 9-Nitroathracen **104** gewonnen werden können, wurde aufgrund der präparativen Schwierigkeiten nicht untersucht, da weder durch Erhitzen von Bleinitrat noch durch Umsetzen von Kupfer mit Salpetersäure ausreichende Mengen des Gases zugänglich waren.[158]

Auch die Methode von CHAWLA, bei der Cer(IV)-ammoniumnitrat (CAN) als Nitrierungsreagenz fungiert, konnte nicht reproduziert werden.[159] Ein auf Kieselgel aufgezogenes Gemisch aus CAN und Anthracen **6** sollte beim Eluieren einer mit dem präparierten Kieselgel beschickte Chromatographiesäule den einfach und doppelt nitrierten Aromaten liefern (vgl. *Abbildung 32*). Allerdings traten bereits bei der Herstellung der stationären Phase Probleme auf, da die anzuwendende Menge Cersalz in dem vorgesehenen geringen Volumen Acetonitril nicht löslich war und den Zusatz von Wasser erforderlich machte. Bei der Trocknung der stationären Phase kam es durch Kristallbildung zur Verklumpung, das Säulenmaterial musste im Mörser pulverisiert werden. Bei der anschließenden Elution von Anthracen **6** durch die Säule konnte lediglich das mononitrierte Produkt **104** in sehr schlechter Ausbeute von 5 %, nicht aber das dinitrierte Anthracen **121** gewonnen werden.

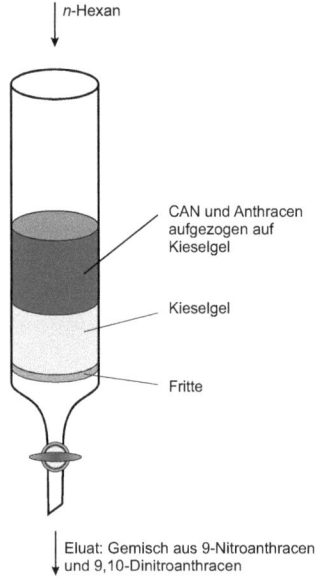

Abbildung 32: Methode nach CHAWLA zur Gewinnung von 9,10-Dinitroanthracen **121** aus Anthracen **6**. Der Aromat und CAN werden in Acetonitril gelöst und auf Kieselgel aufgezogen. Mit *n*-Hexan soll das Produkt eluiert werden.

Obwohl die Isolierung der Dinitroverbindung **121** nicht gelang, wurden verschiedene Versuche zur Reduktion von 9-Nitroanthracen **104** durchgeführt. Diese verliefen allerdings ohne nennenswertes Ergebnis: Weder die Verwendung von Zinn(II)-chlorid in Eisessig / Salzsäuremischungen, noch Zinn in Salzsäure oder Lithiumaluminiumhydrid konnten das 9-Aminoanthracen **113** in nennenswerten Mengen liefern. In den meisten Fällen wurde die eingesetzte Nitroverbindung nahezu quantitativ zurück gewonnen, als Verunreinigung war Anthracen **6** identifizierbar. Die Reduktionsvariante mit Zinn(II)-chlorid zeigte hier noch die besten Resultate, sehr große Probleme bereitete aber die Entfernung des kolloidal anfallenden Zinn(IV)-hydroxids.

Da weder die Darstellung des Dinitroanthracens **121** noch die Reduktionsversuche erfolgreich abgeschlossen werden konnten, wurden keine weiteren Untersuchungen auf diesem Gebiet angestellt.

5.3.3 DIELS-ALDER-Reaktionen mit Azoestern

Ein völlig anderer Zugang zu 9,10-Diaminoanthracen **8** ergab sich mit Azodicarbonsäureestern. Letztere lassen sich aus Hydrazin und Chlorameisensäureestern durch anschließende Oxidation zur Azoverbindung darstellen und finden bei der Veretherung nach MITSUNOBU breite Verwendung. Sie können allerdings auch als hetero-analoge Dienophile in [4+2]-Cycloadditionen dienen. DIELS et al. untersuchten bereits 1938 die Reaktivität von Azodicarbonsäuredimethylester und Azodicarbonsäurediethylester als Dienophile.[160] Als Dienkomponente diente unter anderem auch Anthracen **6**, das, wie schon in Kapitel 3.1.1 erwähnt, durch die nur schwach ausgeprägte Aromatizität des mittleren Rings an DIELS-ALDER-Reaktionen teilnehmen kann.

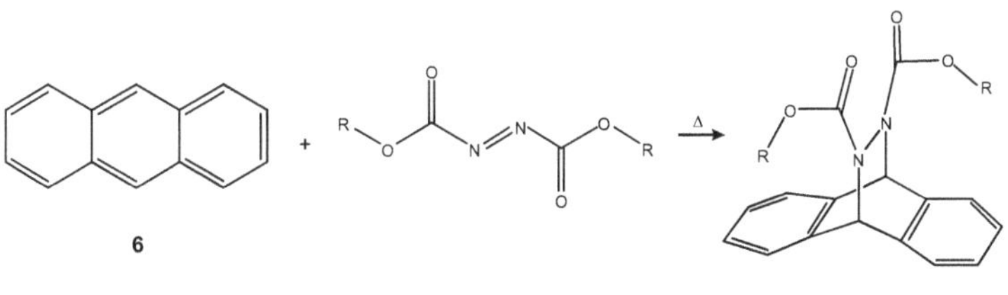

123a: R = Et
124a: R = CH$_2$CCl$_3$

Schema 44: Die schematisch dargestellte [4+2]-Cycloaddition von Anthracen **6** mit verschiedenen Azodicarbonsäureestern lieferte die "labilen" Hetero-DIELS-ALDER-Addukte.

Da interessanterweise Anthracenaddukte mit weiteren Azodicarbonsäureestern bis heute nicht literaturbekannt sind, wurden Untersuchungen mit drei weiteren Estern angestellt. Hierbei konnten deutliche Unterschiede in der Reaktivität beobachtet werden: Während Bis(2,2,2-trichlorethyl)azodicarboxylat hervorragende Ausbeuten des DIELS-ALDER-Addukts lieferte, blieb sowohl mit Di-*tert*-butylazodicarboxylat als auch mit Dibenzylazodicarboxylat eine Reaktion aus.

Das Scheitern der Cycloaddition kann sowohl elektronischen als auch sterischen Effekten geschuldet sein. Alle drei Ester haben durch ihre voluminösen Reste einen erheblichen Raumbedarf und sind im Bereich der Azo-Doppelbindung sterisch anspruchsvoller als der Ethylester. Der Unterschied zwischen den Trichlorethylsubstituenten und der *tert*-Butylgruppe erscheint jedoch nicht derart gravierend, dass eine gute Umsetzung auf der einen und eine völlig ausbleibende Reaktion auf der anderen Seite zu erklären wäre. Der Trichlorethylester weist jedoch durch die sechs Halogenatome einen erheblichen Elektronenmangel auf, was zu einer deutlichen Absenkung des LUMOs des Dienophils führen und den Ablauf Cycloaddition begünstigen dürfte. Um ein Bild der elektronischen Verhältnisse der Azoester zu gewinnen, kann ein Vergleich der Säurestärken der freien Alkohole nützlich sein. Der Elektronenmangel macht 2,2,2-Trichlorethanol mit einem pK_s von 12.2 deutlich acider als das *tert*-Butanol mit einem pK_s von 19.2. Es liegt somit nahe, dass für die abweichende Reaktivität der Azoester tatsächlich elektronische Effekte maßgeblich waren. Die Betrachtung von Benzylakohol (pK_s = 15.4) und Ethanol (pK_s = 15.9) lässt vermuten, dass sich der benzylsubstituierte Azoester und Diethylazodicarboxylat in ihrer Reaktivität recht ähnlich sein dürften. In diesem Fall scheint die erhöhte sterische Hinderung durch die Benzylgruppen entscheidend für die gehemmte Reaktion gewesen zu sein. Das Scheitern eines Versuchs zur [4+2]-Cycloaddition mit inversem Elektronenbedarf unter Verwendung des elektronenreichen Di-*tert*-butylazodicarboxylats und dem extrem elektronenarmen Anthracen-9,10-dicarbonitril als Dien ist aufgrund des nun auch am Anthracen erhöhtem Raumbedarfs daher nicht verwunderlich.

DIELS-ALDER-Addukte sind thermisch labil und zersetzen sich bei erhöhten Temperaturen leicht in einer Retro-DIELS-ALDER-Reaktion zu den Ausgangsverbindungen. DIELS bezeichnete die Addukte von Anthracen **6** mit Azoestern daher als "labile Addukte". Die korrespondierenden "stabilen Addukte" gewann er durch Behandeln mit Säure, wobei eine schnelle Umlagerung zu den ringoffenen Carbalkoxyderivaten des 9,10-Diaminoanthracens eintritt (vgl. *Schema 45*). Sie weisen deutlich höhere Schmelzpunkte auf als die "labilen Addukte" und sind thermisch nicht mehr spaltbar. DIELS bliebt zwar einen Strukturbeweis der "stabilen Addukte" schuldig, seine Befunde und die postulierte Struktur konnten aber von MACKENZIE durch UV-spektroskopische Untersuchungen gestützt werden.[161]

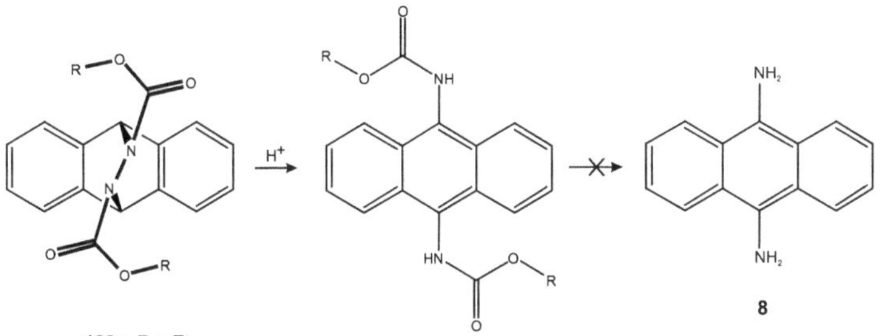

123a: R = Et
124a: R = CH$_2$-CCl$_3$

123b: R = Et
124b: R = CH$_2$-CCl$_3$

8

Schema 45: Die Umlagerung der "labilen" DIELS-ALDER-Addukte **123a** und **124a** unter Säureeinfluss führte zu den "stabilen Addukten" **123b** und **124b**, jedoch nicht zum 9,10-Diaminoanthracen **8**.

Die "labilen" Addukte **123a** und **124a** wurden nach der Methode von DIELS in Eisessig unter Zusatz von Salzsäure zu den "stabilen Addukten" umgelagert. Die resultierenden Produkte waren außerordentlich schwer löslich, so dass nur Bis(anthracen-9,10-diyl)carbaminsäureethylester **123b** spektroskopisch charakterisiert werden konnte. Hinsichtlich einer weiteren sauren Hydrolyse erwiesen sich **123b** und **124b** als überraschend inert. Drastische Bedingungen unter Verwendung von Salzsäure oder Trifluoressigsäure führten entgegen den Erwartungen zu keiner Freisetzung von 9,10-Diaminoanthracen **8**.

5.3.4 Versuche zum CURTIUS-Abbau

Eine geeignete Methode zur Einführung einer Aminfunktionalität am Aromaten ist der CURTIUS-Abbau. Ein Carbonsäureazid wird zu einem Isocyanat pyrolysiert, welches in wässrigen Medien direkt das Amin, unter Verwendung von Alkoholen hingegen Carbaminsäureester liefert. Da das Dicarbonsäurechlorid **9** leicht zugänglich war, lag es nahe, 9,10-Diaminoanthracen **8** über einen CURTIUS-Abbau zu erhalten.

5.3.4.1 Reaktionen mit Anthracen-9,10-dicarbonsäuredichlorid 9

Anthracen-9,10-dicarbonsäuredichlorid **9** konnte in einer zweistufigen Synthesesequenz ausgehend von 9,10-Dibromanthracen **16** gewonnen werden. Zunächst wurde durch Brom-Lithium-Austausch und Einleiten von Kohlendioxid Anthracen-9,10-dicarbonsäure **31** in guter Ausbeute von 84 % dargestellt.[162] Die Isolierung des Säurechlorids **9** gestaltete sich jedoch schwieriger. Sowohl bei der Verwendung von Thionylchlorid als auch von Phosphortrichlorid konnte das Säurechlorid nicht ohne eine destillative Abtrennung von überschüssigem Chlorierungsmittel als Feststoff erhalten werden. Bei Destillation unter Normaldruck pyrolysierte das Produkt jedoch, eine Vakuumdestillation der aggressiven Substanzen erschien in Hinsicht auf eine mögliche Beschädigung der Vakuumpumpe aber nicht angebracht. Ein Auswaschen der Verbindungen oder eine Extraktion des Produkts mit geeigneten Lösungsmitteln führte zu nicht akzeptablen Ausbeuteverlusten. Die Abtrennung von Chlorierungsmittel erwies sich als notwendig, da die Umsetzung des Rohprodukts mit Natriumazid unter stürmischer Gasentwicklung und Bildung polymeren Materials verlief.

Erfolg brachte letztendlich die Verwendung von Phosphorpentachlorid **13**, das mit der Carbonsäure **31** innig verrieben und kurz zum Schmelzfluss erhitzt wurde (vgl. Kapitel 3.1.2.1). Das Säurechlorid **9** konnte nachfolgend durch Digerieren des Schmelzkuchens mit *n*-Pentan in 42 % Ausbeute isoliert werden. Da aufgrund der Aggressivität der Verbindung kein Massenspektrum aufgenommen werden konnte und das Infrarotspektrum nur wenig aussagekräftig war, wurde die Identität des Produkts durch Alkoholyse zum Anthracen-9,10-dicarbonsäuredimethylester **126** eindeutig nachgewiesen.

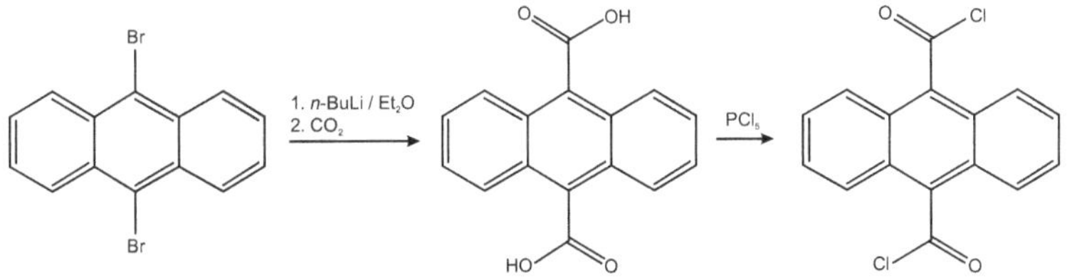

Schema 46: Die Synthesesequenz zur Darstellung von Anthracen-9,10-dicarbonsäuredichlorid **9** bestand aus einem Halogen-Metall-Austausch an 9,10-Dibromanthracen **16**, Umsetzung zur Dicarbonsäure **31** mit Kohlendioxid und nachfolgender Halogenierung der Carboxylgruppe.

Leider scheiterte die anschließende Umsetzung des Säurechlorids **9** mit Natriumazid, bei der nur ein erdfarbener Feststoff anfiel, der aufgrund der geringen Löslichkeit nicht weiter charakterisiert werden konnte. Versuche, das Rohprodukt durch Sublimation zu reinigen scheiterten, da es zur Zersetzung des Materials unter Gasentwicklung kam. In dem Pyrolyseprodukt konnte kein Diaminoanthracen nachgewiesen werden.

5.3.4.2 Reaktionen mit Diphenylphosphorylazid

Ein alternativer Syntheseweg eröffnete sich bei einem Blick auf die Proteinchemie: Hier wird Diphenylphosphorylazid (DPPA) als ein beliebtes Reagenz zur Peptidkupplung nach der Azid-Methode verwendet. Bei der Umsetzung von Carbonsäuren mit DPPA in aprotischen Lösungsmitteln lassen sich die intermediär auftretenden Säureazide isolieren, mit Alkoholen erfolgt ein CURTIUS-Abbau zu den entsprechenden Carbamaten.[163] Die Verwendung von *tert*-Butanol liefert auf diese Weise die Boc-geschützten Amine unter milden Bedingungen direkt aus der Carbonsäure.[164] In Anlehnung an eine Vorschrift von HAEFLINGER[165] wurden in einer Ein-Topf-Synthese Anthracen-2-carbonsäure **127**, Anthracen-9-carbonsäure **128** sowie Anthracen-9,10-dicarbonsäure **31** mit DPPA und *tert*-Butanol als Lösungsmittel in teilweise guten Ausbeuten direkt zu den bisher nicht literaturbekannten Boc-geschützen Aminen umgesetzt.

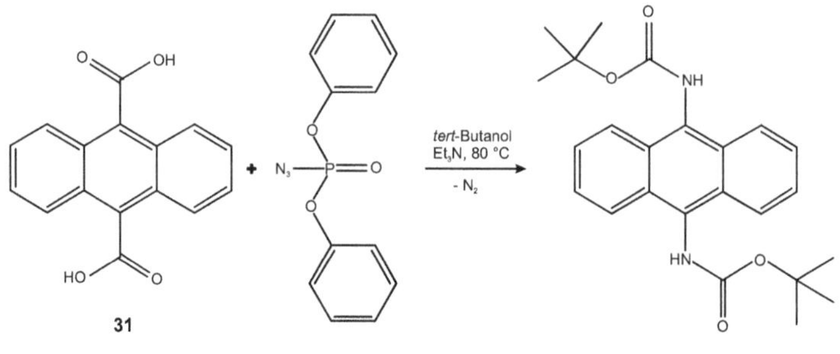

Schema 47: Die Verwendung von Diphenylphosphorylazid (DPPA) ermöglichte die Ein-Topf-Synthese von Bis(anthracen-9,10-diyl)carbaminsäure-*tert*-butylester **125** aus der Dicarbonsäure **31**.

Der Bis(anthracen-9,10-diyl)carbaminsäure-*tert*-butylester **125** konnte massenspektrometrisch nicht einwandfrei nachgewiesen werden, da die *tert*-Butylgruppe selbst bei chemischer Ionisation fragmentierte. Auch im Protonenresonanzspektrum zeigten sich einige anormale Effekte, die zunächst Zweifel an einer erfolgreichen Synthese aufkommen ließen.

Ein typisches NMR-Spektrum eines symmetrisch 9,10-disubstituierten Anthracens ist durch zwei Signalsätze gekennzeichnet, die als AA'BB'-analoges Spinsystem allerdings kein Spektrum erster Ordnung mehr liefern. Die Protonen in 1-, 4-, 5- und 8-Position geben als A-Teil je nach Auflösung des Spektrometers ein Kopplungsmuster, das näherungsweise als Dublett oder doppeltes Dublett auswertbar ist. Die restlichen Protonen ergeben als B-Teil des Spinsystems mitunter ebenfalls dublett- oder triplettartige Aufspaltungen, teilweise aber auch nicht auflösbare Multipletts.

Im Falle des geschützen Diamins **125** wurde im Bereich der aromatischen Protonen hingegen ein deutlich abweichendes Signalmuster gefunden (vgl. *Abbildung 33*). Die Protonen an den Positionen 1, 4, 5 und 8 waren in ein breites pseudo-Singulett und ein Multiplett aufgespalten. Offensichtlich ist die freie Rotation der Carbonylfunktion durch die sperrige *tert*-Butylgruppe derartig gehemmt, dass die magnetische Äquivalenz der jeweils gegenüberliegenden Anthracenprotonen in 1- und 4-Position (bzw. 5- und 8-Position) nicht länger gegeben ist. Die Wechselwirkungen der Anthracenprotonen mit der Carbonylfunktion bewirkt die Verschiebung des Signals zu tiefem Feld. Die auf der NMR-Zeitskala langsame Rotation der Boc-Gruppe bedingt die Ausbildung des breiten Signals. Ein ähnlicher Effekt wurde bereits bei 9,10-Bis(3,3-diethoxyprop-1-inyl)anthracen **79** beobachtet.

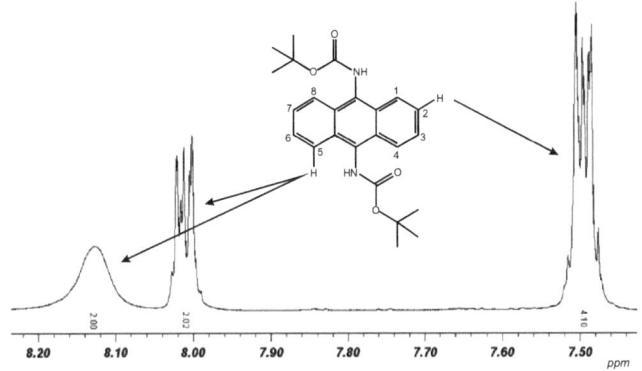

Abbildung 33: ^{1}H-NMR-Spektrum des Boc-geschützten Diamins **125** im Bereich der Anthracenprotonen. Durch die gehinderte Rotation der sperrigen Schutzgruppe ist die magnetische Äquivalenz der Anthracenprotonen nicht länger gegeben. Es erfolgt eine Aufspaltung in drei Signalgruppen statt der erwarteten zwei.

Auch auf die *tert*-Butylgruppe hat die gehinderte Rotation einen Einfluss. Bei Boc-geschützen Aminen ergibt sich für diese Protonen normalerweise ein Singulett.[166] Im Falle der Anthracenverbindung **125** bildete sich hingegen eine Gruppe dreier sehr breiter Signale heraus, deren Integralverhältnisse auf drei Konformere im Verhältnis 9:7:2 schließen ließen. Durch die Anwendung zweidimensionaler Spektroskopiemethoden konnten die Signale eindeutig dem Produkt zugewiesen werden.

Für 9-Anthracenylcarbaminsäure-*tert*-butylester **129** war das Phänomen der anormalen NMR-Signale ebenfalls zu beobachten. Die reduzierte Symmetrie des Produkts führte wie erwartet zur Ausbildung eines vollständigen Signalsatzes, wobei für die Protonen in 1- und 8-Position ein breites Dublett gefunden wurde. Auch die Aufspaltung der *tert*-Butylprotonen war erkennbar, allerdings fanden sich hier statt drei nur zwei breite Signale.

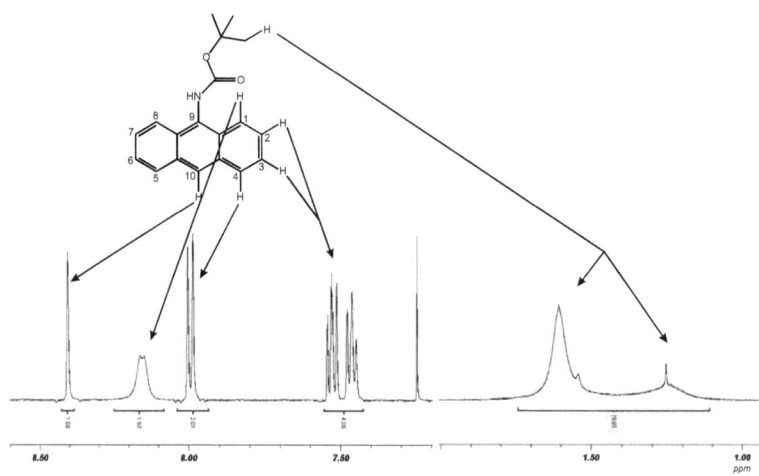

Abbildung 34: ^{1}H-NMR-Spektrum des einfach substituierten Boc-Amins **129**: Auch hier ist die magnetische Äquivalenz der Anthracen- und der *tert*-Butylprotonen nicht länger gegeben.

Die Theorie, dass die Aufspaltung der Signale der sterisch gehinderten Rotation der Boc-Gruppe zuzuschreiben ist, wurde zusätzlich dadurch gestützt, dass im Falle des Boc-geschützten 2-Aminoanthracens **130** die Methylprotonen tatsächlich das eigentlich erwartete Singulett bilden (vl. *Abbildung 35*). Offensichtlich findet durch den größeren Abstand der Boc-Gruppe nur noch eine schwache Wechselwirkung mit H-1 des Anthracens statt, wie an dem verbreiterten Singulett erkennbar ist.

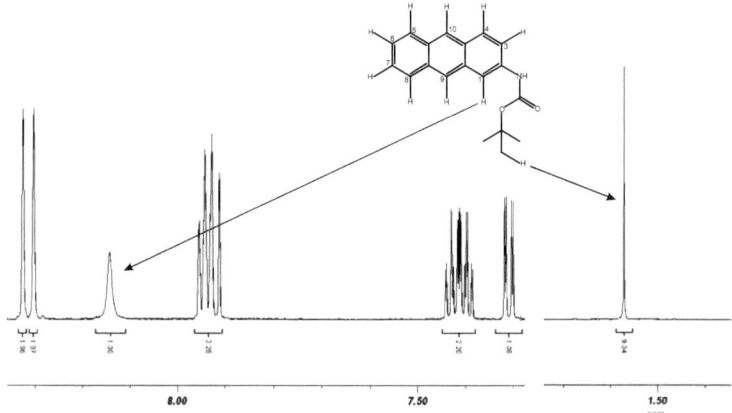

Abbildung 35: ¹H-NMR-Spektrum des Boc-geschützten FEHLER2-Aminoanthracens **130**. Die Boc-Gruppe kann aufgrund der räumlichen Entfernung nur noch mit H-1 des Anthracens wechselwirken, wie an der Verbreiterung des Singuletts ersichtlich ist. Die *tert*-Butylprotonen ergeben das erwartete Singulett.

Versuche, die Schutzgruppe in üblicher Weise zu entfernen, scheiterten jedoch wie schon vorher bei den "stabilen Addukten" **123b** und **124b** nach DIELS: Auch die Boc-geschützten Amine **129** und **125** widerstanden der Einwirkung selbst starker Säuren. Weder Trichloressigsäure, Trifluoressigsäure noch Gemische aus Eisessig und Salzsäure vermochten die Boc-Gruppe abzuspalten. Auch beim Erwärmen mit den Säuren wurden die geschützten Amine in allen Fällen unverändert wieder zurückerhalten. Lediglich aus (Anthracen-2-yl)carbaminsäure-*tert*-butylester **130** konnte in geringen Mengen das 2-Aminoanthracen **131** gewonnen werden. Es manifestierten sich hier erneut die besonderen Eigenschaften der 9,10-Position des Anthracens mit ihren oftmals überraschenden Reaktivitäten.

5.4 Fazit der Versuche

Die neu zu entwickelnde Syntheseroute für TDDA **3** basierte auf den beiden Bausteinen Anthracen-9,10-dicarbonsäuredichlorid **9** und 9,10-Diaminoanthracen **8**.

Das Säurehalogenid **9** war, ausgehend von Anthracen **6**, in einer dreistufigen Synthese in befriedigenden Ausbeuten erhältlich, wenngleich die Umsetzung mit Phosphorpentachlorid **13** hinsichtlich der Durchführung noch Raum für Optimierungen eröffnet. So könnte die mühsame Extraktion des Produkts aus dem Schmelzkuchen durch eine destillative Entfernung überschüssigen Halogenierungsmittels (Feststoffdestillation oder Sublimation) ersetzt werden.

Die bekannte Instabilität des Diamins **8** ließ allerdings bereits im Vorfeld Probleme bei der Handhabung vermuten. Enttäuschenderweise konnte trotz der Anwendung verschiedener Reaktionswege die Aminoverbindung **8** in keinem Fall erhalten werden. Der Versuch, nicht das Amin selber, sondern die Boc-geschütze Verbindung **125** zu isolieren, war zunächst viel versprechend: In einer einstufigen Synthese waren mehrere Boc-geschützte Aminoanthracene aus den korrespondierenden Carbonsäuren synthetisierbar. Allerdings konnte die abschließende Entschützung zu den freien Aminen auch unter drastischen Bedingungen nicht erfolgreich durchgeführt werden. Auch die durch Diels-Alder-Reaktion erhaltenen Carbamate waren nicht zum 9,10-Diaminoanthracen **8** umsetzbar.

Diese schwer wiegenden Probleme führten somit bereits auf der ersten Stufe der Synthesesequenz zum Scheitern. Da im Rahmen dieser Arbeit bereits eine breite Vielfalt an Möglichkeiten untersucht wurde, das Diamin **8** zu isolieren, ist in zukünftigen Untersuchungen vermutlich noch ein erhebliches Maß an Arbeit zu investieren, um lediglich die Ausgangsverbindungen bereitzustellen. Über den Erfolg der weiteren Syntheseschritte kann allenfalls spekuliert werden. In Hinsicht auf die bereits etablierte und mehrfach optimierte Methode zur Darstellung von TDDA **1** unter Verwendung des CARPINO-Reagenzes erscheint es geboten, die hier vorgestellte, neue Strategie nochmals einer kritischen Überprüfung zu unterziehen.

6 Zusammenfassung und Ausblick

Die vorgelegte Arbeit gliedert sich im wesentlichen in drei Bereiche. Ziel des ersten Teilprojekts war die Darstellung röhrenförmiger aromatischer Kohlenwasserstoffe auf Basis ethinylverbrückter Anthraceneinheiten. Eine von ODA et al. entwickelte Synthesesequenz für [n]-Cycloparaphenylenacetylene **5a** ([n]-CPPA) diente als Anregung und wurde für Anthracen **6** als Gerüstkörper adaptiert (vgl. Schema 48). Die Zielstrukturen stellen hoch interessante Verbindungen dar, die als Kristallisationskeime in der plasmagestützten Gasphasenepitaxie (PECVD) zur Herstellung von Carbon Nanotubes mit definierten Durchmessern und Helicalitäten dienen sollen.

Nach ODA liefert eine mehrstufige MCMURRY-Kupplung von 4-Formylstilbenen Cycloparaphenylene, die in einer abschließenden Bromierungs-Eliminierungs-Sequenz in die gewünschten cyclischen Alkine überführt werden. Die Darstellung des stilben-analogen 1,2-Di(10-bromanthracen-9-yl)ethens **25** gelang sowohl durch MCMURRY-Kupplung wie auch über eine WITTIG-Reaktion. Trotz vielfach variierter Reaktionsbedingungen, die eine *cis*-selektive Reaktion begünstigen sollten, wurde dennoch mit beiden Methoden vermutlich das *trans*-konfigurierte Produkt erhalten. Die Konfiguration der gebildeten Doppelbindung war durch spektroskopischen Methoden nicht eindeutig zu klären, geeignete Kristalle für eine Röntgenstrukturanalyse konnten nicht erhalten werden. Das gebildete Dianthrylethen **25** erwies sich gegenüber der Einwirkung von Brom überraschenderweise als völlig inert, was vermutlich auf sterische Effekte zurückgeführt werden kann. Es konnte somit gezeigt werden, dass Anthracen **6** für die Methode von ODA praktisch ungeeignet ist.

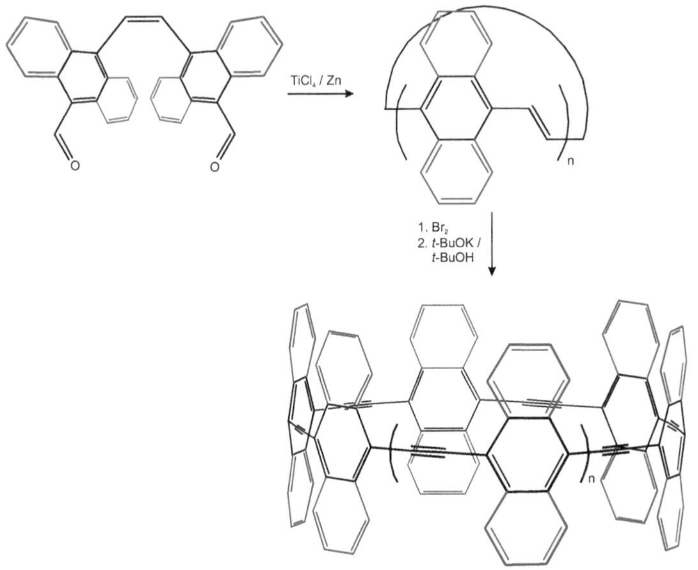

Schema 48: Anwendung der von ODA entwickelten Synthesesequenz zur Darstellung der [n]-CPPAs **5a** auf den sperrigeren Gerüstkörper Anthracen **6**.

Als Alternative wurde die Einführung von Spacereinheiten untersucht. Die Verwendung von Alkinen als Abstandshalter sollte zum einen die Rigidität des Systems erhalten und zum anderen den sterisch ungünstigen Einfluss des Anthracens mindern.

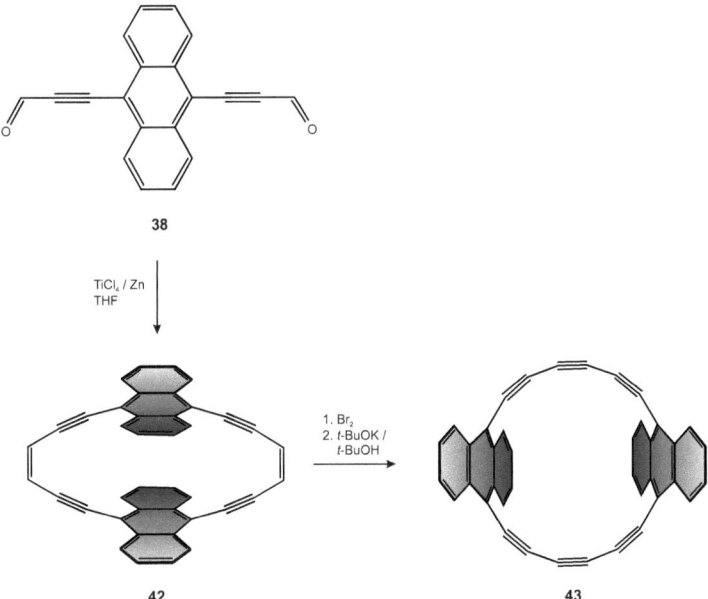

Schema 49: Die Einführung von Alkin-Spacereinheiten mindert den sterischen Einfluss des sperrigen Anthracens und sollte somit die Bromierungs-Eliminierungs-Sequenz ermöglichen.

Das für die Cyclisierung benötigte 9,10-Bis(prop-2-in-1-al-3-yl)anthracen **38** war bislang nicht bekannt. Auch entsprechende Phosphoniumsalze für die alternativ anwendbare WITTIG-Reaktion wurden nicht in der Literatur beschrieben. Zur Darstellung der Verbindungen standen mehrere alternative Synthesewege offen, die einer intensiven Überprüfung unterzogen wurden (vgl. Schema 50).

Ausgehend von 9-Formylanthracen **34** lieferte die COREY-FUCHS-Reaktion mit nachfolgender Eliminierung 9-Ethinylanthracen **50**. Letzteres konnte auch direkt durch Umsetzung von **39** mit dem BESTMANN-OHIRA-Reagenz und durch Entschützen von 9-(Trimethylsilylethinyl)anthracen **59** erhalten werden. Die Deprotonierung des Alkins **50** und Umsetzung mit dem gut wirksamen *N*-Formylmorpholin ergab 9-(Prop-2-in-1-al-3-yl)anthracen **44**. Alternativ erwies sich auch die Oxidation von 9-(1-Hydroxyprop-2-in-3-yl)anthracen **46** mit Pyridiniumdichromat als brauchbar. Die Anwendung dieser Methoden zur Darstellung von 9,10-Bis(prop-2-in-1-al-3-yl)anthracen **38** war jedoch nicht erfolgreich. Die extrem geringe Beständigkeit des Zwischenprodukts 9,10-Diethinylanthracen **51** verhinderte eine erfolgreiche Formylierung. Auch die Oxidationsreaktion scheiterte, da 9,10-Bis(1-hydroxyprop-2-in-3-yl)anthracen **71** nicht erhalten werden konnte.

Die SONOGASHIRA-Reaktion erwies sich in zahlreichen vergleichenden Versuchen als Methode der Wahl für die Darstellung ethinylierter Anthracene. Die Optimierung der Reaktionsbedingungen war ein zentraler Bestandteil dieser Arbeit. Das gewählte Katalysatorsystem Bis(triphenylphosphin)palladium(II)-chlorid zeigte für eine große Bandbreite von Alkinen eine ausgezeichnete Reaktivität. Auf diese Weise konnten unter anderem mehrere bisher nicht literaturbekannte *n*-alkinylsubstituierte Anthracenverbindungen und alkinylierte Bianthryle erhalten und charakterisiert werden. Durch eine SONOGASHIRA-Reaktion gelang im Zuge dieser Arbeit ebenfalls erstmals die die Darstellung von 9,10-Bis(3,3-diethoxyprop-1-inyl)anthracen **79**. Die Entschützung des Acetals durch Trichloressigsäure ermöglichte den einfachen Zugang zum Bisaldehyd **38**.

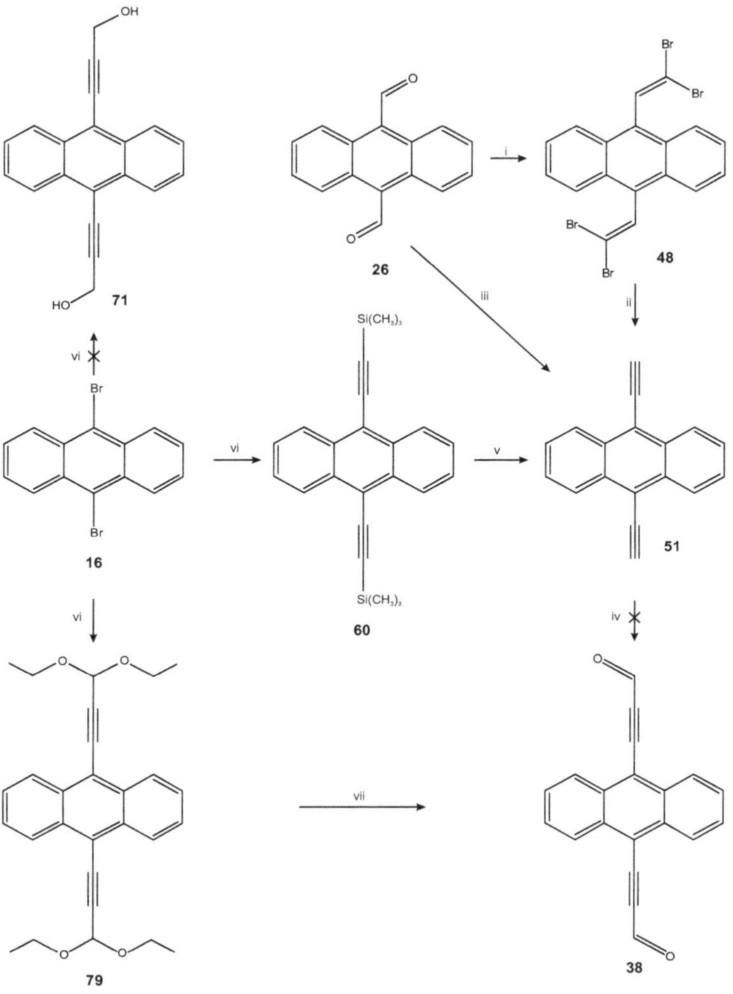

Schema 50: Zur Darstellung des bisher unbekannten 9,10-Bis(prop-2-in-1-al-3-yl)anthracens **38** wurde eine Vielzahl an Synthesemethoden untersucht. i: COREY-FUCHS-Reaktion, CBr$_4$, PPh$_3$; ii: *t*-BuOK; iii: BESTMANN-OHIRA-Reagenz, MeOH, K$_2$CO$_3$; iv: *n*-BuLi, NFM; v: TBAF; vi: SONOGASHIRA-Reaktion, Alkin, [Pd(PPh$_3$)$_2$]Cl$_2$, CuI; vii: Cl$_3$CCOOH. Nur die Entschützung des in dieser Arbeit erstmals vorgestellten Acetals **79** konnte die Zielverbindung erfolgreich liefern.

Durch Reduktion von 9,10-Bis(prop-2-in-1-al-3-yl)anthracen **38** wurde erstmals auch das Diol **71** erhalten. Eine Halogenierung durch nucleophile Substitution und nachfolgende Umsetzung zum Phosphoniumsalz scheiterte bislang jedoch. Weitere Untersuchungen hierzu sind daher notwendig. Als Methode zur Cyclisierung wurde daher die MCMURRY-Kupplung untersucht. Leider erwies sich der Bisaldehyd **38** gegenüber den gewählten Reaktionsbedingungen als nicht ausreichend stabil, so dass lediglich polymere Zersetzungsprodukte gefunden wurden. Eine Optimierung der Reaktionsbedingungen ist Ziel künftiger Untersuchungen und bietet noch ein viel versprechendes Potenzial.

Alternativ wurden Methoden untersucht, die auf der kupferkatalysierten Kupplung terminaler Alkine beruhten. Die Alkinylierung von Anthrachinon **11** in Toluol konnte erfolgreich ein Produktgemisch liefern, das nachweisbare Anteile an *cis*-9,10-Bis(trimethylsilylethinyl)-9,10-dihydroanthracen-9,10-diol **88a** enthielt. Die Trennung der diastereomeren Produkte erwies sich allerdings als unmöglich. Die EGLINGTON-Kupplung des entschützten Diols unter Hochverdünnungsbedingungen lieferte den erwarteten Cyclus nicht (vgl. *Schema 51*).

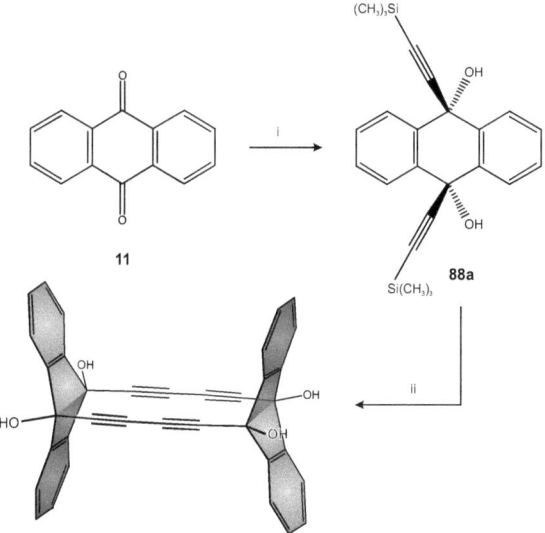

Schema 51: i: Trimethylsilylacetylen **89**, *n*-BuLi, Toluol; ii: CsF, MeOH, Pyridin, Cu(OAc)$_2$. Die Kupplung des terminalen Alkins unter Kupferkatalyse zum cyclischen Produkt war nicht erfolgreich. Auch die gezielte Darstellung des *cis*-Diols **88a** erwies sich als nicht realisierbar.

Insbesondere bei der diastereomerenselektiven Alkinylierung von Anthrachinon **11** sollte bei zukünftigen Untersuchungen noch ein deutliches Potenzial für Optimierungen vorhanden sein. Die von TAYLOR veröffentlichten Resultate lassen darauf schließen, dass *cis*-9,10-Bis(trimethylsilylethinyl)-9,10-dihydroanthracen-9,10-diol **88a** mit einem deutlich höheren Diastereomerenüberschuss zugänglich ist als es in dieser Arbeit gelang. Die Wirksamkeit der kupferkatalysierten Alkinkupplung konnte in Vorversuchen deutlich belegt werden.

Die breite Verwendung von Carbon Nanotubes, einem zukunftsträchtigen Kohlenstoffmaterial mit höchst interessanten mechanischen und elektronischen Eigenschaften, steht bisher die mangelnde Löslichkeit in herkömmlichen Solventien entgegen. Eine Dispergierung mit Tensiden wie auch die Löslichkeitsverbesserung durch Funktionalisierung ist möglich, aber bei Applikation in der molekularen Elektronik unerwünscht. Die Erzeugung einer stabilen Dispersion von Nanotubes ohne physikalische oder chemische Modifikation würde die Abtrennung von bei der Herstellung unvermeidlich anfallenden kohlenstoffhaltigen Verunreinigungen ebenso erleichtern wie die Separation verschiedener Typen von Röhren (zum Beispiel metallisch leitende oder halbleitende Tubes). Daher wurde die Eignung von Arsen(III)-chlorid 7 als ungewöhnliches Solvens aufgrund der bereits bekannten guten Löslichkeit schwer löslicher aromatischer Kohlenwasserstoffe untersucht.

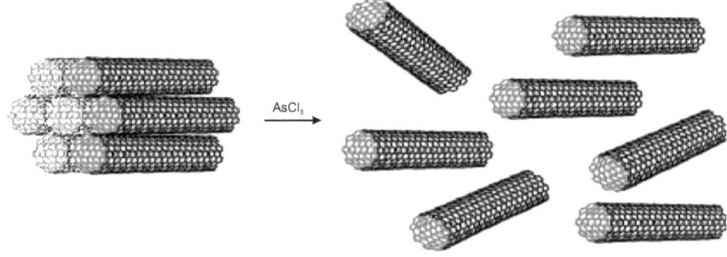

Abbildung 36: Mittels Eintrag von Ultraschall wurde eine Dispersion von SWNTs in Arsen(III)-chlorid erzeugt, die sich als stabil herausstellte. Die Charakterisierung der Dispersion scheiterte jedoch an der geringen Qualität des bezogenen Solvens sowie an Schwächen der spektroskopischen Untersuchungsmethoden.

Kommerziell hergestellte Single-Walled-Carbon-Nanotubes (SWNT) wurden einer oxidativ-sauren Reinigung unterzogen und in einer eigens entwickelten Sonifizierungsapparatur durch den Eintrag von Ultraschall in Arsentrichlorid dispergiert. Die Dispersion erwies sich über weite Konzentrationsbereiche hinweg als erfreulich stabil. Die Aufnahme eines ^{13}C-Kernresonanzspektrums scheiterte jedoch an Verunreinigungen im Lösungsmittel. Eine Entfernung der vermutlich aus dem Flaschenverschluss stammenden organischen Verbindungen ließ sich trotz intensiver Anstrengungen nicht bewerkstelligen. Die

Vermessung der Dispersion durch RAMAN-Spektroskopie war ebenfalls nicht erfolgreich, da die Messempfindlichkeit der Methode in der notwendigen hohen Verdünnung nicht mehr ausreichte. Aufgrund der viel versprechenden Ansätze sollten neben der Herstellung analytisch reinen Lösungsmittels sowohl die hoch auflösende Elektonenmikroskopie wie auch fluoreszenzspektroskopische Messungen im nahen Infrarot (NIR) Gegenstand künftiger Untersuchungen sein.

Die Darstellung des Tetradehydrodianthracens 3 (TDDA) wurde im Arbeitskreis HERGES mehrfach optimiert, so dass die Verbindung heute im Grammmaßstab erhältlich ist. Dennoch ist die Synthese zeitaufwändig und arbeitsintensiv. Eine alternative Darstellung nach einer Idee von APPLEQUIST geht von 9,10-Anthracendicarbonsäuredichlorid 9 und 9,10-Diaminoanthracen 8 aus. Während für das Säurechlorid ein optimiertes Syntheseprotokoll entwickelt werden konnte, schlug die Darstellung des bereits bekannten Amins bisher fehl. Die in der Literatur beschriebenen Darstellungsmethoden konnten nicht reproduziert werden und waren teilweise widersprüchlich.

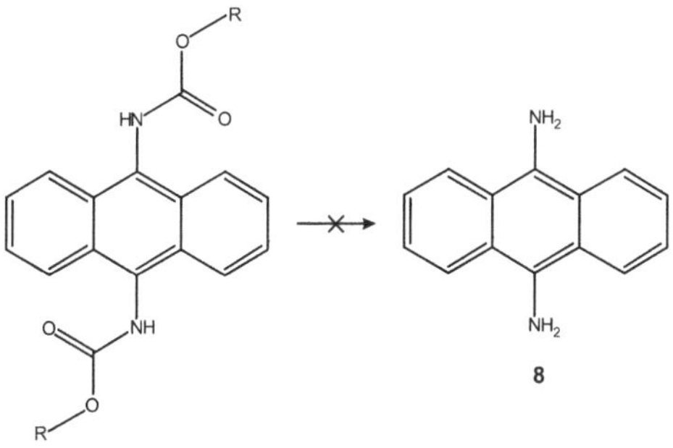

123b: R = Et
124b: R = CH$_2$CCl$_3$
125: R = C(CH$_3$)$_3$

Schema 52: Die DIELS-ALDER-Reaktion mit Azodicarbonsäureestern und der Einsatz von DPPA lieferte das Amin in geschützter Form. Die Abspaltung der Alkyloxycarbonyl-Schutzgruppen durch eine Behandlung mit verschiedenen starken Säuren konnte jedoch nicht erfolgreich durchgeführt werden.

Eine DIELS-ALDER-Cycloaddition von Anthracen **6** mit Dialkylazodicarboxylaten lieferte ebenso wie die Reaktion von Anthracen-9,10-dicarbonsäure **31** mit Diphenylphosphorylazid einige bisher nicht bekannte alkyloxycarbonyl-geschütze Derivate des Diamins. Eine Abspaltung der Schutzgruppen unter den sonst üblichen Bedingungen scheiterte jedoch (vgl. *Schema 52*). Die ungewöhnliche Stabilität dieser Verbindungsklasse konnte bislang nicht erklärt werden. Weitere Versuche zur Entschützung müssen daher ebenso folgen wie die Prüfung weiterer, bisher nicht reproduzierter Synthesemethoden.

7 Experimenteller Teil

7.1 Analytik und allgemeine Arbeitsmethoden

Schmelzpunktbestimmungen: Die Bestimmung der Schmelzpunkte erfolgte in einer Apparatur nach Dr. TOTTOLI mit dem Gerät Büchi Melting Point B-540, Fa. Büchi Laboratoriumstechnik AG, Flawil, Schweiz.[167] Die angegebenen Schmelzpunkte sind unkorrigiert und, sofern nicht anders angegeben, bei einem Temperaturgradienten von 1 °C·min^{-1} gemessen.

Kernmagnetische Resonanzspektroskopie (NMR): Die Kernresonanzspektren wurden in der spektroskopischen Abteilung des OTTO-DIELS-Instituts für Organische Chemie gemessen mit den folgenden Geräten:

- Bruker AC200   (^{1}H, 200.1 MHz; ^{13}C, 50.3 MHz)
- Bruker ARX300   (^{1}H, 300.1 MHz; ^{13}C, 75.5 MHz)
- Bruker DRX 500   (^{1}H, 500.1 MHz; ^{13}C, 125.8 MHz)
- Bruker AV 600   (^{1}H, 600.1 MHz; ^{13}C, 150.9 MHz)

Fa. Bruker Analytische Messtechnik GmbH, Karlsruhe

Chemische Verschiebungen werden in δ **p**arts **p**er **m**illion (ppm) angegeben. Dem jeweilgen Datensatz werden Messfrequenz, Lösungsmittel und Referenzsubstanz vorangestellt.

Die Feinstruktur der ^{1}H-NMR-Signale wird als Initial der jeweiligen Bezeichnung für Singulett bis Septett angegeben. Ausnahmen bilden „qui" für Quintett, „sext" für Sextett und „sep" für Septett. Multipletts werden mit „m" bezeichnet. Breiten Signalen wird zusätzlich ein „br" vorangestellt. Die Protonen werden, sofern nicht abweichend erwähnt, durch die sie tragenden Kohlenstoffatome gemäß IUPAC-Nomenklatur oder die jeweils abgebildete

Nummerierung (z. B. H-1), der sie beinhaltenden funktionelle Gruppe (z. B. CHO) oder Kombination dessen indiziert. Die Nummerierung der Atome in den abgebildeten Strukturformeln ist nicht zwingend mit der Nummerierung nach IUPAC identisch. Kopplungskonstanten werden in allen Fällen auf eine Dezimalstelle kaufmännisch gerundet in Hertz (Hz) angegeben.

Die ^{13}C-NMR Verschiebungen wurden den ^{1}H-Breitbandentkoppelten (BB) Spektren (composite pulse decoupling, CPD) entnommen. Die Zahl der direkt gebundenen Protonen konnte für die Kohlenstoffatome durch zusätzliche DEPT 135 Experimente ermittelt werden. Die ^{13}C-NMR-Signale werden mit „C_p" für primäre, „C_s" für sekundäre, „C_t" für tertiäre und „C_q" für quartäre Kohlenstoffatome bezeichnet. Kohlenstoffatome werden gemäß IUPAC-Nomenklatur, der jeweils abgebildeten Nummerierung (z. B. C-1), die sie beinhaltende Gruppe (z. B. Ar-H, CHO) oder Kombination dessen indiziert. Die Nummerierung der Atome in den abgebildeten Strukturformeln ist nicht zwingend mit der Nummerierung nach IUPAC identisch.

Die Auswertung der Spektren erfolgte mit dem Programm MestReC, Mestrelab Research in der jeweils aktuellen Programmversion.[168] Bei Spektren höherer Ordnung wird, soweit eine Auswertung nach 1.Ordnung noch zulässig ist, die angenäherte Signalform angegeben. Eine weitere Strukturaufklärung und eindeutige Zuordnung der Protonen zu den jeweiligen Kohlenstoffatomen erfolgte, sofern nötig, unter Verwendung zweidimensionaler Messmethoden (COSY, HSQC, HMBC).[169]

Infrarotspektroskopie (IR): Die Infrarotspektren wurden mit dem FT-IR Spectrometer Paragon 1000, Fa. PerkinElmer, Überlingen, aufgenommen.

Zur Messung wurde die Probensubstanz entweder in eine Kaliumbromidmatrix (KBr) eingebettet oder im Falle flüssiger Proben ein Film zwischen Kaliumbromid-Einkristalle (Film) aufgetragen. Im späteren Verlauf der Arbeit wurde eine ATR-Meßeinheit (Golden Gate ATR MK II Series, Specac Inc., Smyrna, USA) verwendet.

Die Lage der Schwingungsbanden wird in Wellenzahlen $\tilde{\nu}$ (cm^{-1}) angegeben und die Intensität der Banden als Initial der jeweiligen englischen Bezeichnungen für stark (s), mittelstark (m) und schwach (w) sowie breit (br) vorangestellt. Eine Zuordnung der Schwingungen zu funktionellen Gruppen erfolgt nur dann, wenn sie eindeutig vorgenommen werden kann. Anmerkung: Vergleichende Messungen haben ergeben, dass die Intensitäten der Schwingungsbanden im Bereich großer Wellenzahlen von der Messmethode abhängig sind. Die Verwendung der ATR-Einheit liefert im Bereich zwischen 4000 und 1000 cm^{-1} verglichen mit Messungen in einer Kaliumbromidmatrix Signale von deutlich geringerer Intensität. Dies ist ein gerätebedingtes Artefakt durch den Verlust von etwa 90 % der eingestrahlten LASER-Energie in der ATR-Einheit. Die Intensitätsangaben, die aus Messungen unter Verwendung der ATR-Einheit gewonnen wurden, sind daher nur bedingt mit Messungen unter Verwendung einer Kaliumbromidmatrix vergleichbar, da ohnehin schwache Banden teilweise nicht mehr detektierbar waren.

UV/Vis-Spektroskopie (UV/Vis): UV/Vis-Spektren wurden unter Verwendung des UV/Vis-Spectrometers Lambda 14, Fa. Perkin-Elmer, Überlingen, gemessen. Zur Berechnung des molaren Absorptionskoeffizienten wurden mindestens drei Messungen mit unterschiedlich verdünnten Substanzlösungen angefertigt. Für die Messungen kamen ausschließlich kommerziell erhältliche Lösungsmittel für spektroskopische Zwecke zum Einsatz. Als Behältnis für Proben und Referenz dienten Quarzküvetten der Fa. PerkinElmer mit einer Schichtdicke von 1 cm.

Fluoreszenzspektroskopie: Zur Messung der Fluoreszenzspektren wurde das Luminescence-Spectrometer LS 55, Fa. PerkinElmer, Überlingen, verwendet. Lösungsmittel wurden vor Verwendung von Sauerstoff befreit (s. Lösungsmittel). Die Proben wurden in allseitig klaren Quarzküvetten der Fa. PerkinElmer vermessen, wobei das Fluoreszenzlicht in einem Winkel von 90° zum Anregungslicht detektiert wurde.

Niedrigauflösende und hochauflösende Massenspektrometrie (MS / HR-MS): Die massenspektrometrischen Untersuchungen wurden durch die spektroskopische Abteilung des OTTO-DIELS-Instituts für Organische Chemie durchgeführt. Es kamen dabei die folgenden Geräte zum Einsatz:

Elektronenstoßionisation (EI, 70 eV) oder Chemische Ionisation (CI, Isobutan)

- MAT 8000
- MAT 8200
- MAT 8230

Fa. Finnigan, Bremen
Elektrosprayionisation (ESI)

- Mariner 5280

Fa. Applied Biosystems, Carlsbad, USA.

Die Signalintensitäten werden im prozentualen Verhältnis zum Basissignal angegeben, wobei die Massen der Ionen bei niedrigauflösenden Massenspektren kaufmännisch auf ganze Zahlen gerundet angegeben sind. Sofern Fragmentionen eindeutig identifiziert werden konnten, werden sie in eckigen Klammern benannt.

Elementaranalysen (EA): Die Elementaranalysen wurden am Institut für Anorganische Chemie, Christian-Albrechts-Universität zu Kiel ausgeführt. Es wurde der Euro EA, Elemental Analyser, Fa. EuroVector S.p.A., Mailand, Italien, für die Analysen verwendet.

Röntgenstrukturanalysen (X-Ray): Die Einkristallstrukturen wurden am Institut für Anorganische Chemie in der Arbeitsgruppe von Priv.-Doz. Dr. NÄTHER angefertigt. Die Proben wurden mit Molybdän-Kα-Strahlung der Wellenlänge 71.073 pm bestrahlt, die resultierenden Reflexe wurden mittels eines Image Plate Diffraction Systems (IPDS) der Firma STOE & Cie GmbH, Darmstadt, detektiert. Die Auswertung der Daten erfolgte mit dem Programm SHELXS-97.[170]

Dünnschichtchromatographie (DC): Dünnschichtchromatogramme wurden auf DC-Plastikfolien, Kieselgel 60, F_{254}, Merck KGaA, Art. 1.05750.0001 oder Macherey-Nagel Polygram® SIL G/UV_{254} Fertigfolien ausgeführt.

Die Chromatogramme wurden durch Betrachtung bei Wellenlängen von $\lambda = 254$ nm oder $\lambda = 366$ nm ausgewertet. Ergänzend wurden Alkohole, Aldehyde, Ketone und Carbonsäuren durch Anfärben mit Vanillin / Schwefelsäure und Erwärmen auf 150 °C detektiert. Weitere Reagenzien zur Anfärbung spezieller Substanzen sind im Einzelfall genannt.[171]

Flash-Säulenchromatographie und Säulenchromatographie:[172] Als stationäre Phase wurde Kieselgel 60, Firma Merck KGaA, Korngröße 0.040-0.063 mm verwendet. Die Beschickung lag bei etwa 100 g Kieselgel pro 1 g Rohprodukt, die Dimension der jeweiligen Chromatographiesäule wurde der Substanzmenge angepasst. Fraktionsgrenzen wurden, wenn möglich, durch direkte Detektion mit Hilfe einer UV-Lampe ($\lambda = 366$ nm) oder indirekt durch fraktionierende Chromatographie mit anschließender DC-Kontrolle bestimmt. Bei der Flash-Säulenchromatographie wurde eine Erhöhung der Flussrate des Elutionsmittels durch 0.2 bar Überdruck erzielt. Die Säulen wurden in üblicher Weise nach Suspendierung des Kieselgels in dem verwendeten Laufmittel nass geschüttet und nachfolgend konditioniert. In einigen Fällen wurde wegen Löslichkeitsproblemen die Chromatographiesäule trocken gepackt und konditioniert. Die zu trennende Substanz wurde dann auf Kieselgel aufgezogen und ebenfalls trocken auf die Säule aufgegeben. Elution erfolgte hier ausschließlich mit *n*-Hexan unter Anlegen eines Überdrucks.

Säulenfiltrationen wurden unter Verwendung von Aluminiumoxid, Firma Acros Organics, 50-200 µm, (Alox sauer, neutral oder basisch, keine definierte Aktivität nach Brockmann) durchgeführt.

Analytische HPLC: Es wurde das HPLC-System 1100/1200 der Fa. Agilent Technologies, USA verwendet. Die Laufmittel wurden in einem automatischen Laufmittelentgaser (G1379A) von Luft befreit und in einer binären Pumpe (G1312A) gemischt. Die Detektion von eluierten Substanzen erfolgte mit einem Dioden-Array-Detektor (G1315G). Als stationäre Phase diente eine Säule des Typs Kromasil 100 C18 10 µm, 250 x 4 mm, der Fa. MZ-Analysentechnik GmbH, Mainz.

Lösungsmittel: Alle nicht-absolutierten Lösungsmittel wurden vor Gebrauch destilliert (Rotationsverdampfer). Absolutierte Lösungsmittel wurden nach den üblichen Methoden gereinigt und getrocknet.[173]
Entgaste Lösungsmittel für fluoreszenzspektroskopische Zwecke wurden durch wiederholtes Einfrieren, Evakuieren (< 10^{-2} mbar) und Auftauen erhalten.[172] Für allgemeine Zwecke wurde gelöster Sauerstoff durch Einleiten von Stickstoff unter gleichzeitiger Verwendung eines Ultraschallbads aus den Lösungsmitteln entfernt.

Reagenzien und Materialien: Die verwendeten Ausgangssubstanzen sowie spezielle Reagenzien und angefertigte Apparaturen wurden kommerziell von folgenden Herstellern bezogen:

ABCR GmbH & Co. KG, Karlsruhe, Deutschland
Acros Organics, Geel, Belgien
Carl Roth GmbH & Co. KG, Karlsruhe, Deutschland
Merck KGaA, Darmstadt, Deutschland
Nanocyl S. A., Sambreville, Belgien
Sigma-Aldrich Chemie GmbH, München, Deutschland
Strem Chemicals Inc. Kehl, Deutschland

TCI Deutschland GmbH, Eschborn, Deutschland

Erich Eydam KG, Kiel, Deutschland

Glasgerätebau Ochs GmbH, Bovenden / Lenglern, Deutschland

7.2 Allgemeine Arbeitsvorschriften

7.2.1 Allgemeine Arbeitsvorschrift AAV 1: Darstellung ethinylsubstituierter Aromaten aus Anthrachinon (Anthron, Bianthron)

3 Äq. Alkin wurden in abs. THF unter Kühlung in einer Eis-Kochsalz-Mischung vorgelegt und durch Zusatz von 3.5 Äquivalenten n-Butyllithium deprotoniert. Die resultierende Lösung wurde nachfolgend mit 1 Äquivalent Anthrachinon versetzt und 20 h refluxiert. Nach Neutralisation, Extraktion mit Ethylacetat und Entfernung des Lösungsmittels wurde der erhaltene Rückstand in Eisessig gelöst, mit einer Lösung von 5 Äquivalenten Zinn(II)-chlorid-Dihydrat in Eisessig / konz. Salzsäure versetzt und 5 h bei 50 °C gerührt. Nach Versetzen mit Ethylacetat, Entfernen des Zinn(IV)-hydroxids, Waschen mit Wasser und Neutralisation mit Natriumhydrogencarbonat wurde die org. Phase über Magnesiumsulfat getrocknet, filtriert und das Lösungsmittel i. Vak. abgezogen. Sofern sich Umkristallisation zur Reinigung als nicht suffizient erwies, wurde das Produkt chromatographisch aufgereinigt. Bei Verwendung von Anthron sind die eingesetzten Mengen für Alkin und Butyllithium zu halbieren.

7.2.2 Allgemeine Arbeitsvorschrift AAV 2: Darstellung ethinylsubstituierter Aromaten durch SONOGASHIRA-Reaktion in THF

1 mol % Bis(triphenylphosphin)palladium(II)-chlorid, 2.5 mol % Kupfer(I)-iodid und 5 mol % Triphenylphosphin pro Mol zu substituierendes Halogen wurden in einem Gemisch gleicher Volumenanteile THF und Diisopropylamin gelöst und im Ultraschallbad durch Stickstoffeinleitung von Sauerstoffspuren befreit. Nachfolgend wurde der jeweilige Halogenaromat zugesetzt, das Gemisch 10 min auf 50 °C erwärmt und erneut von Sauerstoff befreit. Nachfolgend wurde das Alkin zugefügt, das Reaktionsgemisch 10-20 h refluxiert und anschließend filtriert. Das Filtrat wurde sofern nicht anders angegeben i. Vak. bis zur Trockene eingeengt, zur Entfernung von Aminresten unter Verwendung von Dichlormethan über ein Aluminiumoxidpolster (Alox sauer) filtriert und das Rohprodukt nach Entfernung des Lösungsmittels chromatographisch gereinigt. Die prozentualen Mengenangaben für das Katalysatorsystem beziehen sich jeweils auf ein Äquivalent zu substituierendes Halogen und

können im Einzelfall abweichen. Die genauen Mengen sind der jeweiligen Vorschrift zu entnehmen.

7.2.3 Allgemeine Arbeitsvorschrift AAV 3: Darstellung ethinylsubstituierter Aromaten durch SONOGASHIRA-Reaktion in DMF

Bis(triphenylphosphin)palladium(II)-chlorid (1 mol %), Kupfer(I)-iodid (2.5 mol %), Triphenylphosphin (5 mol %) und feinst gemörsertes Kaliumcarbonat (250 mol %) wurden in DMF unter Verwendung eines Ultraschallbades suspendiert und mit einer entgasten Lösung des Halogenaromaten in Toluol versetzt. Das Reaktionsgemisch wurde unter Rühren auf 80 °C erwärmt, nach 30 min das Alkin zugesetzt und 4 h bei 130 °C gehalten. Nach Abtrennung der unlöslichen Bestandteile wurde das Filtrat mit n-Pentan oder Dichlormethan versetzt und so lange mit Wasser gewaschen, bis das DMF vollständig entfernt war. Die org. Phase wurde nach Trocknung über Magnesiumsulfat und Filtration i. Vak. bis zur Trockene eingeengt und der Rückstand wie einzeln angegeben aufgearbeitet. Die prozentualen Mengenangaben für das Katalysatorsystem und die Base beziehen sich jeweils auf ein Äquivalent zu substituierendes Halogen und können im Einzelfall abweichen. Die genauen Mengen sind der jeweiligen Vorschrift zu entnehmen.

7.3 Synthesen

7.3.1 Darstellung der Halogenanthracene

7.3.1.1 9,10-Dichloranthracen 12

2.00 g (11.2 mmol) Anthracen wurden mit 11.7 g (56.0 mmol) Phosphorpentachlorid in einem dickwandigen Reagenzglas 10 min zur Schmelze erhitzt. Der erkaltete Schmelzkuchen wurde zunächst in Ethanol gegeben und nach Abklingen der Reaktion mit Wasser versetzt. Der aufschwimmende gelbe Feststoff wurde abfiltriert und aus Ethanol umkristallisiert.

Ausb.: 2.00 g (8.09 mmol, 72 %)   Lit.: -
Schmp.: 207 °C   Lit.:[55] 207-209 °C

Charakterisierung von 9,10-Dichloranthracen:

¹H-NMR (200 MHz, CDCl$_3$, TMS): δ = 8.55 (dd, ^3J = 8.9 Hz, ^4J = 1.1 Hz, 4 H, H-1, 4, 5, 8), 7.64 (dd, ^3J = 8.0 Hz, ^4J = 1.0 Hz, 4 H, H-2, 3, 6, 7) ppm.

7.3.1.2 9-Bromanthracen 14[29]

355 g (1.99 mol) aus Toluol umkristallisiertes Anthracen wurden in 3 l Chloroform suspendiert und unter gutem Rühren und Kühlung in einer Eis-Kochsalzmischung innerhalb von 30 min mit einer Lösung aus 102 ml (318 g, 1.99 mol) Brom in 90 ml Chloroform versetzt. Nach 1 h wurde der ausgefallene hellbraune Feststoff abgesaugt, mit 400 ml eiskaltem Chloroform gewaschen und an der Luft getrocknet. Es wurden 646 g (1.91 mol) 9,10-Dibrom-9,10-dihydroanthracen erhalten. Letzteres zersetzte sich unter stetiger Entwicklung von Bromwasserstoff langsam bei Raumtemp. und wurde ohne Aufarbeitung in 2500 ml Toluol unter Zusatz von 6.50 g (69.0 mmol) Phenol suspendiert, 5 d in einem Kolben mit Gasableitung gerührt und abschließend unter Einleitung eines leichten Stickstoffstroms 2 h auf 60 °C erwärmt. Nachfolgend wurde das Lösungsmittel i. Vak. weitgehend entfernt. Der ausfallende gelbe Feststoff wurde abgesaugt und die Mutterlauge verworfen. Das Rohprodukt wurde aus Chloroform umkristallisiert und in Form kurzer, hellgelber Nadeln erhalten.

Ausb.: 445 g (1.73 mol, 87 %) Lit.:[29] 94 %
Schmp.: 99 °C Lit.:[29] 98-99 °C

Charakterisierung von 9-Bromanthracen:

^{1}H-NMR (500 MHz, CDCl$_3$, TMS): δ = 8.51 (d, ^3J = 8.9 Hz, 2 H, H-1, 8), 8.43 (s, 1 H, H-10), 7.99 (d, ^3J = 8.5 Hz, 2 H, H-4, 5), 7.61-7.58 (m, 2 H, H-2, 7), 7.51-7.48 (m, 2 H, H-3, 6) ppm.
^{13}C-NMR (125 MHz, CDCl$_3$, TMS): δ = 132.15 (C$_q$, C-4a, 10a), 130.58 (C$_q$, C-8a, 9a), 128.58 (C$_t$, C-4, 5), 127.62 (C$_t$, C-1, 8), 127.18 (C$_t$, C-2, 7), 127.09 (C$_t$, C-10), 125.62 (C$_t$, C-3, 6), 122.34 (C$_q$, C-9) ppm.

MS (EI, 70 eV): m/z (%) [Frag.]: 258 (99) / 256 (100) [M⁺], 176 (44) [M - Br].
MS (CI, pos. Isobutan): m/z (%) [Frag.]: 257 (100) / 259 (97) [MH⁺].
IR (KBr): $\tilde{\nu}$ = 3432.2 (br m), 3045.7(w), 1622.9 (m), 1438.2 (m), 1308.4 (m), 1258.4 (s), 918.1 (m), 883.7 (s), 837.8 (m), 767.7 (m), 726.0 (s) cm⁻¹.

7.3.1.3. 9,10-Dibromanthracen 16[31]

35.6 g (0.200 mol) umkristallisiertes Anthracen wurden in 800 ml Chloroform gelöst und bei 60 °C tropfenweise mit 21.0 ml (65.5 g, 0.410 mol) Brom versetzt. Die Bromzugabe wurde beendet, sobald sich eine deutlich sichtbare Rotfärbung des Reaktionsgemischs einstellte. Zur Vervollständigung der Umsetzung wurde der Reaktionsansatz noch 30 min unter Rückfluss erhitzt. Beim Abkühlen kristallisierten lange, gelbe Nadeln, die abgesaugt und mit 100 ml eiskaltem Chloroform gewaschen wurden.

Ausb.: 57.3 g (0.171 g, 86 %)   Lit.:[175] 83-88 %
Schmp.: 220 °C   Lit.:[175] 220-222 °C

Charakterisierung von 9,10-Dibromanthracen:

¹H-NMR (500 MHz, CDCl₃, TMS): δ = 8.59 (dd, ³*J* = 6.8 Hz, ⁴*J* = 3.2 Hz, 4 H, H-1, 4, 5, 8), 7.63 (dd, ³*J* = 6.8 Hz, ⁴*J* = 3.2 Hz, 4 H, H-2, 3, 6, 7) ppm.
¹³C-NMR (125 MHz, CDCl₃, TMS): δ = 131.08 (C_q, C-4a, 8a, 9a, 10a), 128.30 (C_t, C-1, 4, 5, 8), 127.48 (C_t, C-2, 3, 6, 7), 123.55 (C_q, C-9, 10) ppm.
MS (EI, 70 eV): m/z (%) [Frag.]: 338 (49) / 336 (100) / 334 (50) [M⁺], 176 (66) [M - 2 Br].

MS (CI, pos. Isobutan): m/z (%) [Frag.]: 339 (45) / 337 (92) / 335 (47) [MH$^+$], 259 (100) / 257 (100) [MH - Br].

IR (KBr): $\tilde{\nu}$ = 3438.8 (br m), 1621.1(m), 1436.2 (m), 1303.9 (s), 1255.6 (s), 925.8 (s), 746.4 (s) cm^{-1}.

7.3.1.4 9,10-Diiodanthracen 17

In einem frisch ausgeheizten Dreihalskolben wurden 9.00 g (26.8 mmol) 9,10-Dibromanthracen bei Raumtemp. unter Stickstoffatmosphäre in 180 ml abs. Diethylether suspendiert und innerhalb von 15 min mit 30.0 ml (75.0 mmol) n-Butyllithium (2.5 M Lösung in n-Hexan) versetzt. Nach 15 min wurden zu der nun orangen Suspension 22.0 g (86.7 mmol) Iod in kleinen Portionen zugefügt. Nach Beendigung der Umsetzung wurde das tiefbraune Reaktionsgemisch viermal mit je 25 ml 25proz. Natriumthiosulfatlösung und abschließend zweimal mit je 50 ml Wasser gewaschen, wobei darauf geachtet wurde, den ausgefallenen gelben Feststoff jeweils im Scheidetrichter zu belassen. Die Etherphase wurde verworfen und der in der wässr. Phase suspendierte Feststoff durch Extraktion mit Chloroform abgetrennt. Die vereinigten Chloroformextrakte wurden über Magnesiumsulfat getrocknet, filtriert und eingeengt. Das Produkt fiel in Form intensiv gelber Nadeln aus und war hinreichend rein für weitere Umsetzungen.

Ausb.: 4.03 g (9.37 mmol, 35 %)   Lit.:[33] 50 %
Schmp.: 247 °C   Lit.:[176] 254 - 255 °C

Charakterisierung von 9,10-Diiodanthracen:

¹H-NMR (600 MHz, CDCl$_3$, TMS): δ = 8.55 (dd, ^3J = 6.8 Hz, ^4J = 3.2 Hz, 4 H, H-1, 4, 5, 8), 7.60 (dd, ^3J = 6.8 Hz, ^4J = 3.2 Hz, 4 H, H-2, 3, 6, 7) ppm.
¹³C-NMR (150 MHz, CDCl$_3$, TMS): δ = 134.42 (C$_t$, C-1, 4, 5, 8), 134.14 (C$_q$, C-4a, 8a, 9a, 10a), 127.95 (C$_t$, C-2, 3, 6, 7), 108.72 (C$_q$, C-9, 10) ppm.
MS (EI, 70 eV): m/z (%) [Frag.]: 430 (100) [M$^+$], 303 (17) [M - I], 176 (60) [M - 2 I].
MS (CI, pos. Isobutan): m/z (%) [Frag.]: 431 (26) [MH$^+$], 430 (32) [M$^+$], 304 (100) [MH - I].
IR (KBr): $\tilde{\nu}$ = 3448.0 (br m), 2952.3 (br m), 1434.7 (m), 1249.0 (s), 911.2 (m), 746.8 (s) cm^{-1}.

7.3.1.5 9-Brom-10-iodanthracen 19

6.72 g (20.0 mmol) 9,10-Dibromanthracen wurden in 150 ml abs. Diethylether suspendiert und bei Raumtemp. tropfenweise mit 9.00 ml (22.5 mmol) *n*-Butyllithium (2.5 M in *n*-Hexan) versetzt. Nach weiteren 30 min wurde das Reaktionsgemisch in drei Portionen mit insgesamt 7.61 g (30.0 mmol) Iod versetzt und weitere 60 min gerührt. Nachfolgend wurde mit 100 ml 25proz. Natriumthiosulfatlösung ausgeschüttelt und der hierbei präzipitierende, gelbe Feststoff mit der wäßrigen Phase abgezogen. Die org. Phase wurde verworfen und das Produkt aus der wässr. Phase durch Extraktion mit Chloroform isoliert. Nach Umkristallisation aus Chloroform wurde das Produkt in Form gelber Nadeln erhalten. Zur Reinheitskontrolle wurde aufgrund der geringen Differenz der Schmelzpunkte von 9,10-Dibromanthracen und 9-Brom-10-iodanthracen die Methode der gemischten Schmelzpunkte unter Verwendung einer authentischen Probe des Produkts angewandt. Es konnte hierbei keine Schmelzpunkterniedrigung festgestellt werden.

Ausb.: 4.16 g (10.9 mmol, 55 %) Lit.:[177] 82 %
Schmp.: 222 °C Lit.:[177] 219-220 °C

Charakterisierung von 9-Brom-10-iodanthracen:

^{1}**H-NMR** (300 MHz, CDCl$_3$, TMS): δ = 8.61-8.52 (m, 4 H, H-1, 4, 5, 8), 7.66-7.58 (m, 4 H, H-2, 3, 6, 7) ppm.

^{13}**C-NMR** (75 MHz, CDCl$_3$, TMS): δ = 134.18 (C$_q$, C-4a, 10a), 134.04 (C$_t$, C-4, 5) 130.90 (C$_q$, C-8a, 9a), 128.53 (C$_t$, C-1, 8), 127.95 (C$_t$, C-3, 6), 127.46 (C$_t$, C-2, 7), 109.53 (C$_q$, C-9), 106.42 (C$_q$, C-10) ppm.

MS (EI, 70 eV): m/z (%) [Frag.]: 384 (90) / 382 (90) [M$^+$], 257 (16) / 255 (15) [M - I], 176 (100) [M - Br, - I].

MS (CI, pos. Isobutan): m/z (%) [Frag.]: 385 (46) / 383 (49) [MH$^+$], 304 (49) [MH - Br], 258 (100) / 256 (92) [MH - I].

IR (ATR): $\tilde{\nu}$ = 1617.4 (w), 1431.8 (m), 1246.7 (m), 1027.2 (m), 913.3 (m), 742.0 (s), 602.7 (w), 569.1 (s) cm^{-1}.

7.3.2 Macrocyclisierungsversuche

7.3.2.1 10-Brom-9-formylanthracen 24[178]

In 150 ml abs. Diethylether wurden 6.72 g (20.0 mmol) 9,10-Dibromanthracen unter Stickstoffatmosphäre suspendiert und tropfenweise mit 10.0 ml (25.0 mmol) *n*-Butyllithium (2.5 M in *n*-Hexan) versetzt. Die resultierende orangefarbene Suspension wurde für 15 min bei Raumtemp. gerührt und dann mit 4.00 ml (3.80 g, 52.0 mmol) DMF versetzt. Die nun gelbe

Suspension wurde 12 h bei Raumtemp. gerührt und nach Hydrolyse mit 100 ml 20proz. Citronensäurelösung mit 200 ml Dichlormethan extrahiert. Die org. Phase wurde zweimal mit je 50 ml Wasser und abschließend mit ges. Ammoniumchloridlösung gewaschen, über Magnesiumsulfat getrocknet und i. Vak. vom Lösungsmittel befreit. Nach Rekristallisation aus Chloroform wurde das Produkt hinreichend rein in Form eines gelben, kristallinen Feststoffs erhalten.

Ausb.: 4.05 g (14.2 mmol, 71 %)   Lit.:[178] 68 %
Schmp.: 218 °C   Lit.:[179] 218 °C

Charakterisierung von 10-Brom-9-formylanthracen:

^{1}H-NMR (500 MHz, CDCl$_3$, TMS): δ = 11.49 (s, 1 H, CHO), 8.91-8.83 (m, 2 H, H-1, 8), 8.69-8.61 (m, 2 H, H-4, 5), 7.73-7.60 (m, 4 H, H-2, 3, 6, 7) ppm.
^{13}C-NMR (125 MHz, CDCl$_3$, TMS): δ = 193.29 (C$_t$, CHO), 131.93 (C$_q$, C-8a, 9a), 131.83 (C$_q$, C-4a, 10a), 130.26 (C$_q$, C-9), 129.01 (C$_t$, C-4, 5), 128.90 (C$_t$, C-3, 6), 127.38 (C$_t$, C-2, 7), 125.66 (C$_q$, C-10), 123.82 (C$_t$, C-1, 8) ppm.
MS (EI, 70 eV): m/z (%): 286 (71) / 284 (72) [M$^+$], 257 (12) / 255 (12) [M - CO], 205 (24) [M - Br], 176 (100) [M - CHO, - Br].
MS (CI, pos. Isobutan): m/z (%): 287 (98) / 285 (100) [MH$^+$].
IR (ATR): $\tilde{\nu}$ = 1670.5 (m, C=O), 1541.5 (m), 1435.4 (m), 1388.8 (m), 1244.0 (m), 1041.7 (m), 894.9 (m), 746.0 (s) cm^{-1}.

7.3.2.2 9,10-Diformylanthracen 26

3.36 g (10.0 mmol) 9,10-Dibromanthracen wurden unter Stickstoffatmosphäre in 75 ml abs. Diethylether suspendiert und bei Raumtemp. mit 20 ml (50 mmol) *n*-Butyllithium (2.5 M in *n*-Hexan) versetzt. Die resultierende braunorange Suspension wurde noch 20 min bei Raumtemp. gerührt und nachfolgend so mit 5.00 ml (5.75 g, 49.9 mmol) NFM versetzt, dass das Reaktionsgemisch mäßig siedete. Nachfolgend wurde für 1 h refluxiert und dann über Nacht bei Raumtemp. gerührt. Die resultierende gelbe, dickflüssige Suspension wurde mit wässr. Ammoniumchloridlösung hydrolysiert, ausfallender Feststoff durch Zugabe von Ethylacetat wieder in Lösung gebracht und die org. Phase mehrfach mit Wasser gewaschen. Nach Trocknen über Magnesiumsulfat wurde das Lösungsmittel am Rotationsverdampfer entfernt und der resultierende orangefarbene Feststoff chromatographisch gereinigt (Kieselgel, Eluent Dichlormethan / *n*-Hexan 7:3, $R_f = 0.45$). Nach Entfernung des Lösungsmittels wurde das Produkt in Form langer, orangefarbener Nadeln erhalten.

Ausb.: 0.940 g (4.01 mmol, 40 %) Lit.:[39c] 50 %
Schmp.: 242 °C Lit.:[38d] 240-243 °C

Charakterisierung von 9,10-Diformylanthracen:

1H-NMR (600 MHz, CDCl$_3$, TMS): δ = 11.45 (s, 2 H, CHO), 8.71 (dd, ^3J = 6.9 Hz, ^4J = 3.3 Hz, 4 H, H-1, 4, 5, 8), 7.68 (dd, ^3J = 6.9 Hz, ^4J = 3.2 Hz, 4 H, H-2, 3, 6, 7) ppm.
13C-NMR (150 MHz, CDCl$_3$, TMS): δ = 194.19 (C$_t$, −CHO), 131.72 (C$_q$, C-4a, 8a, 9a, 10a), 130.14 (C$_q$, C-9, 10), 128.32 (C$_t$, C-1, 4, 5, 8), 124.21 (C$_t$, C-2, 3, 6, 7) ppm.

MS (EI, 70 eV): m/z (%) [Frag.]: 234 (80) [M$^+$], 205 (75) [M - CO], 194 (84), 149 (73), 112 (100).
MS (CI, pos. Isobutan): m/z (%) [Frag.]: 235 (100) [MH$^+$].
IR (ATR): $\tilde{\nu}$ = 1665.7 (s, C=O), 1443.3 (m), 1345.8 (m), 1275.9 (m), 1016.9 (m), 885.6 (m), 742.5 (s) cm^{-1}.

7.3.2.3 9-(Hydroxymethyl)anthracen 35[180]

2.00 g (9.70 mmol) 9-Formylanthracen wurden in 10 ml Methanol gelöst und mit 700 mg (18.5 mmol) Natriumborhydrid versetzt. Nach Zugabe von 2 Tropfen Wasser wurde das Reaktionsgemisch 2 h zum Rückfluss erhitzt und nach dem Abkühlen mit 50 ml verd. Salzsäure hydrolysiert. Das Produkt wurde abgesaugt, mit Wasser gewaschen und nach Trocknung i. Vak. aus Toluol umkristallisiert. Der Alkohol wurde als hellgelber kristalliner Feststoff erhalten.

Ausb.: 1.89 g (9.08 mmol, 94 %)   Lit.:[181] 70 %
Schmp.: 162-163 °C   Lit.:[181] 156-158 °C

Charakterisierung von 9-(Hydroxymethyl)anthracen:

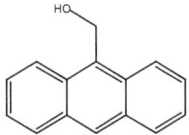

^{1}H-NMR (300 MHz, DMSO-$d6$, DMSO): δ = 8.57 (s, 1 H, H-10), 8.46 (d, ^3J = 8.9 Hz, 2 H, H-1, 8), 8.09 (d, ^3J = 9.7 Hz, 2 H, H-4, 5), 7.60-7.49 (m, 4 H, H-2, 3, 6, 7), 5.45 (d, ^3J = 5.1 Hz, 2 H, CH$_2$), 5.33 (d, ^3J = 5.2 Hz, 1 H, OH) ppm.
^{13}C-NMR (75 MHz, DMSO-$d6$, DMSO): δ = 132.85 (C$_q$, C-8a, 9a), 131.00 (C$_q$, C-4a, 10a), 129.72 (C$_q$, C-9), 128.64 (C$_t$, C-4, 5), 126.99 (C$_t$, C-10), 125.74 (C$_t$, C-2, 7), 125.00 (C$_t$, C-1, 8), 124.75 (C$_t$, C-3, 6), 55.25 (C$_s$, CH$_2$OH) ppm.

MS (EI, 70 eV): m/z (%) [Frag.]: 208 (55) [M$^+$], 191 (26) [M - OH], 179 (100) [M - CH$_2$O].
MS (CI, pos. Isobutan): m/z (%) [Frag.]: 209 (8) [MH$^+$], 208 (15) [M], 191 (100) [M - OH].

7.3.2.4 9-(Brommethyl)anthracen 33

Zu einer Lösung aus 1.95 g (9.36 mmol) 9-(Hydroxymethyl)anthracen in 100 ml abs. Toluol wurden 5.00 ml (14.4 g, 53.2 mmol) Phosphortribromid zugetropft, wobei eine intensive Gelbfärbung auftrat. Nach 30 min. Rühren wurde das Reaktionsgemisch mit 200 ml Wasser gewaschen, die org. Phase abgezogen und zur Trockene eingeengt. Das Rohprodukt wurde aus Toluol umkristallisiert und als gelber Feststoff erhalten.

Ausb.: 2.39 g (8.81 mmol, 94 %)   Lit.:[50] quant.
Schmp.: 145 °C (Zers.)   Lit.:[50] 139-140 °C

Charakterisierung von 9-(Brommethyl)anthracen:

^{1}H-NMR (500 MHz, CDCl$_3$, TMS): δ = 8.49 (s, 1 H, H-10), 8.30 (d, ^3J = 8.9 Hz, 2 H, H-1, 8), 8.04 (d, ^3J = 8.5 Hz, 2 H, H-4, 5), 7.66-7.62 (m, 2 H, H-2, 7), 7.51-7.48 (m, 2 H, H-3, 6), 5.54 (s, 2 H, CH$_2$Br) ppm.
^{13}C-NMR (125 MHz, CDCl$_3$, TMS): δ = 131.57 (C$_q$, C-4a, 10a), 129.70 (C$_q$, C-8a, 9a), 129.25 (C$_t$, C-10), 129.17 (C$_t$, C-4, 5), 127.84 (C$_q$, C-9), 126.77 (C$_t$, C-2, 7), 125.35 (C$_t$, C-3, 6), 123.49 (C$_t$, C-1, 8), 26.94 (C$_s$, CH$_2$Br) ppm.
MS (EI, 70 eV): m/z (%) [Frag.]: 272 (3) / 270 (3) [M$^+$], 191 (100) [M - Br].
MS (CI, pos. Isobutan): m/z (%) [Frag.]: 193 (100) [MH$^+$ + H, - Br].
IR (ATR): $\tilde{\nu}$ = 2364.5 (m), 1440.7 (m), 1192.6 (m), 879.7 (m), 836.6 (m), 783.9 (m), 725.4 (s), 545.3 (s), 483.8 (s) cm^{-1}.

7.3.2.5 (Anthracen-9-ylmethyl)triphenylphosphoniumbromid 27

In 100 ml Xylol wurden 542 mg (2.00 mmol) 9-(Brommethyl)anthracen und 786 mg (3.00 mmol) Triphenylphosphin gelöst und 60 min bei 130 °C gerührt. Der feine, hellgelbe Niederschlag wurde abgesaugt und mit Diethylether gewaschen.

Ausb.: 950 mg (1.78 mmol, 89 %)   Lit.:[50] >90 %
Schmp.: 280-285 °C (Zers.)   Lit.:[50] 280 °C (Zers.)

Charakterisierung von (Anthracen-9-ylmethyl)triphenylphosphoniumbromid :

IR (ATR): $\tilde{\nu}$ = 2360.4 (m), 1427.9 (m), 1400.9 (m), 1102.3 (m), 992.4 (m), 903.5 (m), 853.4 (m), 720.5 (s), 688.6 (s), 486.0 (s) cm^{-1}.

7.3.2.6 9-Brom-10-(brommethyl)anthracen 132[182]

2.60 g (10.1 mmol) 9-Bromanthracen wurden in 30 ml Eisessig gelöst und zu einer Lösung aus 1.00 g (33.3 mmol) Paraformaldehyd in 20.0 ml (110 mmol) Bromwasserstoff (33proz. Lösung in Eisessig) zugefügt. Nach 3 h Rühren bei 50 °C wurde das Produkt durch Zusatz von 50 ml Methanol präzipitiert. Der gelbe Feststoff wurde abgesaugt, mit Eisessig, verd. Natriumhydrogencarbonatlösung und abschließend mit Wasser gewaschen und nach Trocknung i. Vak. aus Toluol umkristallisiert.

Ausb.: 2.32 g (6.63 mmol, 66 %)   Lit.:[183] 43 %
Schmp.: 195 °C   Lit.:[183] 198-200 °C

Charakterisierung von 9-Brom-10-(brommethyl)anthracen:

¹H-NMR (500 MHz, CDCl$_3$, TMS): δ = 8.64 (d, ^3J = 8.3 Hz, 2 H, H-1, 8), 8.71 (d, ^3J = 8.7 Hz, 2 H, H-4, 5), 7.70-7.62 (m, 4 H, H-2, 3, 6, 7), 5.52 (s, 2 H, CH$_2$Br) ppm.

¹³C-NMR (125 MHz, CDCl$_3$, TMS): δ = 130.61 (C$_q$, C-4a, 10a), 130.26 (C$_q$, C-8a, 9a), 128.87 (C$_t$, C-2, 7), 127.18 (C$_t$, C-3, 6), 127.02 (C$_t$, C-1, 8), 126.69 (C$_q$, C-10), 124.37 (C$_q$, C-9), 123.87 (C$_t$, C-4, 5), 26.62 (C$_s$, CH$_2$Br) ppm.

MS (EI, 70 eV): m/z (%) [Frag.]: 352 (4) / 350 (8) / 348 (4) [M$^+$], 271 (89) / 269 (88) [M - Br], 189 (100) [M - 2 Br].

MS (CI, pos. Isobutan): m/z (%) [Frag.]: 273 (43) / 271 (57) [MH$^+$ - Br], 193 (100).

IR (ATR): $\tilde{\nu}$ = 1438.8 (m), 1254.2 (w), 1192.3 (m), 1029.5 (w), 898.0 (m), 777.4 (m), 752.7 (s), 664.0 (m), 596.2 (m), 589.9 (m), 509.9 (s) cm^{-1}.

7.3.2.7 [(10-Bromanthracen-9-yl)methyl]triphenylphosphoniumbromid 28

Eine Lösung aus 700 mg (2.00 mmol) 9-Brom-10-(brommethyl)anthracen und 1.00 g (3.81 mmol) Triphenylphosphin in 100 ml Toluol wurde 1 h refluxiert. Der ausgefallene hellgelbe, kristalline Niederschlag wurde abgesaugt, mit Diethylether gewaschen und getrocknet.

Ausb.: 974 mg (1.59 mmol, 80 %)   Lit.: -
Schmp.: 296 °C (Zers.)   Lit.: -

Charakterisierung von [(10-Bromanthracen-9-yl)methyl]triphenylphosphoniumbromid:

¹H-NMR (200 MHz, CD$_3$OD): δ = 8.58-8.54 (m, 2 H, H-1, 8), 7.96-7.91 (m, 2 H, H-4, 5), 7.82-7.72 (m, 4 H, H-2, 3, 6, 7), 7.55-7.47 (m, 15 H, Ph–H), 5.93 (d, ^2J = 14.6 Hz, 2 H, CH$_2$) ppm.

MS (ESI): m/z (%) [Frag.]: 533 (19) / 531 (14) [M - Br], 271 (88) / 269 (100) [M - C$_{18}$H$_{15}$BrP], 191 (22) [M - C$_{18}$H$_{15}$Br$_2$P].

ESI-MS: C$_{33}$H$_{25}$^{79}BrP$^+$ ber. 531.0877, gef. 531.0872 (-0.9 ppm)

C$_{32}$^{13}CH$_{25}$^{79}BrP$^+$ ber. 532.0911, gef. 532.0906 (-0.9 ppm)

C$_{33}$H$_{25}$^{81}BrP$^+$ ber. 533.0857, gef. 533.0857 (0.0 ppm)

C$_{32}$^{13}CH$_{25}$^{81}BrP$^+$ ber. 534.0890, gef. 534.0887 (0.7 ppm)

IR (ATR): $\tilde{\nu}$ = 2360.1 (m), 1429.9 (m), 1413.5 (m), 1325.5 (m), 1259.7 (m), 1103.2 (m), 993.7 (m), 901.6 (m), 732.8 (s), 689.5 (s), 499.4 (s) cm^{-1}.

7.3.2.8 9,10-Bis(brommethyl)anthracen 32

8.00 g (266 mmol) Paraformaldehyd wurden bei Raumtemp. in 100 ml (551 mmol) Bromwasserstoff (33proz. Lösung in Eisessig) gelöst und nachfolgend 8.00 g (44.9 mmol) Anthracen in die viskose Lösung eingetragen. Bei Erwärmen des Reaktionsgemischs auf 50 °C für 3 h bildete sich ein dichter, gelber Niederschlag, der abgesaugt, mit Eisessig, verd. Natriumhydrogencarbonatlösung und abschließend mit Wasser gewaschen wurde. Nach Trocknung i. Vak. wurde das Rohprodukt aus Toluol umkristallisiert und in Form eines gelben Feststoffs erhalten.

Ausb.: 12.0 g (33.0 mmol, 73 %) Lit.:[42] 64 %
Schmp.: > 250 °C (Zers.) Lit.:[42] 170 °C (Zers.)

Charakterisierung von 9,10-Bis(brommethyl)anthracen:

¹H-NMR (500 MHz, DMSO-$d6$, DMSO): δ = 8.52 (dd, ^3J = 6.9 Hz, ^4J = 3.2 Hz, 4 H, H-1, 4, 5, 8), 7.75 (dd, ^3J = 6.9 Hz, ^4J = 3.2 Hz, 4 H, H-2, 3, 6, 7), 5.82 (s, 4 H, CH$_2$Br) ppm.
¹³C-NMR (125 MHz, DMSO-$d6$, DMSO): δ = 130.71 (C$_q$, C-4a, 8a, 9a, 10a), 128.93 (C$_q$, C-9, 10), 126.56 (C$_t$, C-2, 3, 6, 7), 124.62 (C$_t$, C-1, 4, 5, 8), 28.18 (C$_s$, CH$_2$Br) ppm.
MS (EI, 70 eV): m/z (%) [Frag.]: 366 (1) / 364 (1) / 362 (1) [M$^+$], 285 (7) / 283 (7) [M - Br], 204 (100) [M - 2 Br].
MS (CI, pos. Isobutan): m/z (%) [Frag.]: 205 (100) [MH$^+$ - 2 Br].
IR (ATR): $\tilde{\nu}$ = 3043.8 (br, w), 1952.3 (w), 1525.7 (m), 1469.7 (m), 1440.2 (m), 1191.6 (s), 1108.0 (m), 1029.9 (m), 777.2 (s), 758.7 (s), 663.9 (s), 593.8 (s), 505.1 (s) cm^{-1}.

7.3.2.9 [(Anthracen-9,10-diyl)methyl]triphenylphosphoniumbromid 29

Eine Lösung aus 910 mg (2.50 mmol) 9,10-Bis(brommethyl)anthracen und 1.97 g (7.51 mmol) Triphenylphosphin in 80 ml Toluol wurde 2 h refluxiert und nachfolgend filtriert. Nach Waschen mit *n*-Pentan und Diethylether lag das Produkt als feiner, hellgelber Feststoff vor.

Ausb.: 1.92 g (2.16 mmol, 86 %) Lit.: -
Schmp.: 296 °C (Zers.) Lit.: -

Charakterisierung von [(Anthracen-9,10-diyl)methyl]triphenylphosphoniumbromid:

^{1}**H-NMR** (500 MHz, CD$_3$OD): δ = 7.89 (dd, ^3J = 6.8 Hz, ^4J = 3.3 Hz, 4 H, H-1, 4, 5, 8), 7.77-7.74 (m, 6 H, Ph−H-4), 7.54-7.48 (m, 24 H, Ph−H-2, 3, 5, 6), 7.02 (dd, ^3J = 6.9 Hz, ^4J = 3.1 Hz, 4 H, H-2, 3, 6, 7), 5.98 (d, ^2J = 13.0 Hz, 4 H, CH$_2$) ppm.

MS (ESI): m/z (%) [Frag.]: 466 (12) [M - C$_{18}$H$_{15}$Br$_2$P], 465 (29) [M - C$_{18}$H$_{16}$Br$_2$P], 294 (52), 262 (100) [C$_{18}$H$_{15}$P], 261 (88) [C$_{18}$H$_{14}$P], 183 (80).

IR (ATR): $\tilde{\nu}$ = 1436.6 (m), 1108.7 (m), 995.4 (w), 732.2 (s), 716.8 (m), 683.6 (s), 521.0 (s), 501.5 (m) cm^{-1}.

7.3.2.10 1,2-Di(10-bromanthracen-9-yl)ethen 25

Variante 1: McMurry-Kupplung[45]

Ein auf -76 °C gekühltes Gemisch aus 15 ml abs. THF und 1.10 ml (1.90 g, 10.0 mmol) Titan(IV)-chlorid wurde mit 654 mg (10.0 mmol) Zinkstaub versetzt und für 10 min in einem Ultraschallbad behandelt. Nach Versetzen mit 713 mg (2.50 mmol) 10-Brom-9-formylanthracen (Suspension in 20 ml THF) und 0.5 ml Pyridin wurde das Reaktionsgemisch zunächst 6 h bei Raumtemp. und dann 20 h bei 80 °C gerührt. Nach Filtration und Hydrolyse wurde das Rohprodukt chromatographisch an Kieselgel (Eluent Dichlormethan, R_f = 0.75) gereinigt. Das Produkt fiel in Form gelber Kristalle an.

Ausb.: 242 mg (450 µmol, 36 %)   Lit.: -
Schmp.: 273-274 °C   Lit.:[48] 278-280 °C

Variante 2: WITTIG-Reaktion[47]

130 mg (456 µmol) 10-Brom-9-formylanthracen, 300 mg (490 µmol) [(10-Bromanthracen-9-yl)methyl]triphenylphosphoniumbromid und 20.0 mg (75.7 µmol) [18]-Krone-6 wurden in 40 ml Dichlormethan gelöst, auf -76 °C gekühlt und mit 70 mg frisch pulverisiertem Kaliumhydroxid versetzt. Nach Entfernen der Kühlung wurde 12 h gerührt. Nach Filtration wurde das Lösungsmittel abgezogen und der Rückstand chromatographisch (Kieselgel, Eluent Dichlormethan, R_f = 0.75) gereinigt.

Ausb.: 76.0 mg (141 µmol, 31 %)   Lit.: -
Schmp.: 275 °C   Lit.:[48] 278-280 °C

Charakterisierung von 1,2-Di(10-bromanthracen-9-yl)ethen:

¹H-NMR (500 MHz, CDCl$_3$): δ = 8.68 (d, ^3J = 8.9 Hz, 4 H, H-4, 5), 8.62 (d, ^3J = 8.8 Hz, 4 H, H-1, 8), 7.80 (s, 2 H, H-11), 7.69-7.56 (m, 8 H, H-2, 3, 6, 7) ppm.

¹³C-NMR (125 MHz, CDCl$_3$, TMS): δ = 134.11 (C$_t$, C-11), 133.12 (C$_q$, C-8a, 9a), 130.49 (C$_q$, 4a, 10a), 130.38 (C$_t$, C-9), 128.46 (C$_t$, C-1, 8), 127.13 (C$_t$, C-2, 7), 126.21 (C$_t$, C-3, 6), 126.18 (C$_t$, C-4, 5), 123.24 (C$_q$, C-9) ppm.

MS (EI, 70 eV): m/z (%) [Frag.]: 540 (36) / 538 (66) / 536 (35) [M$^+$], 459 (33) / 457 (33), 378 [M - Br], (100) [M - 2 Br].

7.3.2.11 [n]-Cyclo(9,10-anthrylen)ethen 133

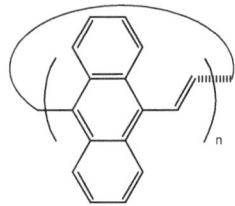

Variante 1: MCMURRY-Kupplung

a) in THF:[45]

In 100 ml abs. THF wurden bei -76 °C nacheinander 8.00 ml (13.8 g, 72.7 mmol) Titan(IV)-chlorid, 4.60 g (81.5 mmol) Zinkstaub, 400 mg (1.71 mmol) 9,10-Diformylanthracen und 2 ml Pyridin eingetragen. Nach 2 h Ultraschallbehandlung wurde das Reaktionsgemisch 24 h refluxiert. Es wurde kein Produkt erhalten.

b) in DME / Toluol:[184]

Mengen Analog zu a). Es konnte kein Produkt isoliert werden.

Variante 2: WITTIG-Reaktion

a) mit Lithiumethanolat in Ethanol:[37]

Aus 438 mg (63.1 mmol) von Krusten befreitem Lithium und 50 ml abs. Ethanol wurde eine Alkoholatlösung hergestellt, die über einen Tropftrichter einem Gemisch aus 475 mg (2.03 mmol) 9,10-Diformylanthracen und 2.03 g (2.28 mmol) [(Anthracen-9,10-diyl)methyl]triphenylphosphoniumbromid in 400 ml abs. Ethanol zugesetzt wurde. Nach beendeter Zugabe wurde das Reaktionsgemisch 24 h refluxiert. Es konnte kein Produkt isoliert werden.

b) mit Kaliumhydroxid in Dichlormethan:[47]

582 mg (2.48 mmol) 9,10-Diformylanthracen, 2.31 g (2.60 mmol) [(Anthracen-9,10-diyl)methyl]triphenylphosphoniumbromid und 100 mg [18]-Krone-6 wurden in 300 ml Dichlormethan gelöst, auf -40 °C gekühlt und mit 1.34 g (23.9 mmol) fein gepulvertem Kaliumhydroxid versetzt. Das Reaktionsgemisch wurde bei Raumtemp. 48 h gerührt und nachfolgend filtriert. In dem Filtrat konnten lediglich Anthracen, Anthrachinon und Triphenylphosphinoxid nachgewiesen werden.

7.3.3 Macrocyclisierungen mit propinalsubstituierten Anthracenen

7.3.3.1 9-Acetylanthracen 52

In einem Dreihalskolben mit KPG-Rührer wurden 25.0 g (140 mmol) Anthracen in 200 ml Dichlormethan suspendiert und mit 60.0 ml (66.0 g, 841 mmol) Acetylchlorid versetzt. Nach Kühlung auf -40 °C wurden 38.0 g (285 mmol) wasserfreies Aluminiumtrichlorid portionsweise so zugesetzt, dass die Temp. des Reaktionsansatzes nicht über -20 °C stieg. Nach 30 min Rühren wurde der kirschrote Keton-Aluminiumchlorid-Komplex abgesaugt, mit 50 ml eiskaltem Dichlormethan gewaschen und auf 500 ml Eis gegeben. Das Rohprodukt kristallisierte nach Ansäuern mit 100 ml konz. Salzsäure aus der org. Phase aus und wurde durch zweifaches Umkristallisieren aus Dichlormethan gereinigt.

Ausb.: 21.6 g (981 mmol, 70 %)   Lit.:[53] 57-60 %
Schmp.: 76 °C   Lit.:[53] 75-76 °C

Charakterisierung von 9-Acetylanthracen:

¹H-NMR (300 MHz, CDCl$_3$, TMS): δ = 8.45 (s, 1 H, H-10), 8.05-8.01 (m, 2 H, H-1,8), 7.86-7.82 (m, 2 H, H-4,5), 7.55-7.46 (m, 4 H, H-2, 3, 6, 7), 2.82 (s, 3 H, CH$_3$) ppm.

¹³C-NMR (75 MHz, CDCl$_3$, TMS): δ = 208.15 (C$_t$, C=O), 136.67 (C$_q$, C-9), 131.02 (C$_q$, C-4a, 10a), 128.79 (C$_t$, C-4, 5), 128.18 (C$_t$, C-10), 126.74 (C$_t$, C-2, 7), 126.55 (C$_q$, C-8a, 9a), 125.46 (C$_t$, C-3, 6), 124.28 (C$_t$, C-1, 8), 33.85 (C$_p$, CH$_3$) ppm.

MS (EI, 70 eV): m/z (%) [Frag.]: 220 (63) [M$^+$], 205 (100) [M - CH$_3$], 177 (64) [M - CH$_3$CO].

MS (CI, pos. Isobutan): m/z (%) [Frag.]: 221 (100) [MH$^+$].

IR (ATR): $\tilde{v}$ = 1688.0 (s, C=O), 1357.0 (w), 1188.9 (m), 888.9 (s), 786.1 (m), 727.5 (s), 643.0 (m), 544.4 (s) cm^{-1}.

7.3.3.2 Brenzcatechylphosphortrichlorid 55

In 400 ml abs. Toluol wurden nacheinander 52.0 g (250 mmol) fein gepulvertes Phosphorpentachlorid und 22.0 g (200 mmol) Brenzcatechin eingetragen, wobei es im Verlauf der Reaktion zur stürmischen Entwicklung von Chlorwasserstoff kam. Die nun dunkelbraune Lösung wurde noch 1 h auf 80 °C erhitzt und das Toluol im schwachen Vakuum abgezogen. Der ölige Rückstand wurde durch Abdestillieren des überschüssigen Phosphorpentachlorids und nachfolgendes Anreiben mit Diethylether als schwach gelber, kristalliner Feststoff erhalten. Da sich das Produkt als extrem hygroskopisch und außerordentlich haut- und atemwegreizend herausstellte, wurde auf eine Charakterisierung verzichtet.

Ausb.: 36.9 g (150 mmol, 75 %)   Lit.:[185] 55 %

7.3.3.3 9-(1-Chlorethenyl)anthracen 53

Variante A: Mit Phosphorpentachlorid

Eine Lösung aus 45.8 g (220 mmol) Phosphorpentachlorid und 22.0 g (99.9 mmol) 9-Acetylanthracen in 120 ml abs. Toluol wurde 20 h refluxiert und dann mit 200 ml Eis hydrolysiert. Die org. Phase wurde abgetrennt, mit Wasser (2 x 100 ml), ges. Natriumhydrogencarbonatlösung (1 x 100 ml) und ges. Natriumchloridlösung (1 x 50 ml) gewaschen, über Magnesiumsulfat getrocknet und zur Trockne eingeengt. Der schwarze, zähe Feststoff wurde in n-Pentan aufgenommen und chromatographisch (Kieselgel, Eluent n-Pentan) gereinigt. Neben dem Produkt (R_f = 0.31) wurde 9-Chlor-10-(1-chlorethenyl)anthracen **54** (R_f = 0.25) erhalten.

Produkt 53
Ausb.: 13.1 g (54.9 mmol, 55 %)   Lit.:[54] 25 %
Schmp.: 55-57 °C   Lit.:[54] 78 °C

Nebenprodukt 54
Ausb.: 4.79 g (17.5 mmol, 18 %)   Lit.: -
Schmp.: 76 °C (Grad. = 2 °C·min^{-1})   Lit.: -

Variante B: mit Brenzcatechylphosphortrichlorid

24.5 g (99.8 mmol) Brenzcatechylphosphortrichlorid und 22.0 g (99.9 mmol) 9-Acetylanthracen wurden innig vermörsert und in einem Rundkolben unter Feuchtigkeitsausschluss 5 h bei 100 °C gerührt. Das resultierende schwarze Öl wurde in

100 ml Diethylether aufgenommen, mit Wasser hydrolysiert und nach Neutralisation mit Kaliumhydrogencarbonatlösung und Trocknung über Magnesiumsulfat zur Kristallisation im Eisschrank aufbewahrt. Aus der Lösung schieden sich innerhalb von 3 d große, bernsteinfarbene Prismen ab, die mit wenig eiskaltem Diethylether gewaschen wurden.

Ausb.: 10.5 g (44.0 mmol, 44 %)   Lit.:[57] 54 %
Schmp.: 55-57 °C   Lit.:[57] 60-61 °C

Charakterisierung von 9-(1-Chlorethenyl)anthracen:

^{1}**H-NMR** (200 MHz, CDCl$_3$, TMS): δ = 8.48 (s, 1 H, H-10), 8.30-8.24 (m, 2 H, H-1, 8), 8.03-7.98 (m, 2 H, H-4, 5), 7.59-7.44 (m, 4 H, H-2, 3, 6, 7), 6.20 (d, ^2J = 1.2 Hz 1 H, H-12), 5.63 (d, ^2J = 1.2 Hz 1 H, H-12), ppm.

^{13}**C-NMR** (50 MHz, CDCl$_3$, TMS): δ = 135.88 (C$_q$, C-9), 132.63 (C$_q$, C-4a, 10a), 131.21 (C$_q$, C-11), 128.80 (C$_q$, C-8a, 9a), 128.51 (C$_t$, C-4, 5), 128.42 (C$_t$, C-10), 126.46 (C$_t$, C-2, 7), 125.52 (C$_t$, C-3, 6), 125.40 (C$_t$, C-1, 8), 120.21 (C$_s$, C-12) ppm.

MS (EI, 70 eV): m/z (%) [Frag.]: 240 (8) / 238 (26) [M$^+$], 203 (100) [M − Cl], 202 (68) [M − HCl].

MS (CI, pos. Isobutan): m/z (%) [Frag.]: 241 (21) / 239 (58) [MH$^+$], 205 (46), 203 (100).

IR (KBr): $\tilde{\nu}$ = 3051.8 (w), 1632.8 (s), 1441.9 (m), 1157.9 (m), 1121.0 (s), 893.8 (s), 787.8 (s), 732.6 (s), 612.9 (m) cm^{-1}.

7.3.3.4 9-(2,2-Dibromethen-1-yl)anthracen 47

Zu einem auf 0 °C gekühlten Gemisch aus 10.5 g (40.0 mmol) Triphenylphosphin, 4.12 g (20.0 mmol) 9-Formylanthracen und 30 ml abs. Dichlormethan wurde innerhalb von 30 min eine Lösung aus 7.63 g (23.0 mmol) Tetrabrommethan in 10 ml Dichlormethan zugetropft. Nach 2 h wurde vom ausgefallenen farblosen Feststoff abfiltriert und das Filtrat in 500 ml siedendes n-Hexan gegossen. Die Lösung wurde abdekantiert, der gummiartige Bodensatz in wenig Dichlormethan gelöst und erneut mit n-Hexan digeriert. Dieser Vorgang wurde noch sechsmal durchgeführt. Die vereinigten Hexanextrakte wurden eingeengt, das Produkt fiel in würfelförmigen, gelben Kristallen aus.

Ausb.: 4.77 g (13.2 mmol, 66 %)   Lit.:[186] 30 %
Schmp.: 138.0-138.5 °C   Lit.:[186] 140 °C

Charakterisierung von 9-(2,2-Dibromethen-1-yl)-anthracen:

^{1}**H-NMR** (500 MHz, CDCl$_3$, TMS): δ = 8.48 (s, 1 H, H-10), 8.10 (s, 1 H, H-11), 8.07-8.05 (m, 2 H, H-1, 8), 8.03-8.01 (m, 2 H, H-4, 5), 7.56-7.47 (m, 4 H, H-2, 3, 6, 7) ppm.
^{13}**C-NMR** (125 MHz, CDCl$_3$, TMS): δ = 135.45 (C$_t$, C-11), 131.30 (C$_q$, C-4a, 10a), 130.07 (C$_q$, C-9), 128.79 (C$_t$, C-4, 5), 128.60 (C$_q$, C-8a, 9a), 127.84 (C$_t$, C-10), 126.29 (C$_t$, C-2, 7), 125.45 (C$_t$, C-1, 8), 125.36 (C$_t$, C-3, 6), 95.35 (C$_q$, C-12) ppm.
MS (EI, 70 eV): m/z (%) [Frag.]: 364 (12) / 362 (24) / 360 (12) [M$^+$], 202 (100) [M - 2 Br].
MS (CI, pos. Isobutan): m/z (%) [Frag.]: 203 (100) [MH$^+$].
IR (ATR): $\tilde{\nu}$ = 1239.1 (w), 883.9 (m), 815.9 (w), 766.2 (s), 720.9 (m), 547.2 (m), 483.2 (s), cm^{-1}.

7.3.3.5 9-Brom-10-(2,2-dibromethen-1-yl)anthracen 49

Analog zu **54** wurden 5.77 g (22.0 mmol) Triphenylphosphin, 7.30 g (22.0 mmol) Tetrabrommethan und 2.50 g (8.77 mmol) 10-Brom-9-formylanthracen zur Reaktion gebracht und aufgearbeitet. Das Produkt fiel als dunkelgelber, feinpulvriger Feststoff an.

Ausb.: 1.86 g (4.22 mmol, 48 %) Lit.:[177] 95 %
Schmp.: 183 °C Lit.: -

Charakterisierung von 9-Brom-10-(2,2-dibromethen-1-yl)-anthracen:

^{1}**H-NMR** (500 MHz, CDCl$_3$, TMS): δ = 8.59 (d, ^3J = 8.4 Hz, 2 H, H-4, 5), 8.08 (d, ^3J = 8.1 Hz, 2 H, H-1, 8), 8.04 (s, 1 H, H-11), 7.64-7.56 (m, 4 H, H-2, 3, 6, 7) ppm.

^{13}**C-NMR** (125 MHz, CDCl$_3$, TMS): δ = 135.03 (C$_t$, C-11), 130.76 (C$_q$, C-10), 130.30 (C$_q$, C-8a, 9a), 129.24 (C$_q$, C-4a, 10a), 128.35 (C$_t$, C-1, 8), 127.26 (C$_t$, C-2, 7*), 126.56 (C$_t$, C-3, 6*), 125.75 (C$_t$, C-4, 5), 124.21 (C$_q$, C-9), 95.57 (C$_q$, C-12) ppm.

(* Die Zuordnung der Signale kann vertauscht sein.)

MS (EI, 70 eV): m/z (%) [Frag.]: 444 (13) / 442 (40) / 440 (43) / 438 (14) [M$^+$], 282 (83) / 280 (87) [M - 2 Br], 200 (100) [M - 3 Br].

MS (CI, pos. Isobutan): m/z (%) [Frag.]: 445 (27) / 443 (75) / 441 (75) / 439 (21) [MH$^+$], 339 (73) / 337 (81) [M - 2 Br, + *i*-Bu], 283 (100) / 281 (89).

IR (ATR): $\tilde{\nu}$ = 1434.3 (m), 1325.9 (m), 1256.3 (m), 898.0 (m), 858.5 (m), 831.0 (m), 748.6 (s), 653.3 (m), 574.5 (m), 507.8 (m) cm^{-1}.

7.3.3.6 9,10-Bis(2,2-dibromethenyl)anthracen 48

Analog **54** wurden 1.17 g (5.00 mmol) 9,10-Diformylanthracen, 6.56 g (25.0 mmol) Triphenylphosphin und 4.97 g (15.0 mmol) Tetrabrommethan miteinander umgesetzt und aufgereinigt. Das Produkt kristallisierte als feiner, hellgelber Feststoff.

Ausb.: 696 mg (1.27 mmol, 25 %) Lit.:[41] 98 %
Schmp.: 242 °C Lit.:[41] 214-216 °C

Charakterisierung von 9,10-Bis(2,2-dibromethen-1-yl)-anthracen:

¹H-NMR (200 MHz, CDCl$_3$, TMS): δ = 8.16-8.07 (m, 6 H, H-1, 4, 5, 8, 11), 7.54-7.48 (m, 4 H, H-2, 3, 6, 7) ppm.
¹³C-NMR (50 MHz, CDCl$_3$, TMS): δ = 135.37 (C$_t$, C-11), 131.51 (C$_q$, C-4a, 8a, 9a, 10a), 128.73 (C$_t$, C-9, 10), 126.38 (C$_t$, C-1, 4, 5, 8), 125.95 (C$_t$, C-2, 3, 6, 7), 95.67 (C$_q$, C-12) ppm.
MS (EI, 70 eV): m/z (%) [Frag.]: 550 (4) / 548 (14) / 546 (21) / 544 (14) / 542 (4) [M$^+$], 388 (6) / 386 (12) / 384 (6) [M - 2 Br], 307 (10) / 305 (11) [M - 3 Br], 226 (100) [M - 4 Br].
MS (CI, pos. Isobutan): m/z (%) [Frag.]: 551 (16) / 549 (66) / 547 (100) / 545 (69) / 543 (18) [MH$^+$], 389 (26) / 387 (52) / 385 (26) [M - 2 Br].
IR (ATR): $\tilde{\nu}$ = 1435.9 (w), 1231.2 (w), 858.0 (m), 791.6 (w), 753.6 (s), 644.3 (m), 592.5 (m), 489.1 (m) cm^{-1}.

7.3.3.7 Dimethyl-2-oxopropylphosphonat 67

Eine Suspension aus 164 g (988 mmol) Kaliumiodid in 200 ml Aceton und 250 ml Acetonitril wurde innerhalb von 30 min tropfenweise mit 78.0 ml (89.7 g, 969 mmol) Chloraceton und nach 1 h mit 116 ml (122 g, 983 mmol) Trimethylphosphit versetzt. Nach 12 h Rühren bei Raumtemp. wurde noch 1 h auf 50 °C erwärmt, nachfolgend über ein Celite®-Polster filtriert und das Lösungsmittel am Rotationsverdampfer entfernt. Der Rückstand wurde i. Vak. fraktionierend destilliert.

Ausb.: 65.6 g (395 mmol, 41 %)   Lit.:[60] 62 %
Sdp.: 75 °C / 2.5 mtorr   Lit.:[60] 69-70 °C / 0.47 mbar

Charakterisierung von Dimethyl-2-oxopropylphosphonat:

¹H-NMR (300 MHz, CDCl$_3$, TMS): δ = 3.80 (d, ^2J = 11.2 Hz, 6 H, H-4), 3.11 (d, ^2J = 11.4 Hz, 2 H, H-1), 2.33 (s, 3 H, H-3) ppm.
¹³C-NMR (75 MHz, CDCl$_3$, TMS): δ = 199.62 (C$_q$, C-2), 52.98 (C$_p$, J = 6.4 Hz, C-4), 42.17 (C$_s$, C-1), 31.36 (C$_p$, C-3) ppm.
MS (ESI): m/z (%) [Frag.]: 166 (30) [M⁺], 151 (44) [M - CH$_3$], 124 (100) [M - C$_2$H$_2$O], 109 (57) [M - C$_2$H$_3$O].
MS (CI, pos. Isobutan): m/z (%): 167 (100) [MH⁺].

7.3.3.8 *p*-Acetamidobenzolsulfonylazid 69

90.0 g (385 mmol) *p*-Acetamidobenzolsulfonylchlorid wurden in 700 ml Dichlormethan unter Zusatz von 300 mg Tetrabutylammoniumchlorid suspendiert und nach Zugabe einer Lösung aus 38.0 g (585 mmol) Natriumazid in 200 ml Wasser 12 h bei Raumtemp. gerührt. Nach

Phasentrennung und Waschen der org. Phase mit Wasser wurde das Lösungsmittel entfernt. Das Produkt kristallisierte beim Stehenlassen in Form großer Prismen aus.

Ausb.: 87.6 g (365 mmol, 95 %) Lit.:[60] 91 %
Schmp.: 110-111 °C Lit.: -

Charakterisierung von p-Acetamidobenzolsulfonylazid:

^{1}**H-NMR** (300 MHz, CDCl$_3$, TMS): δ = 7.90 (d, ^3J = 9.0 Hz, 2 H, H-3, 5), 7.78 (d, ^3J = 9.0 Hz, 2 H, H-2, 6), 7.75 (br s, 1 H, NH), 2.25 (s, 3 H, H-8) ppm.

7.3.3.9 Dimethyl-1-diazo-2-oxopropylphosphonat 64 (BESTMANN-OHIRA-Reagenz)

In einem 2-l-Dreihalskolben mit KPG-Rührer wurden unter Stickstoffatmosphäre 56.0 g (0.337 mol) Dimethyl-2-oxopropylphosphonat in 400 ml abs. Toluol vorgelegt und unter intensivem Rühren und Eiskühlung portionsweise mit 13.5 g Natriumhydrid (60proz. Suspension in Mineralöl, entspr. 8.10 g, 0.338 mol) versetzt. Da im Verlauf der Zugabe das sich bildende schaumige Gel nicht mehr suffizient zu rühren war, wurden insgesamt 800 ml *n*-Hexan zugefügt. Nach beendeter Gasentwicklung wurde die dickflüssige Suspension noch 1 h unter Kühlung gerührt und dann über einen Tropftrichter langsam mit einer Lösung aus 81.0 g (0.337 mol) 4-Acetamidobenzolsulfonsäureazid in 200 ml abs. THF versetzt, wobei sich die Rührbarkeit der nun hellbraunen Suspension erheblich verbesserte. Nach 16 h Rühren bei Raumtemp. wurde über ein Celite®-Polster filtriert und der braune Filterkuchen mehrfach mit Diethylether gewaschen. Einengen der gelben Lösung lieferte das Produkt in hinreichender Reinheit in Form eines hellgelben Öls.

Ausb.: 46.6 g (243 mmol, 72 %) Lit.:[60] 77 %

Charakterisierung von Dimethyl-1-diazo-2-oxopropylphosphonat:

¹H-NMR (200 MHz, CDCl$_3$, TMS): δ = 3.85 (d, ^2J = 12.0 Hz, 6 H, H-4), 2.28 (s, 3 H, H-3) ppm.

¹³C-NMR (50 MHz, CDCl$_3$, TMS): δ = 189.78 (C$_q$, C-2), 53.52 (C$_p$, C-4), 27.08 (C$_p$, C-3), 2.52 (C$_q$, C-1) ppm.

MS (EI, 70 eV): m/z (%) [Frag.]: 192 (100) [M$^+$], 164 (34) [M - N$_2$], 150 (22) [M - CH$_2$N$_2$], 135 (11), 127 (50), 109 (75) [M - C$_2$H$_3$N$_2$O].
MS (CI, pos. Isobutan): m/z (%) [Frag.]: 193 (100) [MH$^+$], 165 (96) [M - N$_2$].

7.3.3.10 9-Ethinylanthracen 50

Eine Lösung aus 620 mg (3.01 mmol) 9-Formylanthracen in 100 ml Methanol wurde unter Zusatz von 1.00 g (7.23 mmol) Kaliumcarbonat und 770 mg (4.01 mmol) BESTMANN-OHIRA-Reagenz unter Stickstoffatmosphäre und Lichtausschluss 48 h gerührt, mit 200 ml Wasser versetzt und mit 100 ml *n*-Hexan extrahiert. Nach Filtration über eine kurze Kieselgelsäule (Eluent *n*-Hexan) wurde das Produkt als gelber Feststoff erhalten. Das Produkt war bei Raumtemp. instabil und auch bei -78 °C unter Stickstoffatmosphäre nur bedingt lagerfähig.

Ausb.: 239 mg (1.18 mmol, 39 %)   Lit.: -
Schmp.: 67.5 °C   Lit.: -

Charakterisierung von 9-Ethinylanthracen:

¹H-NMR (200 MHz, CDCl₃, TMS): δ = 8.55 (d, ^3J = 8.4 Hz, 2 H, H-1, 8), 8.38 (s, 1 H, H-10), 7.95 (d, ^3J = 8.2 Hz, 2 H, H-4, 5), 7.59-7.41 (m, 4 H, H-2, 3, 6, 7), 3.95 (s, 1 H, H-12) ppm.
MS (EI, 70 eV): m/z (%) [Frag.]: 202 (100) [M⁺].
MS (CI, pos. Isobutan): m/z (%) [Frag.]: 203 (100) [MH⁺].

7.3.3.11 9,10-Diethinylanthracen 51

120 mg (512 µmol) 9,10-Diformylanthracen wurden in 40 ml Methanol suspendiert und nach Zugabe von 501 mg (3.62 mmol) Kaliumcarbonat und 770 mg (4.01 mmol) BESTMANN-OHIRA-Reagenz **64** unter Stickstoffatmosphäre und Lichtausschluss 48 h gerührt. Nach Hydrolyse und Extraktion mit 100 ml *n*-Hexan polymerisierte das Produkt sowohl beim Entfernen des Lösungsmittels als auch in Lösung. Das Alkin konnte nicht isoliert werden.

7.3.3.12 9-(Prop-2-in-1-al-3-yl)anthracen 44

Variante 1: COREY-FUCHS-Reaktion

Eine Lösung von 360 mg (994 µmol) 9-(2,2-Dibromethenyl)anthracen in 20 ml abs. THF wurde bei -76 °C mit 1.00 ml (2.50 mmol) *n*-Butyllithium (2.5 M Lösung in *n*-Hexan) und nach 20 min mit 300 µl (345 mg, 3.00 mmol) NFM versetzt. Das intensiv orange Reaktionsgemisch wurde über Nacht bei Raumtemp. gerührt und nachfolgend mit ges. Ammoniumchloridlösung hydrolysiert. Nach Trocknung über Magnesiumsulfat und Umkristallisieren aus Dichlormethan / *n*-Hexan 3:1 wurde das Produkt in Form gelber Nadeln erhalten.

Ausb.: 50.4 mg (219 µmol, 22 %)   Lit.:[51] 82 %

Variante 2: Oxidation mit Pyridiniumdichromat (PDC)

465 mg (2.00 mmol) 9-(1-Hydroxyprop-2-in-3-yl)anthracen wurden in 10 ml Dichlormethan gelöst, mit 2.26 g (6.00 mmol) Pyridiniumdichromat versetzt und bei Raumtemp 14 h gerührt. Die dunkelbraune Suspension wurde zunächst über ein Celite®-Polster, dann über eine kurze Aluminiumoxidsäule filtriert und nach Entfernung des Lösungsmittels das Produkt als bräunlichgelber Feststoff erhalten.

Ausb.: 103 mg (447 µmol, 22 %)   Lit.: -
Schmp.: 143-143.5 °C   Lit.:[51] 147-149 °C

Variante 3: Formylierung von 9-Ethinylanthracen

72.0 mg (356 µmol) 9-Ethinylanthracen wurden in 20 ml abs. *n*-Hexan gelöst und mit 500 µl (1.25 mmol) *n*-Butyllithium (2.5 M in *n*-Hexan) versetzt. Nach 5 min. Rühren bei Raumtemp. wurden 100 µl (115 mg, 999 µmol) NFM zugesetzt und das Reaktionsgemisch 5 h gerührt. Nach Waschen mit Wasser wurde die organ. Phase über Magnesiumsulfat getrocknet und das

Lösungsmittel i. Vak. entfernt. Der Rückstand wurde aus Dichlormethan / n-Hexan 3:1 umkristallisiert und ergab das Produkt in Form gelber Nadeln.

Ausb.: 9.8 mg (42.6 µmol, 12 %) Lit.: -

Variante 4: Entschützung von 9-(3,3-Diethoxyprop-1-inyl)anthracen

Eine Lösung aus 1.00 g (6.12 mmol) Trichloressigsäure in 10 ml Acetonitril wurde unter gutem Rühren zu 453 mg (1.49 mmol) 9-(3,3-Diethoxyprop-1-inyl)anthracen in 30 ml Acetonitril bei Raumtemp. zugetropft. Nach 10 min wurde mit 100 ml Wasser versetzt und der ausfallende Feststoff abgesaugt. Nach Kristallisation aus Dichlormethan wurde das Produkt in Form gelber, wolliger Nadeln isoliert.

Ausb.: 301 mg (1.31 mmol, 88 %) Lit.: -
Schmp.: 147.4 °C Lit.:[51] 147-149 °C

Charakterisierung von 9-(Prop-2-in-1-al-3-yl)anthracen:

^{1}**H-NMR** (600 MHz, CDCl$_3$, TMS): δ = 9.72 (s, 1 H, H-13), 8.57 (s, 1 H, H-10), 8.53 (ddd, ^3J = 8.7 Hz, ^4J = 1.9 Hz, ^5J = 0.9 Hz, 2 H, H-1, 8), 8.03 (tdd, ^3J = 8.4 Hz, ^4J = 1.2 Hz, ^5J = 0.7 Hz, 2 H, H-4, 5), 7.65 (ddd, ^3J = 8.7 Hz, ^3J = 6.6 Hz, ^4J = 1.2 Hz, 2 H, H-2, 7), 7.54 (ddd, ^3J = 8.4 Hz, ^3J = 6.6 Hz, ^4J = 1.2 Hz, 2 H, H-3, 6) ppm.

¹³C-NMR (150 MHz, CDCl$_3$, TMS): δ = 176.38 (C$_t$, C-13), 134.43 (C$_q$, C-8a, 9a), 131.97 (C$_t$, C-10), 130.88 (C$_q$, C-4a, 10a), 129.03 (C$_t$, C-4, 5), 128.19 (C$_t$, C-3, 6), 126.14 (C$_t$, C-2, 7), 126.03 (C$_t$, Anthr-C-1, 8), 112.46 (C$_q$, C-9), 99.61 (C$_q$, C-11), 92.38 (C$_q$, C-12) ppm.
MS (EI, 70 eV): m/z (%) [Frag.]: 230 (100) [M$^+$], 202 (51) [M - CO], 201 (21) [M - CHO], 200 (30) [M - CH$_2$O].
MS (CI, pos. Isobutan): m/z (%) [Frag.]: 231 (100) [MH$^+$].
UV/Vis (Acetonitril) λ$_{max.}$ (lg ε): 242 (4.54), 262 (4.53), 372 (3.85), 407 (4.13), 425 (4.09) nm.
IR (ATR): $\tilde{\nu}$ = 2360.3 (s, C≡C), 2163.6 (m), 1638.5 (s, C=O), 1437.8 (m), 1256.3 (m), 1120.8 (m), 929.0 (m), 898.3 (m), 837.9 (m), 728.3 (s) cm^{-1}.
EA: C$_{17}$H$_{10}$O (230.26)   ber. C 88.67, H 4.38
                                            gef. C 88.82, H 4.49

7.3.3.13 10-Brom-9-(prop-2-in-1-al-3-yl)anthracen 39

67.0 mg (175 µmol) 9-Brom-10-(3,3-diethoxyprop-1-inyl)anthracen wurden mit 115 mg (704 µmol) Trichloressigsäure in Acetonitril entschützt. Das Produkt wurde als gelber, pulvriger Feststoff isoliert.

Ausb.: 36.5 mg (118 µmol, 67 %)   Lit.: -
Schmp.: 160.3 °C   Lit.: -

Charakterisierung von 9-Brom-10-(prop-2-in-1-al-3-yl)anthracen:

¹H-NMR (500 MHz, CDCl₃, TMS): δ = 9.72 (s, 2 H, H-13), 8.59-8.55 (m, 4 H, H-1, 4, 5, 8), 7.70-7.65 (m, 4 H, H-2, 3, 6, 7) ppm.

¹³C-NMR (125 MHz, CDCl₃, TMS): δ = 176.21 (C_q, C-13), 134.51 (C_q, C-4a, 10a), 130.22 (C_q, C-8a, 9a), 129.26 (C_q, C-9), 128.66 (C_t, C-4, 5), 128.35 (C_t, C-1, 8), 127.83 (C_t, C-2, 7), 126.48 (C_t, C-3, 6), 113.434 (C_q, C-10), 100.08 (C_q, C-11), 91.50 (C_q, C-12) ppm.

MS (EI, 70 eV): m/z (%) [Frag.]: 310 (100) / 308 (99) [M⁺], 282 (14) / 280 (15) [M - CO], 200 (53) [M - Br, - CHO].

MS (CI, pos. Isobutan): m/z (%) [Frag.]: 309 (59) / 311 (100) [MH⁺].

HR-MS: $C_{17}H_9{}^{79}BrO$ ber. 307.98367, gef. 307.98346 (0.7 ppm)
            $C_{16}{}^{13}CH_9{}^{79}BrO$ ber. 308.98703, gef. 308.98712 (-0.3 ppm)
            $C_{17}H_9{}^{81}BrO$ ber. 309.98163, gef. 309.98167 (-0.1 ppm)
            $C_{16}{}^{13}CH_9{}^{81}BrO$ ber. 310.98499, gef. 310.98506 (-0.2 ppm)

UV/Vis (Acetonitril) λ_max. (lg ε): 243 (4.53), 265 (4.76), 376 (3.89), 414 (4.18), 433 (4.18) nm.

IR (ATR): $\tilde{\nu}$ = 2168.2 (m, C≡C), 1648.1 (s, C=O), 1256.0 (m), 885.3 (m), 750.5 (s), 620.5 (m) cm⁻¹.

7.3.3.14 9,10-Bis(prop-2-in-1-al-3-yl)anthracen 38

Eine Lösung aus 500 mg (1.16 mmol) 9,10-Bis(3,3-diethoxyprop-1-inyl)anthracen in 200 ml Acetonitril wurde zunächst mit so viel Wasser verdünnt, dass eben gerade keine Trübung der Lösung auftrat und dann mit 1.50 g (9.18 mmol) Trichloressigsäure versetzt. Nach 1 h Rühren bei 60 °C wurde der ausgefallene Feststoff abgesaugt, mit Wasser säurefrei gewaschen und getrocknet. Das Produkt fiel als ziegelrotes, feines Pulver, teilweise auch in Form von im Auflicht grün schillernder Plättchen an.

Ausb.: 243 mg (861 mmol, 74 %)   Lit.: -
Schmp.: 168 °C (Zers.)   Lit.: -

Charakterisierung von 9,10-Bis(prop-2-in-1-al-3-yl)anthracen:

¹H-NMR (600 MHz, DMSO-d6): δ = 9.77 (s, 2 H, H-13), 8.62 (dd, ^3J = 6.6 Hz, ^4J = 3.2 Hz, 4 H, H-1, 4, 5, 8), 7.92 (dd, ^3J = 6.6 Hz, ^4J = 3.2 Hz, 4 H, H-2, 3, 6, 7) ppm.

MS (EI, 70 eV): m/z (%) [Frag.]: 282 (100) [M$^+$], 254 (20) [M - CO], 226 (24) [M - 2 CO], 224 (39) [M - 2 CHO].

MS (CI, pos. Isobutan): m/z (%) [Frag.]: 283 (100) [MH$^+$].

HR-MS: $C_{20}H_{10}O_2$ ber. 282.06808, gef. 282.06811 (-0.1 ppm)
          $C_{19}{}^{13}CH_{10}O_2$ ber. 283.07144, gef. 283.07150 (-0.2 ppm)

UV/Vis (Acetonitril) λ$_{max}$ (lg ε): 242 (4.40), 271 (4.52), 292 (4.16), 387 (3.77), 441 (4.19), 456 (4.21) nm.

IR (ATR): $\tilde{\nu}$ = 2864.9 (w), 2358.2 (w, C≡C), 2167.1 (s), 1645.4 (s, C=O), 1435.4 (w), 1379.1 (w), 1101.8 (m), 1048.2 (m), 933.9 (s), 760.4 (s), 740.4 (s), 638.1 (m) cm^{-1}.

EA: $C_{20}H_{10}O_2$ (282.29)   ber. C 85.09, H 3.57
       $C_{20}H_{10}O_2 \cdot 0.233\ H_2O$ ber. C 83.84, H 3.68
                                              gef. C 83.84, H 3.75

7.3.3.15 10,10'-Bis(prop-2-in-1-al-yl)-9,9'-bianthryl 134

152 mg (251 µmol) 10,10'-Bis(3,3-diethoxyprop-1-inyl)-9,9'-bianthryl wurden analog **38** mit 245 mg (1.50 mmol) Trichloressigsäure in Acetonitril entschützt. Das Produkt wurde als goldgelber, pulvriger Feststoff erhalten.

Ausb.: 85.3 mg (186 µmol, 74 %)   Lit.: -
Schmp.: >260 °C (Zers.)   Lit.: -

Charakterisierung von 10,10'-Bis(prop-2-in-1-al-3-yl)-9,9'-bianthryl:

¹H-NMR (600 MHz, CDCl$_3$, TMS): δ = 9.82 (s, 2 H, H-13), 8.75 (d, ^3J = 8.7 Hz, 4 H, H-4, 5), 7.66 (ddd, ^3J = 8.8 Hz, ^3J = 6.5 Hz, ^4J = 1.1 Hz, 4 H, H-3, 6), 7.26 (ddd, ^3J = 8.8 Hz, ^3J = 6.6 Hz, ^4J = 1.1 Hz, 4 H, H-2, 7), 7.10 (d, ^3J = 8.7 Hz, 4 H, H-1, 8) ppm.

¹³C-NMR (150 MHz, CDCl$_3$, TMS): δ = 176.35 (C$_q$, C-13), 137.88 (C$_q$, C-9), 134.03 (C$_q$, C-4a, 10a), 130.85 (C$_q$, C-8a, 9a), 128.24 (C$_t$, C-3, 6), 127.30 (C$_t$, C-1, 8), 127.00 (C$_t$, C-2, 7), 126.55 (C$_t$, C-4, 5), 114.09 (C$_q$, C-10), 100.07 (C$_q$, C-11), 91.91 (C$_q$, C-12) ppm.

MS (EI, 70 eV): m/z (%) [Frag.]: 458 (100) [M$^+$], 430 (15) [M - CO], 429 (15) [M - CHO], 399 (27) [M - 2 CHO, - 2H].

HR-MS: C$_{34}$H$_{18}$O$_2$ ber. 458.13068, gef. 458.13076 (-0.2 ppm)
C$_{33}$^{13}CH$_{18}$O$_2$ ber. 459.13403, gef. 459.13398 (0.1 ppm)

IR (ATR): $\tilde{\nu}$ = 2165.8 (m, C≡C), 1640.4 (m, C=O), 1552.0 (w), 1433.4 (w), 1257.4 (w), 1118.3 (w), 838.4 (w), 760.7 (s), 677.5 (m), 610.1 (m) cm^{-1}.

7.3.3.16 [n]-Cyclo(9,10-ethinylanthrylen)ethen 42

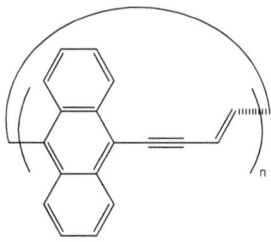

a) in THF[45]

In 300 ml abs. THF wurden bei -76 °C zunächst 5.00 ml (8.65 g, 45.6 mmol) Titan(IV)-chlorid und 2.35 g (41.7 mmol) Zinkstaub vorgelegt und unter Ultraschalleintrag nachfolgend 157 mg (556 µmol) 9,10-Bis(prop-2-in-1-al-3-yl)anthracen und 2 ml Pyridin zugesetzt. Das Reaktionsgemisch wurde zunächst 4 h im Ultraschallbad belassen und dann 10 h auf 60 °C erwärmt. Es konnte nur ein polymeres Material erhalten werden.

b) in DME / Toluol[184]

Analog zu a). Es konnte ebenfalls kein Produkt isoliert werden.

7.3.4 Ethinylierung von 9,10-Dibrom-9,10-dihydroanthracen

7.3.4.1 9,10-Bis(trimethylsilylethinyl)-9,10-dihydroanthracen 135

200 µl (139 mg, 1.42 mmol) Trimethylsilylacetylen wurden in 10 ml THF vorgelegt und mit 1.00 ml (1.60 mmol) *n*-Butyllithium (1.6 M in *n*-Hexan) deprotoniert. Die Lösung des Acetylids wurde dann zu einer Lösung von 225 mg (666 µmol) 9,10-Dibrom-9,10-dihydroanthracen in THF zugesetzt. Nach 5 h Rühren bei Raumtemp. konnte lediglich 9-Bromanthracen erhalten werden.

7.3.5 Diels-Alder-Reaktion an 9,10-Bis(trimethylsilylethinyl)anthracen

7.3.5.1 9,10-Bis(triisopropylsilylethinyl)trypticen 87

Eine Lösung aus 1.82 g (4.91 mmol) 9,10-Bis(trimethylsilylethinyl)anthracen und 3.20 ml (2.78 g, 23.7 mmol) 3-Methylbutyl-1-nitrit (Isoamylnitrit) in 200 ml Diglyme wurde unter Eiskühlung zu einer Lösung aus 2.50 g (18.2 mmol) Anthranilsäure in 100 ml Diglyme langsam zugetropft. Nachfolgend wurde das Reaktionsgemisch 10 h auf 120 °C erhitzt. Es konnte nur 9,10-Bis(trimethylsilylethinyl)anthracen zurückgewonnen werden, das Trypticen war nicht nachweisbar.

7.3.6 Alkinylierung von Anthrachinon

7.3.6.1 *cis*-9,10-Bis(trimethylsilylethinyl)-9,10-dihydroanthracen-9,10-diol 88a und *trans*-9,10-Bis(trimethylsilylethinyl)-9,10-dihydroanthracen-9,10-diol 88b

Eine Lösung aus 1.00 ml (700 mg, 7.13 mmol) Trimethylsilylacetylen in 30 ml abs. Toluol wurde bei 0 °C mit 5.00 ml (8.00 mmol) *n*-Butyllithium (1.6 M Lösung in *n*-Hexan) und nach 30 min mit 521 mg (2.50 mmol) Anthrachinon versetzt. Das Reaktionsgemisch wurde 24 h bei Raumtemp. gerührt. Nach Verdünnen mit Ethylacetat wurde mit verd. Citronensäurelsg. neutralisiert und abschließend mit ges. Natriumchloridlsg. gewaschen. Die org. Phase wurde über Magnesiumsulfat getrocknet, filtriert und das Lösungsmittel i. Vak. entfernt. Der braune Feststoff wurde aus 2 ml Dichlormethan umkristallisiert. Das Produkt lag als Gemisch der Isomere vor. Das Verhältnis von *cis*- zu *trans*-Isomer wurde aus dem ^{1}H-NMR-Spektrum mit 1:8 ermittelt. Eine Trennung der Isomere war auch durch präparative Dünnschichtchromatographie nicht möglich.

Ausb.: 720 mg (1.78 mmol, 71 %)* Lit.:[74] >68 %
Schmp.: - °C Lit.: -

(*Die angegebene Ausbeute bezieht sich auf das Isomerengemisch.)

Charakterisierung von 9,10-Bis(phenylethinyl)-9,10-dihydroanthracen-9,10-diol:

^{1}**H-NMR** (300 MHz, CDCl$_3$): δ = 8.06 (dd, ^3J = 5.9 Hz, ^4J = 3.4 Hz, 4 H, H-1, 4, 5, 8)*, 7.48 (dd, ^3J = 5.8 Hz, ^4J = 3.4 Hz, 4 H, H-2, 3, 6, 7)*, 3.15 (s, 2 H, OH)*, 0.17 (s, 18 H, H-13) ppm. (*Die Signale des *cis*-Isomers sind nicht identifizierbar.)

7.3.6.2 *cis*-9,10-Bis(phenylethinyl)-9,10-dihydroanthracen-9,10-diol 90a

Zu einer Lösung von 1.40 ml (1.30 g, 12.7 mmol) Phenylacetylen in 40 ml abs. Toluol wurden bei Raumtemp. unter gutem Rühren 8.00 ml (12.8 mmol) *n*-Butyllithium (1.6 M Lösung in *n*-Hexan) zugetropft. Nach 30 min wurden 520 mg (2.50 mmol) Anthrachinon in einer Portion zugesetzt und zunächst 14 h bei Raumtemp., dann 3 h bei 50 °C gerührt. Die weiße Suspension wurde mit Ethylacetat verdünnt, mit verdünnter Citronensäurelsg. neutralisiert und abschließend mit ges. Natriumchloridlsg. gewaschen. Nach Trocknung über Magnesiumsulfat und Filtration wurde das Lösungsmittel i. Vak. entfernt und das resultierende bräunliche Öl in 5 ml Dichlormethan aufgenommen. Der hierbei kristallisierende, blassgelbe Feststoff wurde abgesaugt und mit *n*-Pentan gewaschen.

Ausb.: 248 mg (601 µmol, 24 %)   Lit.:[74] 70 %
Schmp.: 214 °C (Zers.)   Lit.:[74] 214-217 °C

Charakterisierung von 9,10-Bis(phenylethinyl)-9,10-dihydroanthracen-9,10-diol:

¹H-NMR (200 MHz, DMSO-*d*6, DMSO): δ = 7.99 (dd, ^3J = 5.9 Hz, ^4J = 3.4 Hz, 4 H, H-1, 4, 5, 8), 7.48 (dd, ^3J = 5.9 Hz, ^4J = 3.4 Hz, 4 H, H-2, 3, 6, 7), 7.15-7.08 (m, 10 H, Ph−H) ppm.

MS (EI, 70 eV): m/z (%) [Frag.]: 412 (2) [M⁺], 394 (5) [M - H$_2$O], 378 (67) [M - H$_2$O$_2$], 210 (100) [M - 2 C$_8$H$_5$].

MS (CI, pos. Isobutan): m/z (%) [Frag.]: 413 (11) [MH⁺], 395 (49), [M - H$_2$O], 379 (32) [M - H$_2$O$_2$], 311 (36) [M - C$_8$H$_5$], 295 (31) [M - C8H$_5$, - O], 209 (100) [M - 2 C$_8$H$_5$], 195 (14) [M - 2 C$_8$H$_5$, - O].

IR (ATR): ṽ = 3226.6 (m, br, OH), 2229.4 (w, C≡C), 1487.7 (w), 1457.9 (m), 1264.6 (w), 1204.8 (m), 1033.1 (m), 927.4 (s), 900.2 (m), 751.5 (s), 686.4 (s), 610.3 (m) cm⁻¹.

7.3.7 Kupplung von Alkinen

7.3.7.1 1,4-Diphenylbuta-1,3-diin 92

1.00 ml Phenylacetylen wurden einer Lösung von 6.00 g (30.1 mmol) Kupfer(II)-acetat-Monohydrat in einem Gemisch aus je 20 ml Methanol und Pyridin in der Siedehitze zugesetzt. Nach 2 h Rückfluss wurde das Reaktionsgemisch mit 100 ml verd. Salzsäure neutralisiert und mit 20 ml Diethylether extrahiert. Entfernung des Lösungsmittels und Kristallisation aus Ethanol umkristallisiert lieferte das Produkt in Form farbloser, langer Nadeln.

Ausb.: 772 mg (3.82 mmol, 84 %)   Lit.:[187] 70-80 %
Schmp.: 85 °C   Lit.:[187] 87-88 °C

7.3.7.2 1,4-Di(anthracen-9-yl)buta-1,3-diin 93

275 mg (1.00 mmol) 9-(Trimethylsilylethinyl)anthracen wurden in 10 ml Methanol mit 1.00 g (3.17 mmol) Tetrabutylammoniumfluorid-Trihydrat 30 min bei Raumtemp. gerührt und nachfolgend in der Siedehitze zu einer Lösung aus 600 mg (3.01 mmol) Kupfer(II)-acetat-Monohydrat in 10 ml Methanol und 10 ml Pyridin zugesetzt. nach 30 min Rückfluss wurde das Reaktionsgemisch mit Wasser verdünnt und der präzipitierende orangefarbene Feststoff abgesaugt.

Ausb.: 147 mg (365 µmol, 73 %)   Lit.: -
Schmp.: 291-292 °C (Zers.)   Lit.:[188] 290-292 °C (Zers.)

Charakterisierung von 1,4-Di(anthracen-9-yl)buta-1,3-diin:

^{1}**H-NMR** (500 MHz, CDCl$_3$, TMS): δ = 8.70 (d, ^3J = 8.3 Hz, 4 H, H-1, 8), 8.49 (s, 2 H, H-10), 8.05 (d, ^3J = 8.3 Hz, 4 H, H-4, 5), 7.69-7.65 (m, 4 H, H-2, 7) 7.57-7.53 (m, 4 H, H-3, 7) ppm.

¹³C-NMR (125 MHz, CDCl₃, TMS): δ = 134.03 (C_q, C-8a, 9a), 131.13 (C_q, C-4a, 10a), 128.93 (C_t, C-10), 128.90 (C_t, C-4, C-5), 127.27 (C_t, C-2, 7), 126.68 (C_t, C-1, 8), 125.93 (C_t, C-3, 6), 115.80 (C_q, C-9), 85.09 (C_q, C-11), 81.68 (C_q, C-12) ppm.
MS (EI, 70 eV): m/z (%) [Frag.]: 402 (100) [M⁺], 201 (29) [M²⁺].
MS (CI, pos. Isobutan): m/z (%) [Frag.]: 459 (100) [MH⁺ + C₄H₈], 403 (28) [MH⁺].
IR (ATR): ṽ = 1009.5 (w), 885.8 (m), 840.4 (m), 779.9 (m), 727.1 (s), 607.5 (s), 545.2 (s) cm⁻¹.

7.3.7.3 1,4-Di(9-formylanthracen-10-yl)buta-1,3-diin 96

175 mg (579 µmol) 9-Formyl-10-(trimethylsilylethinyl)anthracen wurden mit 1.00 g (3.17 mmol) Tetrabutylammoniumfluorid-Trihydrat in methanolischer Lösung in das terminale Alkin überführt und durch Eintropfen in eine siedende Lösung aus 600 mg (3.01 mmol) Kupfer(II)-acetat-Monohydrat in 10 ml Methanol und 10 ml Pyridin gekuppelt. Das Produkt fiel beim Verdünnen der Lösung aus und wurde abfiltriert.

Ausb.: 88.9 mg (194 µmol, 67 %)   Lit.: -
Schmp.: >330 °C (Zers.)   Lit.: -

Charakterisierung von 1,4-Di(9-formylanthracen-10-yl)buta-1,3-diin:

¹H-NMR (500 MHz, CDCl₃, TMS): δ = 11.55 (s, 2 H, H-13), 8.98-8.94 (m, 4 H, H-1, 8), 8.82-8.80 (m, 4 H, H-4, 5), 7.77-7.75 (m, 8 H, H-2, 3, 6, 7) ppm.
MS (EI, 70 eV): m/z (%) [Frag.]: 458 (100) [M⁺], 430 (14) [M - CO], 429 (15) [M - CHO].

MS (CI, pos. Isobutan): m/z (%) [Frag.]: 459 (3) [MH$^+$], 193 (33), 97 (100).

IR (ATR): $\tilde{\nu}$ = 1668.4 (s, C=O), 1435.9 (m), 1402.3 (m), 1257.9 (m), 1152.8 (m), 1060.9 (m), 747.5 (s), 618.2 (s), 571.4 (m) cm^{-1}.

7.3.7.4 9-(4-Phenylbuta-1,3-diinyl)anthracen 94

Variante 1: EGLINGTON-Kupplung

275 mg (1.00 mmol) 9-(Trimethylsilylethinyl)anthracen wurden in 10 ml Methanol mit 1.00 g (3.17 mmol) Tetrabutylammoniumfluorid-Trihydrat 30 min bei Raumtemp. gerührt, mit 2.00 ml (1.86 g, 18.2 mmol) Phenylacetylen versetzt und nachfolgend zu einer siedenden Lösung von 6.02 mg (30.2 mmol) Kupfer(II)-acetat-Monohydrat in 10 ml Methanol und 30 ml Pyridin zugesetzt. Nach 30 min Rückfluss wurde das Reaktionsgemisch mit Wasser verdünnt und das Rohprodukt chromatographisch gereinigt.

Ausb.: 82.3 mg (272 μmol, 27 %)   Lit.: -

Variante 2: CADIOT-CHODKIEWICZ-Reaktion

Eine Lösung aus 100 mg (276 μmol) 9-(2,2-Dibromethenyl)anthracen in 50 ml THF wurde mit 1.00 g (8.91 mmol) Kalium-*tert*-butanolat versetzt, 30 min bei Raumtemp. gerührt und nach Hydrolyse mit Citronensäurelsg. mit 10 ml Ethylacetat extrahiert. In einem zweiten Reaktionsgefäß wurden 50.0 μl (46.5 mg, 455 μmol) Phenylacetylen in 10 ml *n*-Butylamin gelöst und mit 10.0 mg (69.7 μmol) Kupfer(I)-bromid sowie 500 mg (7.20 mmol) Hydroxylaminhydrochlorid versetzt. Zu der resultierenden dunkelbraunen Lösung wurde die Lösung des Bromalkins in Ethylacetat langsam zugetropft und das Reaktionsgemisch 2 h bei Raumtemp. gerührt. Nachfolgend wurde mit konz. Salzsäure neutralisiert und das Rohprodukt mit Ethylacetat extrahiert. Säulenchromatographische Reinigung (Kieselgel, Eluent *n*-Hexan) ergab das Produkt in Form eines kanariengelben Feststoffs.

Ausb.: 65.0 mg (215 µmol, 78 %)   Lit.: -
Schmp.: 140-145 °C (Zers.)   Lit.: -

Charakterisierung von 9-(4-Phenylbuta-1,3-diinyl)anthracen:

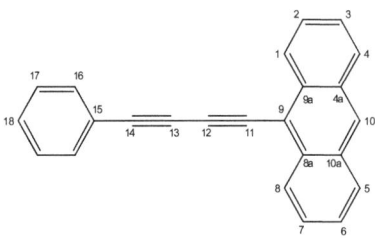

^{1}H-NMR (500 MHz, CDCl$_3$, TMS): δ = 8.58 (dd, ^3J = 8.7 Hz, ^5J = 0.6 Hz, 2 H, H-1, 8), 8.46 (s, 1 H, H-10), 8.02 (d, ^3J = 8.5 Hz, 2 H, H-4, 5), 7.63-7.59 (m, 4 H, H-2, 7, 16, 20), 7.53-7.50 (m, 2 H, H-3, 6), 7.41-7.37 (m, 3 H, H-17, 18, 19) ppm.

^{13}C-NMR (125 MHz, CDCl$_3$, TMS): δ = 134.03 (C$_q$, C-8a, 9a), 132.49 (C$_t$, C-16, 20), 131.06 (C$_q$, C-4a, 10a), 129.26 (C$_t$, C-18), 128.85 (C$_t$, C-4*), 128.82 (C$_t$, C-10*), 128.51 (C$_t$, C-17, 19), 127.20 (C$_t$, C-2), 126.57 (C$_t$, C-1, 8), 125.87 (C$_t$, C-3, 6), 121.94 (C$_q$, C-15), 115.65 (C$_t$, C-9), 84.72 (C$_t$, C-11), 84.34 (C$_t$, C-14), 78.81 (C$_t$, C-12), 74.38 (C$_t$, C-13) ppm.

(*Die Zuordnung der Signale kann vertauscht sein.)

MS (EI, 70 eV): m/z (%) [Frag.]: 302 (100) [M$^+$], 300 (37) [M - 2 H].

MS (CI, pos. Isobutan): m/z (%) [Frag.]: 359 (100) [MH$^+$ + C$_4$H$_9$], 303 (99) [MH$^+$].

HR-MS: C$_{24}$H$_{14}$ ber. 302.10880, gef. 302.10956 (2.5 ppm)
   C$_{23}$^{13}CH$_{14}$ ber. 303.11285, gef. 303.11292 (0.2 ppm)

IR (ATR): $\tilde{\nu}$ = 1484.9 (w), 1436.6 (w), 950.2 (w), 876.2 (m), 837.9 (m), 779.5 (w), 749.9 (s), 725.0 (s), 685.0 (s), 610.3 (s), 546.3 (m), 522.7 (m), 465.5 (m) cm^{-1}.

7.3.8 Alkinylierte Anthracene

7.3.8.1 9-(Trimethylsilylethinyl)anthracen 59

Variante 1: nach AAV 1

1.00 ml (710 mg, 7.23 mmol) Trimethylsilylacetylen, 5.50 ml (8.80 mmol) n-Butyllithium (1.6 M in n-Hexan), 975 mg (5.02 mmol) Anthron, 50 ml abs. THF. Das Produkt färbte sich bei der Aufarbeitung dunkel. Die chromatographische Reinigung lieferte das Produkt nicht in reiner Form, so dass es nicht kristallin erhalten werden konnte.

Ausb.: 242 mg (882 mmol, 18 %) Lit.:[95] 85 %
Schmp.: - Lit.:[95] 61-62 °C

Variante 2: nach AAV 2

75.0 mg (107 µmol) Bis(triphenylphosphin)palladium(II)-chlorid, 62.3 mg (327 µmol) Kupfer(I)-iodid, 322 mg (1.23 mmol) Triphenylphosphin, 35 ml abs. THF, 35 ml Diisopropylamin, 1.70 ml (1.21 g, 12.3 mmol) Trimethylsilylacetylen, 2.57 g (10.0 mmol) 9-Bromanthracen. Flashchromatographische Reinigung (Kieselgel, Eluent n-Hexan / Chloroform 9:1, R_f = 0.38). Das Produkt wurde in Form eines gelben, kristallinen Feststoffs erhalten.

Ausb.: 1.94 g (7.07 mmol, 70 %) Lit.:[189] 11 %
Schmp.: 85-88 °C Lit.:[95] 61-62 °C

Charakterisierung von 9-(Trimethylsilylethinyl)anthracen:

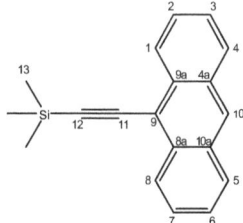

¹H-NMR (600 MHz, CDCl₃, TMS): δ = 8.55 (ddd, ^3J = 8.6 Hz, ^4J = 1.9 Hz, ^5J = 1.0 Hz, 2 H, H-1, 8), 8.40 (s, 1 H, H-10), 7.98 (tdd, ^3J = 8.5 Hz, ^4J = 1.3 Hz, ^5J = 0.7 Hz,4 H, H-2, 3, 6, 7), 7.58-7.56 (m, 2 H, H-2, 7), 7.50-7.47 (m, 2 H, H-3, 6), 0.42 (s, 9 H, H-13) ppm.

¹³C-NMR (150 MHz, CDCl₃, TMS): δ = 132.93 (C_q, C-4a, 10a), 131.10 (C_q, C-8a, 9a), 128.62 (C_t, C-10), 127.86 (C_t, C-4, 5), 126.79 (C_t, C-2, 7), 126.66 (C_t, C-1, 8), 125.63 (C_t, C-3, 6), 117.17 (C_q, C-9), 106.22 (C_q, C-11), 101.60 (C_q, C-12), 0.28 (C_p, C-13) ppm.

MS (EI, 70 eV): m/z (%) [Frag.]: 274 (100) [M⁺], 259 (76) [M - CH₃].

IR (KBr): $\tilde{v}$ = 3446.6 (br w), 3049.0 (m), 2954.3 (m), 2145.5 (m, C≡C), 1345.7 (m), 1247.1 (m), 1247.1 (m), 874.2 (s), 733.0 (s) cm⁻¹.

7.3.8.2 9,10-Bis(trimethylsilylethinyl)anthracen 60

Variante 1: nach AAV 1

2.20 ml (1.53 g, 15.6 mmol) Trimethylsilylacetylen, 7.00 ml (17.5 mmol) *n*-Butyllithium (2.5 M in *n*-Hexan), 1.05 g (5.04 mmol) Anthrachinon, 60 ml abs. THF, Reduktion mit 5.65 g (25.0 mmol) Zinn(II)-chlorid-Dihydrat in 30 ml Eisessig und 10 ml 37proz. Salzsäure. Säulenchromatographische Reinigung (Kieselgel, Eluent *n*-Hexan, R_f = 0.30).

Ausb.: 430 mg (1.16 mmol, 23 %)   Lit.[85]: 39 %
Schmp.: 241 °C   Lit.[85]: 242 °C

Variante 2: nach AAV 2

140 mg (199 µmol) Bis(triphenylphosphin)palladium(II)-chlorid, 121 mg (635 µmol) Kupfer(I)-iodid, 344 mg (1.31 mmol) Triphenylphosphin, 35 ml abs. THF, 35 ml Diisopropylamin, 3.50 ml (2.49 g, 25.4 mmol) Trimethylsilylacetylen, a) 3.36 g (10.0 mmol) 9,10-Dibromanthracen oder b) 4.30 g (10.0 mmol) 9,10-Diiodanthracen. Die rote Lösung wurde filtriert, mit 100 ml Ethylacetat verdünnt und mit Wasser gewaschen (5 x 100 ml). Nach Trocknung über Magnesiumsulfat und Filtration wurde das Lösungsmittel i. Vak. entfernt und der Rückstand flashchromatographisch gereinigt. Das Produkt lag als roter, kristalliner Feststoff vor.

a) Ausb.: 2.63 g (7.10 mmol, 71 %)   Lit.: -
b) Ausb.: 2.92 g (7.88 mmol, 79 %)   Lit[33].: 78 %
Schmp.: 247 °C   Lit[85].: 242 °C

Charakterisierung von 9,10-Bis(trimethylsilylethinyl)anthracen:

^{1}**H-NMR** (600 MHz, CDCl$_3$, TMS): δ = 8.57 (dd, ^3J = 6.6 Hz, ^4J = 3.3 Hz, 4 H, H-1, 4, 5, 8), 7.60 (dd, ^3J = 6.7 Hz, ^3J = 3.2 Hz, 4 H, H-2, 3, 6, 7), 0.42 (s, 18 H, H-13) ppm.
^{13}**C-NMR** (150 MHz, CDCl$_3$, TMS): δ = 132.25 (C$_q$, C-4a, 8a, 9a, 10a), 127.19 (C$_t$, C-1, 4, 5, 8), 126.84 (C$_t$, C-2, 3, 6, 7), 118.45 (C$_q$, C-9, 10), 108.17 (C$_q$, C-11), 101.50 (C$_q$, C-12), 0.21 (C$_p$, C-13) ppm.

MS (EI, 70 eV): m/z (%) [Frag.]: 370 (100) [M$^+$], 355 (53) [M - CH$_3$].
MS (CI, pos. Isobutan): m/z (%) [Frag.]: 371 (100) [MH$^+$].
IR (KBr): $\tilde{\nu}$ = 3448.0 (br w), 2967.7 (w), 2124.1 (m, C≡C), 1377.5 (m), 1246.3 (s), 852.0 (s), 766.6 (s), 648.5 (m) cm^{-1}.

7.3.8.3 10,10'-Bis(trimethylsilylethinyl)-9,9'-bianthryl 136

Variante 1: nach AAV 1

850 µl (604 mg, 6.15 mmol) Trimethylsilylacetylen, 3.00 ml (7.50 mmol) *n*-Butyllithium (2.5 M in *n*-Hexan), 775 mg (2.01 mmol) Bianthron, 80 ml abs. THF, Dehydratisierung mit 5.65 g (25.0 mmol) Zinn(II)-chlorid-Dihydrat in 30 ml Eisessig und 10 ml 37proz. Salzsäure. Es wurde lediglich Bianthryl erhalten.

Variante 2: nach AAV 2

40.0 mg (226 µmol) Palladium(II)-chlorid, 30.0 mg (158 µmol) Kupfer(I)-iodid, 400 mg (1.53 mmol) Triphenylphosphin, 30 ml abs. THF, 30 ml Diisopropylamin, 1.40 ml (994 mg, 10.1 mmol) Trimethylsilylacetylen, 502 mg (980 µmol) 10,10'-Dibrom-9,9'-bianthryl. Die tief schwarze Lösung wurde filtriert, das Filtrat mit 100 ml Diethylether verdünnt und über eine kurze Aluminiumoxidsäule (Alox neutral) filtriert. Nach Umkristallisieren aus *n*-Hexan lag das Produkt in Form goldglänzender, feiner Plättchen vor.

Ausb.: 403 mg (737 µmol, 75 %)   Lit.: -
Schmp.: 322.7-322.9 °C (Grad. = 0.5 °C·min^{-1})   Lit.: -

Charakterisierung von 10,10'-Bis(trimethylsilylethinyl)-9,9'-bianthryl:

¹H-NMR (600 MHz, CDCl$_3$, TMS): δ = 8.72 (d, ^3J = 8.7 Hz, 4 H, H-4, 5), 7.54 (ddd, ^3J = 8.7 Hz, ^3J = 6.4 Hz, ^4J = 1.1 Hz, 4 H, H-3, 6), (ddd, ^3J = 8.7 Hz, ^3J = 6.4 Hz, ^4J = 1.2 Hz, 4 H, H-2, 7), 7.05 (d, ^3J = 8.7 Hz, 4 H, H-1, 8), 0.48 (s, 18 H, H-13) ppm.

¹³C-NMR (150 MHz, CDCl$_3$, TMS): δ = 134.40 (C$_q$, C-9), 132.64 (C$_q$, C-4a, 10a), 131.09 (C$_q$, C-8a, 9a), 127.13 (C$_t$, C-4, 5*), 127.12 (C$_t$, C-1, 8*), 126.67 (C$_t$, C-3, 4), 126.23 (C$_t$, C-2, 7), 118.20 (C$_q$, C-10), 107.12 (C$_q$, C-11), 101.71 (C$_q$, C-12), 0.30 (C$_p$, C-13) ppm.

(*Die Zuordnung der Signale kann vertauscht sein.)

MS (EI, 70 eV): m/z (%) [Frag.]: 546 (100) [M$^+$], 531 (7) [M - CH$_3$], 258 (11) [M - C$_{20}$H$_{20}$Si].

MS (CI, pos. Isobutan): m/z (%) [Frag.]: 547 (100) [MH$^+$].

HR-MS: C$_{38}$H$_{34}$Si$_2$ ber. 546.21991, gef. 546.21985 (0.1 ppm)
           C$_{37}$^{13}CH$_{34}$Si$_2$ ber. 547.22327, gef. 547.22325 (0.0 ppm)

IR (ATR): $\tilde{\nu}$ = 2955.8 (w), 2358.4 (m, C≡C), 1246.4 (m), 1061.6 (w), 834.7 (s), 758.6 (s), 677.3 (m), 647.2 (m), 611.9 (w) cm^{-1}.

7.3.8.4 9-Formyl-10-(trimethylsilylethinyl)anthracen 95

nach AAV 2:

60.0 mg (85.5 µmol) Palladium(II)-chlorid, 45.0 mg (236 µmol) Kupfer(I)-iodid, 250 mg (953 µmol) Triphenylphosphin, 30 ml abs. THF, 30 ml Diisopropylamin, 0.70 ml (497 mg, 5.06 mmol) Trimethylsilylacetylen, 670 mg (2.35 mmol) 10-Brom-9-formylanthracen. Die rote Lösung wurde filtriert und das Filtrat über eine kurze Aluminiumoxidsäule (Alox neutral) filtriert. Nach flashchromatographischer Reinigung (Kieselgel, Eluent *n*-Pentan / Ethylacetat 1:1, R_f = 0.62) wurde das Produkt als gelber Feststoff erhalten.

Ausb.: 500 mg (1.65 mmol, 70 %)   Lit.:[178] 93 %
Schmp.: 322.7-322.9 °C (Grad. = 0.5 °C·min^{-1})   Lit.: -

Charakterisierung von 9-Formyl-10-(trimethylsilylethinyl)anthracen:

^{1}H-NMR (500 MHz, CDCl$_3$, TMS): δ = 11.49 (s, 1 H, H-11), 8.91 (d, ^3J = 8.8 Hz, 2 H, H-1, 8), 8.67 (d, ^3J = 8.6 Hz, 2 H, H-4, 5), 7.70-7.62 (m, 4 H, H-2, 3, 6, 7), 0.45 (s, 9 H, H-14) ppm.

^{13}C-NMR (125 MHz, CDCl$_3$, TMS): δ = 193.13 (C$_t$, C-11), 132.14 (C$_q$, C-4a, 10a), 131.10 (C$_q$, C-8a, 9a), 128.93 (C$_t$, C-2, 7), 127.75 (C$_t$, C-4, 5), 126.72 (C$_t$, C-3, 6), 125.41 (C$_q$, C-9), 125.25 (C$_q$, C-10), 123.82 (C$_t$, C-1, 8), 110.99 (C$_q$, C-12), 100.96 (C$_q$, C-13), 0.06 (C$_p$, C-14) ppm.

MS (EI, 70 eV): m/z (%) [Frag.]: 302 (14) [M$^+$], 287 (6) [M - CH$_3$], 229 (5) [M - C$_3$H$_9$Si], 184 (100) [M - C$_7$H$_6$Si].

MS (CI, pos. Isobutan): m/z (%) [Frag.]: 303 (100) [MH$^+$].

IR (ATR): $\tilde{\nu}$ = 1670.0 (m, C=O), 1553.3 (w), 1403.8 (w), 1241.7 (m), 1072.4 (m), 840.5 (s), 747.3 (s), 707.7 (s), 624.4 (s), 558.1 (m) cm^{-1}.

7.3.8.5 9-(2-Hydroxy-2-methylbut-3-in-4-yl)anthracen 57 und 2-(Aceanthrylen-2-yl)propan-2-ol 137

Variante 1: nach AAV 1

750 µl (645 mg, 7.67 mmol) 2-Methylbut-3-in-2-ol, 6.00 ml (9.60 mmol) n-Butyllithium (1.6 M in n-Hexan), 500 mg (2.57 mmol) Anthron, 50 ml abs. THF. Dehydratisierung bei der chromatographischen Aufarbeitung (Kieselgel, Eluent Dichlormethan / Ethylacetat 6:4). Das Produkt wurde als schmieriger, brauner Feststoff erhalten.

Ausb.: 97.2 mg (373 µmol, 15 %)   Lit.: -
Schmp.: n. b.   Lit.:[102] 124-127.5 °C

Variante 2: nach AAV 2

83.2 mg (119 µmol) Bis(triphenylphosphin)palladium(II)-chlorid, 112 mg (588 µmol) Kupfer(I)-iodid, 143 mg (545 µmol) Triphenylphosphin, 35 ml abs. THF, 35 ml Diisopropylamin, 4.00 ml (3.44 g, 40.9 mmol) 2-Methylbut-3-in-2-ol, 2.57 g (10.0 mmol) 9-Bromanthracen. Flashchromatographische Reinigung (Kieselgel, Eluent Dichlormethan / Ethylacetat 6:4, R_f = 0.71). Das Produkt **57** wurde in Form eines gelben Feststoffs erhalten. Als Nebenprodukt wurde 2-(Aceanthrylen-2-yl)propan-2-ol **137** isoliert (R_f = 0.69) das als tiefrotes, nicht fluoreszierendes Öl vorlag und nicht kristallisiert werden konnte.

Verbindung 57:
Ausb.: 2.00 g (7.68 mmol, 77 %)   Lit.:[102] 55 %
Schmp.: 123-123.5 °C   Lit.:[102] 124-127.5 °C

Verbindung 137:
Ausb.: 23.8 mg (91.4 µmol, 1 %)   Lit.:[102] 77 %
Schmp.: -   Lit.:[102] 163-165 °C

Variante 3: nach AAV 3

87.0 mg (124 µmol) Bis(triphenylphosphin)palladium(II)-chlorid, 108 mg (567 µmol) Kupfer(I)-iodid, 168 mg (641 µmol) Triphenylphosphin, 80 ml DMF, 25 ml Toluol, 4.00 ml (3.44 g, 40.9 mmol) 2-Methylbut-3-in-2-ol, 2.57 g (10.0 mmol) 9-Bromanthracen. Es konnte kein Produkt isoliert werden.

Charakterisierung von 9-(2-Hydroxy-2-methylbut-3-in-4-yl)anthracen:

^{1}H-NMR (600 MHz, CDCl$_3$, TMS): δ = 8.49 (ddd, ^3J = 8.7 Hz, ^4J = 1.9 Hz, ^5J = 0.9 Hz, 2 H, H-1, 8), 8.41 (s, 1 H, H-10), 7.99 (dd, ^3J = 8.4 Hz, ^4J = 1.2 Hz, 2 H, H-4, 5), 7.58-7.47 (m, 4 H, H-2, 3, 6, 7), 2.28 (br s, 1 H, O−H), 1.84 (s, 6 H, H-14) ppm.
^{13}C-NMR (150 MHz, CDCl$_3$, TMS): δ = 132.57 (C$_q$, C-4a, 10a), 131.07 (C$_q$, C-8a, 9a), 128.63 (C$_t$, C-10), 127.69 (C$_t$, C-4, 5), 126.59 (C$_t$, C-2, 7), 126.51 (C$_t$, 1, 8), 125.60 (C$_t$, C-3, 6), 116.58 (C$_q$, C-9), 105.19 (C$_q$, C-11), 78.86 (C$_q$, C-12), 66.24 (C$_q$, C-13), 31.86 (C$_p$, C-14) ppm.
MS (EI, 70 eV): m/z (%) [Frag.]: 260 (100) [M$^+$], 245 (66) [M - CH$_3$], 217 (24) [M - 2 CH$_3$, - OH], 202 (23) [M - (CH$_3$)$_2$CO].
MS (CI, pos. Isobutan): m/z (%) [Frag.]: 261 (24) [MH$^+$], 243 (100), 203 (13).
IR (KBr): $\tilde{\nu}$ = 3317.3 (br w), 2983.2 (w), 2368.1 (w, C≡C), 1353.3 (m), 1223.5 (m), 1124.4 (s), 954.6 (m), 887.2 (m), 846.0 (m), 734.4 (s) cm^{-1}.

Charakterisierung von 2-(Aceanthrylen-2-yl)propan-2-ol:

¹**H-NMR** (600 MHz, CDCl$_3$, TMS): δ = 8.36 (s, 1 H, H-6), 8.18 (d, ^3J = 8.9 Hz, 1 H, H-5), 8.06 (d, ^3J = 6.5 Hz, 1 H, H-3), 8.03 (d, ^3J = 8.7 Hz, 1 H, H-7), 7.94 (d, ^3J = 8.3 Hz, 1 H, H-10), 7.58-7.52 (m, 2 H, H-8, 9), 7.43-7.40 (m, 1 H, H-4), 7.36 (s, 1 H, H-1), 1.84 (s, 6 H, H-12) ppm.

¹³**C-NMR** (150 MHz, CDCl$_3$, TMS): δ = 149.19 (C$_q$, C-10c), 138.35 (C$_q$, C-6a), 134.26 (C$_q$, C-5a), 133.69 (C$_q$, C-10a), 130.23 (C$_t$, C-5), 128.95 (C$_q$, C-10b), 127.99 (C$_t$, C-3), 127.48 (C$_t$, C-7), 127.35 (C$_t$, C-4), 127.14 (C$_t$, C-6), 126.61 (C$_t$, C-9), 126.35 (C$_q$, C-2a), 126.49 (C$_q$, C-2), 124.71 (C$_t$, C-8), 124.03 (C$_t$, C-10), 121.25 (C$_t$, C-1), 71.64 (C$_q$, C-11), 31.65 (C$_p$, C-12) ppm.

MS (EI, 70 eV): m/z (%) [Frag.]: 260 (96) [M$^+$], 245 (100) [M - CH$_3$], 217 (61) [M - 2 CH$_3$, - OH], 202 (56) [M - (CH$_3$)$_2$CO].

MS (CI, pos. Isobutan): m/z (%) [Frag.]: 261 (12) [MH$^+$], 243 (100), 203 (18).

7.3.8.6 9,10-Bis(2-hydroxy-2-methylbut-3-in-4-yl)anthracen 58

Variante 1: nach AAV 1

600 µl (516 mg, 6.13 mmol) 2-Methylbut-3-in-2-ol, 3.00 ml (7.50 mmol) *n*-Butyllithium (2.5 M in *n*-Hexan), 400 mg (1.92 mmol) Anthrachinon, 40 ml abs. THF, Reduktion mit 2.25 g (9.97 mmol) Zinn(II)-chlorid-Dihydrat in 10 ml Eisessig und 7 ml 37proz. Salzsäure. Säulenchromatographische Reinigung (Kieselgel, Eluent Dichlormethan / Ethylacetat 6:4, R_f = 0.63). Das Produkt kristallisierte als orangefarbener Feststoff.

Ausb.: 60.2 mg (17.6 µmol, 9 %)   Lit.: -
Schmp.: 210 °C   Lit.:[190] 214-217.5 °C

Variante 2: nach AAV 2

137 mg (195 µmol) Bis(triphenylphosphin)palladium(II)-chlorid, 102 mg (536 µmol) Kupfer(I)-iodid, 277 mg (1.06 mmol) Triphenylphosphin, 50 ml abs. THF, 50 ml Diisopropylamin, 4.00 ml (3.44 g, 40.9 mmol) 2-Methylbut-3-in-2-ol, a) 3.41 g (10.1 mmol) 9,10-Dibromanthracen oder b) 2.15 g (5.00 mmol) 9,10-Diiodanthracen. Flashchromatographische Reinigung.

a) Ausb.: 2.03 g (5.93 mmol, 59 %)   Lit.:[190] 13 %
b) Ausb.: 1.08 g (3.15 mmol, 63 %)   Lit.: -
Schmp.: 214-216 °C   Lit.:[190] 214-217.5 °C

Variante 3: nach AAV 3

38.6 mg (55.0 µmol) Bis(triphenylphosphin)palladium(II)-chlorid, 37.6 mg (197 µmol) Kupfer(I)-iodid, 94.2 mg (359 µmol) Triphenylphosphin, 60 ml DMF, 20 ml Toluol, 0.80 ml (688 mg, 8.18 mmol) 2-Methylbut-3-in-1-ol, 850 mg (2.53 mmol) 9,10-Dibromanthracen. Es konnte kein Produkt isoliert werden.

Charakterisierung von 9,10-Bis(2-hydroxy-2-methylbut-3-in-4-yl)anthracen:

¹H-NMR (600 MHz, DMSO-$d6$, DMSO): δ = 8.53 (dd, ^3J = 6.7 Hz, ^4J = 3.3 Hz, 4 H, H-1, 4, 5, 8), 7.73 (dd, ^3J = 6.7 Hz, ^4J = 3.2 Hz, 4 H, H-2, 3, 6, 7), 1.70 (s, 12 H, H-14) ppm.

¹³C-NMR (150 MHz, DMSO-$d6$, DMSO): δ = 131.06 (C_q, C-4a, 8a, 9a, 10a), 127.18 (C_t, C-1, 4, 5, 8), 126.53 (C_t, C-2, 3, 6, 7), 117.29 (C_q, C-9, 10), 109.31 (C_q, C-11), 76.54 (C_q, C-12), 64.15 (C_q, C-13), 31.56 (C_p, C-14) ppm.

MS (EI, 70 eV): m/z (%) [Frag.]: 342 (100) [M$^+$], 327 (50), 284 (14), 269 (18), 226 (34).

MS (CI, pos. Isobutan): m/z (%) [Frag.]: 261 (24) [MH$^+$], 243 (100), 203 (13).

IR (KBr): $\tilde{v}$ = 3362.6 (br w), 3302.2 (w), 2342.7 (w, C≡C), 1619.7 (m), 1518.2 (m), 1393.3 (m), 1223.5 (m), 1161.4 (s), 951.1 (m), 761.4 (s) cm^{-1}.

7.3.8.7 9-(Phenylethinyl)anthracen 106

Variante 1: nach AAV 1

0.70 ml (651 mg, 6.37 mmol) Phenylacetylen, 4.00 ml (6.40 mmol) n-Butyllithium (1.6 M in n-Hexan), 486 mg (2.50 mmol) Anthron, 30 ml abs. Toluol. Der resultierende Alkohol dehydratisierte bereits bei der Aufarbeitung. Säulenfiltration über Aluminiumoxid (Alox neutral, Eluent n-Hexan) lieferte das Produkt als gelben Feststoff.

Ausb.: 168 mg (604 µmol, 24 %)   Lit.:[85] 65 %
Schmp.: 91-95 °C   Lit.:[191] 88-90 °C

Variante 2: nach AAV 2

40.2 mg (57.2 µmol) Bis(triphenylphosphin)palladium(II)-chlorid, 32.6 mg (171 µmol) Kupfer(I)-iodid, 82.9 mg (316 µmol) Triphenylphosphin, 35 ml abs. THF, 35 ml Diisopropylamin, 1.00 ml (930 mg, 9.11 mmol) Phenylacetylen, 1.30 g (5.06 mmol) 9-Bromanthracen. Flashchromatographische Reinigung (Kieselgel, Eluent *n*-Hexan, R_f = 0.19) Das Produkt wurde in Form neongelber Kristalle isoliert.

Ausb.: 845 mg (3.04 mmol, 60 %)   Lit.:[191] 83 %
Schmp.: 102-105 °C   Lit.:[191] 88-90 °C

Charakterisierung von 9-(Phenylethinyl)anthracen:

¹H-NMR (600 MHz, CDCl$_3$, TMS): δ = 8.65 (dd, ^3J = 8.7 Hz, ^4J = 1.6 Hz, 2 H, H-1, 8), 8.41 (s, 1 H, H-10), 8.00 (dd, ^3J = 8.4 Hz, ^4J = 1.1 Hz, 2 H, H-4, 5), 7.77-7.75 (m, 2 H, H-2, 7), 7.60-7.57 (m, 2 H, H-3, 6), 7.52-7.49 (m, 2 H, H-14, 18), 7.46-7.39 (m, 4 H, H-15, 16, 17) ppm.

¹³C-NMR (150 MHz, CDCl$_3$, TMS): δ = 132.65 (C$_q$, C-4a, 10a), 131.65 (C$_t$, C-14, 18), 131.24 (C$_q$, C-8a, 9a), 128.68 (C$_t$, C-10), 128.51 (C$_t$, C-15, 17), 128.47 (C$_t$, C-16), 127.69 (C$_t$, C-4, 5), 126.79 (C$_t$, C-2, 7), 126.59 (C$_t$, C-1, 8), 125.67 (C$_t$, C-3, 6), 123.68 (C$_q$, C-13), 117.32 (C$_q$, C-9), 100.76 (C$_q$, C-11), 86.32 (C$_q$, C-12) ppm.

MS (EI, 70 eV): m/z (%) [Frag.]: 278 (100) [M$^+$].

IR (KBr): $\tilde{\nu}$ = 3050.3 (br w), 1487.9 (m), 1437.1 (m), 1362.8 (m), 874.5 (s), 835.1 (m), 754.6 (s), 727.4 (s), 687.6 (s), 612.6 (m) cm^{-1}.

7.3.8.8 9,10-Bis(phenylethinyl)anthracen 91

Variante 1: nach AAV 1

6.60 ml (6.14 g, 60.1 mmol) Phenylacetylen, 28.0 ml (70.0 mmol) n-Butyllithium (2.5 M in n-Hexan), 4.17 g (20.0 mmol) Anthrachinon, 300 ml abs. THF, Reduktion mit 22.6 g (100 mmol) Zinn(II)-chlorid-Dihydrat in 120 ml Eisessig und 30 ml 37proz. Salzsäure. Kristallisation aus Ethylacetat. Das Produkt kristallisierte in langen, orangefarbenen Nadeln.

Ausb.: 5.15 g (13.6 µmol, 68 %)   Lit.:[85] 65 %
Schmp.: 255 °C   Lit.:[85] 253 °C

Variante 2: nach AAV 2

122 mg (174 µmol) Bis(triphenylphosphin)palladium(II)-chlorid, 100 mg (525 µmol) Kupfer(I)-iodid, 252 mg (961 µmol) Triphenylphosphin, 60 ml abs. THF, 60 ml Diisopropylamin, 4.00 ml (3.72 g, 36.4 mmol) Phenylacetylen, 1.68 g (5.00 mmol) 9,10-Dibromanthracen. Umkristallisation aus Ethylacetat mit nachfolgender flashchromatographischer Reinigung (Kieselgel, Eluent n-Hexan / Chloroform 9:1, R_f = 0.47).

Ausb.: 403 mg (1.06 mmol, 21 %)   Lit.[192]: 102 % (!)
Schmp.: 255 °C   Lit.[85]: 253 °C

Charakterisierung von 9,10-Bis(phenylethinyl)anthracen:

¹H-NMR (200 MHz, CDCl₃, TMS): δ = 8.69 (dd, ^3J = 8.8 Hz, ^4J = 1.3 Hz, 4 H, H-1, 4, 5, 8), 8.31 (dd, ^3J = 8.7 Hz, ^4J = 1.3 Hz, 4 H, H-2, 3, 6, 7), 7.79-7.75 (m, 2 H, H-14, 18), 7.56-7.44 (m, 4 H, H-15, 16, 17) ppm.

MS (EI, 70 eV): m/z (%) [Frag.]: 378 (100) [M⁺], 189 (24) [M - C₁₅H₁₁].

IR (ATR): $\tilde{\nu}$ = 2217.1 (w, C≡C), 1353.2 (w), 1295.2 (w), 1229.0 (w), 1387.5 (w), 750.3 (s), 685.4 (s), 634.9 (s), 519.0 (m) cm⁻¹.

7.3.8.9 9-(Pent-1-inyl)anthracen 138

Variante 1: nach AAV 1

200 µl (138 mg, 2.03 mmol) 1-Pentin, 1.00 ml (2.50 mmol) *n*-Butyllithium (2.5 M in *n*-Hexan), 200 mg (1.03 mmol) Anthron, 40 ml abs. THF. Der resultierende Alkohol dehydratisierte bei der Aufarbeitung. Säulenfiltration über Aluminiumoxid (Alox neutral, Eluent *n*-Hexan) und nachfolgende chromatographische Reinigung (Kieselgel, Eluent *n*-Hexan, R_f = 0.17) lieferte das Produkt als orangefarbenen Feststoff.

Ausb.: 68 mg (278 µmol, 27 %)   Lit.: -
Schmp.: 52-53 °C   Lit.: -

Variante 2: nach AAV 2

73.5 mg (105 µmol) Bis(triphenylphosphin)palladium(II)-chlorid, 57.8 mg (304 µmol) Kupfer(I)-iodid, 161 mg (641 µmol) Triphenylphosphin, 35 ml abs. THF, 35 ml Diisopropylamin, 1.50 ml (1.04 g, 15.3 mmol) 1-Pentin, 2.50 g (9.72 mmol) 9-Bromanthracen. Flashchromatographische Reinigung (Kieselgel, Eluent *n*-Hexan, R_f = 0.17).

Ausb.: 1.20 g (4.90 mmol, 50 %)   Lit.: -
Schmp.: 58.4-59.3 °C (Grad. = 0.5 °C·min⁻¹)   Lit.: -

Charakterisierung von 9-(Pent-1-inyl)anthracen:

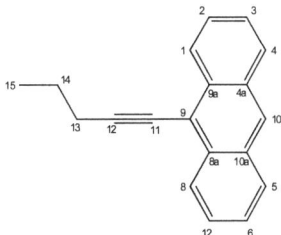

^{1}H-NMR (600 MHz, CDCl$_3$, TMS): δ = 8.56 (d, ^3J = 9.7 Hz, 2 H, H-1, 8), 8.36 (s, 1 H, H-10), 7.97 (d, ^3J = 9.0 Hz, 2 H, H-4, 5), 7.54 (dt, ^3J = 8.2 Hz, ^4J = 1.3 Hz, 2 H, H-2, 7), 7.47 (dt, ^3J = 8.0 Hz, ^4J = 1.3 Hz, 2 H, H-3, 6), 2.74 (t, ^3J = 7.0 Hz, 2 H, H-13), 1.85 (sext, ^3J = 7.2 Hz, 2 H, H-14), 1.21 (t, ^3J = 7.4 Hz, 3 H, H-15) ppm.

^{13}C-NMR (150 MHz, CDCl$_3$, TMS): δ = 132.64 (C$_q$, C-8a, 9a), 131.24 (C$_q$, C-4a, 10a), 128.55 (C$_t$, C-4, 5), 126.92 (C$_t$, C-10), 126.58 (C$_t$, C-2, 7), 126.16 (C$_t$, C-1, 8), 125.49 (C$_t$, C-3, 6), 118.47 (C$_q$, C-9), 101.97 (C$_q$, C-11), 77.35 (C$_q$, C-12), 22.62 (C$_s$, C-13), 22.20 (C$_s$, C-14), 13.82 (C$_p$, C-15) ppm.

MS (EI, 70 eV): m/z (%) [Frag.]: 244 (91) [M$^+$], 229 (8) [M - CH$_3$], 215 (100) [M - C$_2$H$_5$].

MS (CI, pos. Isobutan): m/z (%) [Frag.]: 301 (47) [M$^+$ + Isobutan], 245 (100) [MH$^+$].

HR-MS: C$_{19}$H$_{16}$ ber. 244.12520, gef. 244.12520 (0.0 ppm)

C$_{18}$^{13}CH$_{16}$ ber. 245.12856, gef. 245.12630 (-9.2 ppm)

IR (ATR): $\tilde{v}$ = 2965.6 (w), 2359.7 (m), 1357.2 (m), 885.4 (m), 843.3 (m), 728.9 (s), 615.4 (m) cm^{-1}.

EA: C$_{19}$H$_{16}$ (244.33) ber. C 93.40, H 6.60

gef. C 92.69, H 6.67

7.3.8.10 9-Brom-10-(pent-1-inyl)anthracen 111 und 9,10-Bis(pent-1-inyl)anthracen 139

Variante 1: nach AAV 1

600 µl (414 g, 6.08 mmol) 1-Pentin, 4.50 ml (7.20 mmol) n-Butyllithium (1.6 M in n-Hexan), 416 mg (2.00 mmol) Anthrachinon, 60 ml abs. THF, Reduktion mit 2.26 g (10 mmol) Zinn(II)-chlorid-Dihydrat in 15 ml Eisessig und 5 ml 37proz. Salzsäure. Kristallisation aus n-Hexan. Das Produkt kristallisierte als orangefarbener Feststoff.

Ausb.: 43.2 mg (139 µmol, 7 %)   Lit.: -
Schmp.: 102 °C   Lit.: -

Variante 2: nach AAV 2

152 mg (217 µmol) Bis(triphenylphosphin)palladium(II)-chlorid, 100 mg (525 µmol) Kupfer(I)-iodid, 271 mg (1.03 mmol) Triphenylphosphin, 40 ml abs. THF, 40 ml Diisopropylamin, 3.00 ml (2.07 g, 30.4 mmol) 1-Pentin, 3.36 g (10.0 mmol) 9,10-Dibromanthracen. Die flashchromatographische Reinigung (Kieselgel, Eluent n-Hexan). ergab zwei Hauptfraktionen, 9-Brom-10-(pent-1-inyl)anthracen **111** (R_f = 0.25) und 9,10-Bis(pent-1-inyl)anthracen **139** (R_f = 0.11).

Verbindung 111:
Ausb.: 737 mg (2.28 mmol, 23 %)   Lit.: -
Schmp.: 87.8-88.3 °C (Grad. = 0.5 °C·min^{-1})   Lit.: -

Verbindung 139:
Ausb.: 1.15 g (3.70 mmol, 37 %)   Lit.: -
Schmp.: 106.8-107.3 °C(Grad. = 0.5 °C·min^{-1})   Lit.: -

Charakterisierung von 9-Brom-10-(pentin-1-yl)anthracen:

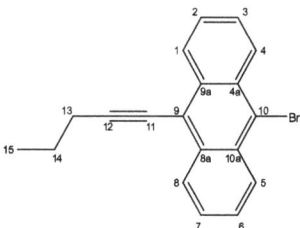

¹H-NMR (500 MHz, CDCl$_3$, TMS): δ = 8.61-8.59 (m, 2 H, H-1, 8), 8.54-8.52 (m, 2 H, H-4, 5), 7.62-7.55 (m, 4 H, H-2, 3, 6, 7), 2.27 (t, ^3J = 7.0 Hz, 2 H, H-13), 1.85 (sext, ^3J = 7.2 Hz, 2 H, H-14), 1.21 (t, ^3J = 7.4 Hz, 3 H, H-15) ppm.

¹³C-NMR (150 MHz, CDCl$_3$, TMS): δ = 133.14 (C$_q$, C-4a, 10a), 130.28 (C$_q$, C-8a, 9a), 128.41 (C$_q$, C-10), 128.11 (C$_t$, C-4, 5), 127.44 (C$_t$, C-3, 6), 127.29 (C$_t$, C-2, 7), 126.42 (C$_t$, C-1, 8), 122.93 (C$_q$, C-9), 119.48 (C$_q$, C-11), 103.28 (C$_q$, C-12), 22.51 (C$_s$, C-13), 22.26 (C$_s$, C-14), 13.85 (C$_p$, C-15) ppm.

MS (EI, 70 eV): m/z (%) [Frag.]: 324 (100) / 322 (100) [M$^+$], 295 (56) / 293 (64) [M - C$_2$H$_9$], 213 (86).

MS (CI, pos. Isobutan): m/z (%) [Frag.]: 381 (57) / 379 (55) [M$^+$+ Isobutan, -2H], 325 (96) / 323 (100) [MH$^+$], 245 (68).

HR-MS: C$_{19}$H$_{15}$^{79}Br   ber. 322.03571, gef. 322.03565 (-0.2 ppm)

C$_{18}$^{13}CH$_{15}$^{79}Br   ber. 323.03906, gef. 323.03884 (-0.7 ppm)

C$_{19}$H$_{15}$^{81}Br   ber. 324.03366, gef. 324.03342 (-0.7 ppm)

C$_{18}$^{13}CH$_{15}$^{81}Br   ber. 325.03702, gef. 325.03693 (-0.3 ppm)

IR (ATR): $\tilde{\nu}$ = 2958.2 (w), 1616.7 (w), 1412.1 (w), 1329.6 (m), 1253.7 (m), 1022.1 (m), 926.0 (m), 748.7 (s), 618.3 (s) cm^{-1}.

EA: C$_{19}$H$_{15}$Br (323.23)   ber. C 70.60, H 4.68

gef. C 70.27, H 4.73

Charakterisierung von 9,10-Bis(pent-1-inyl)anthracen:

¹H-NMR (600 MHz, CDCl$_3$, TMS): δ = 8.57 (dd, ^3J = 9.9 Hz, ^4J = 3.3 Hz, 4 H, H-1, 4, 5, 8), 7.55 (dd, ^3J = 9.9 Hz, ^4J = 3.3 Hz, 4 H, H-2, 3, 6, 7), 2.74 (t, ^3J = 7.0 Hz, 4 H, H-13), 1.85 (sext, ^3J = 7.2 Hz, 4 H, H-14), 1.21 (t, ^3J = 7.4 Hz, 6 H, H-15) ppm.

¹³C-NMR (150 MHz, CDCl$_3$, TMS): δ = 132.19 (C$_q$, C-4a, 8a, 9a, 10a), 127.28 (C$_t$, C-1, 4, 5, 8), 126.28 (C$_t$, C-2, 3, 6, 7), 118.64 (C$_q$, C-9, 10), 103.18 (C$_q$, C-11), 77.62 (C$_q$, C-12), 22.58 (C$_s$, C-13), 22.29 (C$_s$, C-14), 13.84 (C$_p$, C-15) ppm.

MS (EI, 70 eV): m/z (%) [Frag.]: 310 (100) [M$^+$], 281 (45) [M - C$_2$H$_5$].

MS (CI, pos. Isobutan): m/z (%) [Frag.]: 367 (25) [M$^+$ + Isobutan], 311 (37) [MH$^+$], 113 (76), 111 (77), 99 (100).

HR-MS: C$_{24}$H$_{22}$ ber. 310.17215, gef. 310.17198 (-0.5 ppm)
            C$_{23}$^{13}CH$_{22}$ ber. 311.17551, gef. 311.17537 (-0.4 ppm)

IR (ATR): $\tilde{\nu}$ = 2965.9 (w), 2359.8 (s), 2337.7 (m), 1391.5 (m), 760.5 (s), 735.8 (m), 637.8 (s) cm^{-1}.

EA: C$_{24}$H$_{22}$ (310.43)   ber. C 92.86, H 7.14
                                             gef. C 92.74, H 7.37

7.3.8.11 9-(Hept-1-inyl)anthracen 140

Variante 1: nach AAV 2

74.2 mg (106 µmol) Bis(triphenylphosphin)palladium(II)-chlorid, 53.4 mg (280 µmol) Kupfer(I)-iodid, 142 mg (541 µmol) Triphenylphosphin, 40 ml abs. THF, 40 ml Diisopropylamin, 2.00 ml (1.47 g, 15.3 mmol) 1-Heptin, 2.55 g (9.92 mmol) 9-Bromanthracen. Flashchromatographische Reinigung (Kieselgel, Eluent *n*-Hexan, $R_f = 0.23$).

Ausb.: 1.97 g (7.23 mmol, 73 %)   Lit.: -
Schmp.: 77.8-78.3 °C (Grad. = 0.5 °C·min^{-1})   Lit.: -

Variante 2: nach AAV 3

37.2 mg (53 µmol) Bis(triphenylphosphin)palladium(II)-chlorid, 38.4 mg (202 µmol) Kupfer(I)-iodid, 82.6 mg (330 µmol) Triphenylphosphin, 60 ml DMF, 20 ml Toluol, 1.00 ml (730 mg, 7.59 mmol) 1-Heptin, 1.29 g (5.02 mmol) 9-Bromanthracen. Flashchromatographische Reinigung (Kieselgel, Eluent *n*-Hexan / Chloroform 9:1, $R_f = 0.45$).

Ausb.: 747 mg (2.73 mmol, 54 %)   Lit.: -
Schmp.: 75-77 °C   Lit.: -

Charakterisierung von 9-(Hept-1-inyl)anthracen:

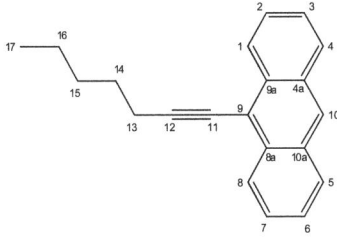

¹H-NMR (500 MHz, CDCl₃, TMS): δ = 8.56 (d, ^3J = 8.7 Hz, 2 H, H-1, 8), 8.34 (s, 1 H, H-10), 7.96 (d, ^3J = 8.4 Hz, 2 H, H-4, 5), 7.55-7.45 (m, 4 H, H-2, 3, 6, 7), 2.74 (t, ^3J = 7.1 Hz, 2 H, H-13), 1.82 (qui, ^3J = 7.4 Hz, 2 H, H-14), 1.63-1.57 (m, 2 H, H-15), 1.48-1.41 (m, 2 H, H-16), 0.97 (t, ^3J = 7.3 Hz, 3 H, H-17) ppm.

¹³C-NMR (125 MHz, CDCl₃, TMS): δ = 132.58 (C_q, C-8a, 9a), 131.18 (C_q, C-4a, 10a), 128.54 (C_t, C-4, 5), 126.89 (C_t, C-1, 8), 126.56 (C_t, C-3, 6), 126.14 (C_t, C-10), 125.47 (C_t, C-2, 7), 118.44 (C_q, C-9), 102.16 (C_q, C-11), 77.17 (C_q, C-12), 31.32 (C_s, C-15), 28.81 (C_s, C-14), 22.29 (C_s, C-16), 20.13 (C_s, C-13), 14.06 (C_p, C-17) ppm.

MS (EI, 70 eV): m/z (%) [Frag.]: 272 (90) [M⁺], 257 (17) [M - CH₃], 243 (23) [M - C₂H₅], 229 (23) [M - C₃H₇], 215 (100) [M - C₄H₉], 202 (25) [M - C₅H₁₀].

MS (CI, pos. Isobutan): m/z (%) [Frag.]: 273 (100) [MH⁺].

HR-MS: C₂₁H₂₀ ber. 272.15649, gef. 272.15647 (0.1 ppm)

C₂₀¹³CH₂₀ ber. 273.15985, gef. 273.15969 (0.6 ppm)

IR (ATR): $\tilde{\nu}$ = 3044.8 (w), 2952.6 (m), 2227.3 (w, C≡C), 1457.1 (w), 1414.6 (w), 1357.4 (m), 1158.1 (w), 886.3 (s), 844.3 (s), 728.6 (s), 615.4 (s), 552.2 (s) cm⁻¹.

EA: C₂₁H₂₀ (272.38) ber. C 92.60, H 7.40

gef. C 92.69, H 7.31

7.3.8.12 9,10-Bis(hept-1-inyl)anthracen 110

Variante 1: nach AAV 1

4.00 ml (2.92 g, 30.4 mmol) 1-Heptin, 14.0 ml (35.0 mmol) *n*-Butyllithium (2.5 M in *n*-Hexan), 1.04 g (10.0 mmol) Anthrachinon, 150 ml abs. THF, Reduktion mit 11.5 g (51.0 mmol) Zinn(II)-chlorid-Dihydrat in 50 ml Eisessig und 10 ml 37proz. Salzsäure. Kristallisation aus Ethylacetat / *n*-Pentan 1:5. Das Produkt kristallisierte in rotbraunen Würfeln.

Ausb.: 660 mg (1.80 mmol, 18 %) Lit.: -
Schmp.: 201 °C Lit.:[194] 205-206 °C

Variante 2: nach AAV 2

76.0 mg (108 µmol) Bis(triphenylphosphin)palladium(II)-chlorid, 51.6 mg (271 µmol) Kupfer(I)-iodid, 147 mg (560 µmol) Triphenylphosphin, 50 ml abs. THF, 50 ml Diisopropylamin, 4.00 ml (2.89 g, 30.0 mmol) 1-Heptin, a) 1.68 g (5.00 mmol) 9,10-Dibromanthracen b) 2.15 g (5.00 mmol) 9,10-Diiodanthracen. Das Rohprodukt wurde in n-Hexan suspendiert, über Aluminiumoxid (Alox neutral) filtriert und aus n-Hexan umkristallisiert. Das Produkt wurde in Form tief roter Kristalle isoliert.

a) Ausb.: 1.30 mg (3.63 mmol, 72 %)   Lit.: -
b) Ausb.: 1.33 mg (3.63 mmol, 73 %)   Lit.: -
Schmp.: 207.5-208.3 °C (Grad. = 0.5 °C·min^{-1})   Lit.:[194] 205-206 °C

Variante 3: nach AAV 3

35.6 mg (50.7 µmol) Bis(triphenylphosphin)palladium(II)-chlorid, 38.5 mg (202 µmol) Kupfer(I)-iodid, 100 mg (381 µmol) Triphenylphosphin, 60 ml DMF, 40 ml Toluol, 1.50 ml (1.10 g, 11.4 mmol) 1-Heptin, 852 mg (2.54 mmol) 9,10-Dibromanthracen. Nach Filtration über ein Aluminiumoxidpolster (Alox neutral), flashchromatographischer Reinigung (Kieselgel, Eluent n-Hexan, R_f =0.18) und Rekristallisation aus n-Hexan wurde das Produkt als tief roter Feststoff erhalten.

Ausb.: 476 mg (1.30 mmol, 51 %)   Lit.: -
Schmp.: 206-207 °C   Lit.:[193] 205-206 C

Charakterisierung von 9,10-Bis(hept-1-inyl)anthracen:

¹H-NMR (500 MHz, CDCl$_3$, TMS): δ = 8.57 (dd, ^3J = 9.9 Hz, ^4J = 3.3 Hz, 4 H, H-1, 4, 5, 8), 7.55 (dd, ^3J = 9.9 Hz, ^4J = 3.2 Hz, 4 H, H-2, 3, 6, 7), 2.75 (t, ^3J = 7.1 Hz, 4 H, H-13), 1.85-1.80 (m, 4 H, H-14), 1.63-1.57 (m, 4 H, H-15), 1.49-1.42 (m, 4 H, H-16), 0.98 (t, ^3J = 7.3 Hz, 6 H, H-17) ppm.

¹³C-NMR (125 MHz, CDCl$_3$, TMS): δ = 132.11 (C$_q$, C-4a, 8a, 9a, 10a), 127.24 (C$_t$, C-1, 4, 5, 8), 126.23 (C$_t$, C-2, 3, 6, 7), 118.57 (C$_q$, C-9, 10), 103.35 (C$_q$, C-11), 77.41 (C$_q$, C-12), 31.34 (C$_s$, C-15), 28.75 (C$_s$, C-14), 22.29 (C$_s$, C-16), 20.21 (C$_s$, C-13), 14.06 (C$_p$, C-17) ppm.

MS (EI, 70 eV): m/z (%) [Frag.]: 366 (100) [M$^+$], 309 (14) [M - C$_4$H$_9$], 265 (7) [M - C$_5$H$_{11}$, -C$_2$H$_5$], 252 (15) [M - 2 C$_4$H$_9$], 239 (14) [M - C$_5$H$_{11}$, - C$_4$H$_9$].

MS (CI, pos. Isobutan): m/z (%) [Frag.]: 367 (100) [MH$^+$], 299 (13), 271 (24), 232 (90).

HR-MS: C$_{28}$H$_{30}$ ber. 366.23474, gef. 366.23509 (-1.0 ppm)

C$_{27}$^{13}CH$_{30}$ ber. 367.23810, gef. 367.23970 (-4.4 ppm)

IR (ATR): $\tilde{\nu}$ = 2952.3 (w), 2000.6 (w, C≡C), 1457.7 (w), 1433.1 (w), 1393.0 (m), 1293.5 (w), 1022.6 (w), 755.4 (s), 724.0 (s), 640.1 (s) cm^{-1}.

7.3.8.13 9-(Non-1-inyl)anthracen 141

nach AAV 2:

24.8 mg (35.3 µmol) Bis(triphenylphosphin)palladium(II)-chlorid, 15.7 mg (82.4 µmol) Kupfer(I)-iodid, 32.1 mg (122 µmol) Triphenylphosphin, 20 ml abs. THF, 20 ml Diisopropylamin, 2.40 ml (1.82 g, 14.7 mmol) 1-Nonin, 771 mg (3.00 mmol)

9-Bromanthracen. Das Rohprodukt wurde nach Filtration über Aluminiumoxid als bräunliches Öl erhalten, das beim Stehenlassen teilweise kristallisierte. Die Kristalle wurden mit n-Pentan gewaschen und die Mutterlauge flashchromatographisch aufgereinigt (Kieselgel, Eluent n-Hexan, R_f = 0.13). Das Produkt lag in Form tief roter Kristalle vor.

Ausb.: 662 mg (2.20 mmol, 73 %) Lit.: -
Schmp.: 71.0-71.5 °C Lit.: -

Charakterisierung von 9-(Non-1-inyl)anthracen:

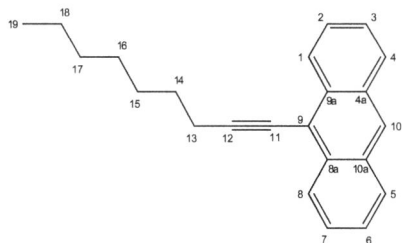

¹H-NMR (600 MHz, CDCl₃, TMS): δ = 8.55 (d, ^3J = 9.6 Hz, 2 H, H-1, 8), 8.34 (s, 1 H, H-10), 7.96 (d, ^3J = 8.0 Hz, 2 H, H-4, 5), 7.54-7.51 (m, 2 H, H-2, 7), 7.47-7.45 (m, 2 H, H-3, 6), 2.74 (t, ^3J = 7.1 Hz, 2 H, H-13), 1.81 (qui, ^3J = 7.2 Hz, 2 H, H-14), 1.64-1.59 (m, 2 H, H-15), 1.46-1.40 (m, 2 H, H-16), 1.38-1.32 (m, 4 H, H-17, 18), 0.91 (t, ^3J = 7.4 Hz, 3 H, H-19) ppm.
¹³C-NMR (150 MHz, CDCl₃, TMS): δ = 132.63 (C_q, C-8a, 9a), 131.24 (C_q, C-4a, 10a), 128.55 (C_t, C-4, 5), 126.93 (C_t, C-10), 126.55 (C_t, C-2, 7), 126.13 (C_t, C-1, 8), 125.48 (C_t, C-3, 6), 118.51 (C_q, C-9), 102.18 (C_q, C-11), 77.23 (C_q, C-12), 31.83 (C_s, C-17), 29.14 (C_s, C-16), 29.11 (C_s, C-15), 28.90 (C_s, C-14), 22.66 (C_s, C-18), 20.17 (C_s, C-13), 14.10 (C_p, C-19) ppm.
MS (EI, 70 eV): m/z (%) [Frag.]: 300 (100) [M⁺], 257 (6) [M - C₃H₇], 243 (14) [M - C₄H₉], 229 (12) [M - C₅H₁₁], 215 (65) [M - C₆H₁₃], 203 (18) [M - C₇H₁₅].
MS (CI, pos. Isobutan): m/z (%) [Frag.]: 301 (100) [MH⁺].
HR-MS: C₂₃H₂₄ ber. 300.18781, gef. 300.18771 (0.3 ppm)
  C₂₂¹³CH₂₄ ber. 301.19116, gef. 301.19088 (0.9 ppm)

IR (ATR): $\tilde{\nu}$ = 3045.8 (w), 2924.9 (m), 2847.9 (w), 2208.4 (w, C≡C), 1460.0 (w), 1412.0 (w), 1356.2 (m), 1159.0 (w), 887.1 (m), 844.2 (m), 730.1 (s), 615.5 (s), 552.1 (s) cm^{-1}.

7.3.8.14 9,10-Bis(non-1-inyl)anthracen 142

nach AAV 2:

73.2 mg (104 µmol) Bis(triphenylphosphin)palladium(II)-chlorid, 52.0 mg (273 µmol) Kupfer(I)-iodid, 126 mg (480 µmol) Triphenylphosphin, 40 ml abs. THF, 40 ml Diisopropylamin, 4.20 ml (3.18 g, 25.6 mmol) 1-Nonin, a) 1.68 g (5.00 mmol) 9,10-Dibromanthracen oder b) 2.15 g (5.00 mmol) 9,10-Diiodanthracen. Das Produkt wurde aus *n*-Pentan umkristallisiert und als tiefroter, kristalliner Feststoff erhalten.

a) Ausb.: 1.54 mg (3.64 mmol, 73 %)   Lit.: -
b) Ausb.: 1.32 mg (3.12 mmol, 62 %)   Lit.: -
Schmp.: 98.1-99.2 °C (Grad. = 0.5 °C·min^{-1})   Lit.: -

Charakterisierung von 9,10-Bis(non-1-inyl)anthracen:

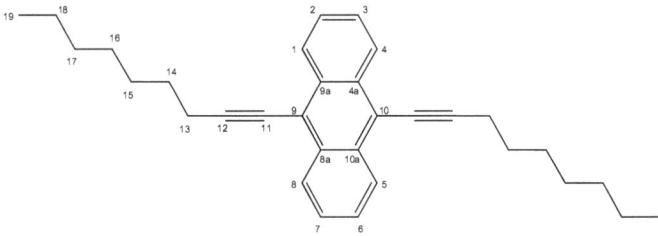

^{1}H-NMR (600 MHz, CDCl$_3$, TMS): δ = 8.56 (dd, ^3J = 9.9 Hz, ^4J = 3.3 Hz, 4 H, H-1, 4, 5, 8), 7.55 (dd, ^3J = 9.9 Hz, ^4J = 3.2 Hz, 4 H, H-2, 3, 6, 7), 2.75 (t, ^3J = 7.1 Hz, 4 H, H-13), 1.82 (qui, ^3J = 7.4 Hz, 4 H, H-14), 1.65-1.59 (m, 4 H, H-15), 1.46-1.40 (m, 4 H, H-16), 1.38-1.33 (m, 8 H, H-17, 18), 0.91 (t, ^3J = 7.1 Hz, 6 H, H-19) ppm.

¹³C-NMR (150 MHz, CDCl$_3$, TMS): δ = 132.17 (C$_q$, C-4a, 8a, 9a, 10a), 127.29 (C$_t$, C-1, 4, 5, 8), 126.23 (C$_t$, C-2, 3, 6, 7), 118.64 (C$_q$, C-9, 10), 103.37 (C$_q$, C-11), 77.50 (C$_q$, C-12), 31.83 (C$_s$, C-17), 29.13 (C$_s$, C-16), 29.10 (C$_s$, C-15), 28.90 (C$_s$, C-14), 22.66 (C$_s$, C-18), 20.26 (C$_s$, C-13), 14.10 (C$_p$, C-19) ppm.

MS (EI, 70 eV): m/z (%) [Frag.]: 422 (100) [M$^+$], 379 (13) [M - C$_3$H$_7$], 337 (12) [M - C$_6$H$_{13}$], 252 (19) [M - 2 C$_6$H$_{13}$], 239 (18) [M - C$_6$H$_{13}$, - C$_7$H$_{15}$], 215 (17) [M - C$_7$H$_{15}$, - C$_9$H$_{16}$].

HR-MS: C$_{32}$H$_{38}$ ber. 422.29736, gef. 422.29744 (-0.2 ppm)

C$_{31}$^{13}CH$_{38}$ ber. 423.30072, gef. 423.30069 (0.1 ppm)

IR (ATR): $\tilde{\nu}$ = 2922.5 (m), 2846.1 (m), 2200.6 (w, C≡C), 1459.8 (w), 1391.9 (m), 1022.6 (w), 764.2 (s), 722.1 (m), 639.8 (s) cm^{-1}.

7.3.8.15 9-(1-Hydroxyprop-2-in-3-yl)anthracen 46

nach AAV 2:

78.2 mg (111 µmol) Bis(triphenylphosphin)palladium(II)-chlorid, 41.7 mg (219 µmol) Kupfer(I)-iodid, 113.8 mg (434 µmol) Triphenylphosphin, 30 ml abs. THF, 30 ml Diisopropylamin, 3.00 ml (2.91 g, 51.9 mmol) 1-Hydroxyprop-2-in, 2.50 g (9.72 mmol) 9-Bromanthracen. Flashchromatographische Reinigung (Kieselgel, Eluent Dichlormethan, R_f = 0.24). Das Produkt wurde als hellgelber, pulvriger, voluminöser Feststoff gewonnen, der nicht kristallisiert werden konnte..

Ausb.: 1.33 g (5.72 mmol, 59 %)   Lit.:[61] 89 %
Schmp.: 131.4-132.4 °C   Lit.: -

Charakterisierung von 9-(1-Hydroxyprop-2-in-3-yl)anthracen:

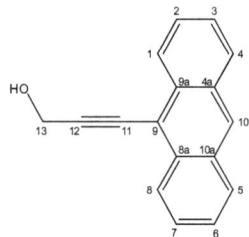

¹H-NMR (600 MHz, CDCl$_3$, TMS): δ = 8.52 (dd, ^3J = 9.4 Hz, ^4J = 0.8 Hz, 2 H, H-1, 8), 8.42 (s, 1 H, H-10), 7.99 (d, ^3J = 8.4 Hz, 2 H, H-4, 5), 7.56 (dt, ^3J = 8.2 Hz, ^4J = 1.2 Hz, 2 H, H-2, 7), 7.49 (dt, ^3J = 8.0 Hz, ^4J = 1.0 Hz, 2 H, H-3, 6), 4.82 (d, ^3J = 6.0 Hz, 2 H, H-13), 1.89 (t, ^3J = 6.2 Hz, 1 H, O−H) ppm.

¹³C-NMR (150 MHz, CDCl$_3$, TMS): δ = 132.79 (C$_q$, C-8a, 9a), 131.10 (C$_q$, C-4a, 10a), 128.66 (C$_t$, C-4, 5), 127.96 (C$_t$, C-10), 126.67 (C$_t$, C-2, 7), 126.57 (C$_t$, C-1, 8), 125.65 (C$_t$, C-3, 6), 116.47 (C$_q$, C-9), 98.41 (C$_q$, C-11), 82.44 (C$_q$, C-12), 52.16 (C$_s$, C-13) ppm.

MS (EI, 70 eV): m/z (%) [Frag.]: 232 (100) [M$^+$], 203 (55) [M - CH$_2$O], 202 (52) [M - CH$_3$O], 101 (16).

MS (CI, pos. Isobutan): m/z (%) [Frag.]: 233 (18) [MH$^+$], 215 (100) [MH - OH].

HR-MS: C$_{17}$H$_{12}$O   ber. 232.08882, gef. 232.08878 (0.2 ppm)

C$_{16}$^{13}CH$_{12}$O   ber. 233.09216, gef. 233.09216 (0.0 ppm)

IR (ATR): $\tilde{\nu}$ = 3239.2 (br m, OH), 2362.2 (w, C≡C), 1437.7 (m), 1357.7 (s), 1111.3 (m), 1004.1 (s), 877.3 (s), 838.1 (m), 725.5 (s), 611.9 (m), 547.0 (m) cm^{-1}.

7.3.8.16 9,10-Bis(1-hydroxyprop-2-in-3-yl)anthracen 71

Variante 1: nach AAV 1

2.00 ml (1.92 g, 34.2 mmol) 1-Hydroxyprop-2-in, 14.0 ml (35.0 mmol) *n*-Butyllithium (2.5 M in *n*-Hexan), 1.00 g (4.80 mmol) Anthrachinon, 70 ml abs. THF, Reduktion mit 11.0 g

(43.5 mmol) Zinn(II)-chlorid-Dihydrat in 50 ml Eisessig und 10 ml 37proz. Salzsäure. Es wurde kein Produkt erhalten

Variante 2: nach AAV 2

300 mg (427 µmol) Bis(triphenylphosphin)palladium(II)-chlorid, 120 mg (630 µmol) Kupfer(I)-iodid, 500 mg (1.91 mmol) Triphenylphosphin, 40 ml abs. THF, 40 ml Diisopropylamin, 10 ml Triethylamin, 3.50 ml (3.40 g, 60.6 mmol) 1-Hydroxyprop-2-in, a) 1.68 g (5.00 mmol) 9,10-Dibromanthracen oder b) 2.15 g (5.00 mmol) 9,10-Diiodanthracen. Es wurde eine polymere Masse erhalten, aus der kein Produkt isoliert werden konnte.

Variante 3: nach AAV 3

29.5 mg (42 µmol) Bis(triphenylphosphin)palladium(II)-chlorid, 23.8 mg (125 µmol) Kupfer(I)-iodid, 51.7 mg (197 µmol) Triphenylphosphin, 700 mg (5.07 mmol) Kaliumcarbonat, 40 ml DMF, 20 ml Toluol, 1.00 ml (970 mg, 17.3 mmol) 1-Hydroxyprop-2-in, 670 mg (1.99 mmol) 9,10-Dibromanthracen. Es wurde ein schwarzes Polymer erhalten, das nur mechanisch aus dem Reaktionskolben entfernt und nicht aufgearbeitet werden konnte.

Variante 4: Reduktion von 9,10-Bis(prop-2-in-1-al-3-yl)anthracen

243 mg (861 µmol) 9,10-Bis(prop-2-in-1-al-3-yl)anthracen wurden in einem Gemisch aus 30 ml THF und 20 ml Methanol unter Zusatz von 2 Tropfen Wasser gelöst und mit 130 mg (3.44 mmol) Natriumborhydrid versetzt. Nach 12 h Rühren bei Raumtemp. wurde die Reaktion durch Zusatz von 100 ml verd. Citronensäurelsg. abgebrochen und das Reaktionsgemisch mit 100 ml Ethylacetat extrahiert. Die org. Phase wurde noch dreimal mit je 100 ml Wasser gewaschen, über Magnesiumsulfat getrocknet und bis zur Trockene eingeengt. Das Produkt lag als hellgelbes Pulver vor, das sich bei Luft- und Lichteinfluss rasch dunkel färbte.

Ausb.: 219 mg (763 µmol, 89 %)   Lit.: -
Schmp.: >200 °C (Zers.)   Lit.: -

Charakterisierung von 9,10-Bis(1-hydroxyprop-2-in-3-yl)anthracen:

1H-NMR (200 MHz, CD$_3$OD): δ = 8.56 (dd, ^3J = 6.7 Hz, ^4J = 3.3 Hz, 4 H, H-1, 4, 5, 8), 7.59 (dd, ^3J = 6.7 Hz, ^4J = 3.3 Hz, 4 H, H-2, 3, 6, 7), 4.75 (s, 4 H, H-13) ppm.
MS (EI, 70 eV): m/z (%) [Frag.]: 286 (100) [M$^+$], 256 (18) [M - CO], 239 (50) [M - CHO$_2$], 226 (50) [M - C$_2$O$_2$].
IR (ATR): $\tilde{\nu}$ = 3265.1 (br, m), 1097.9 (w), 1010.9 (m), 763.5 (s), 640.1 (m) cm^{-1}.

7.3.8.17 9-(3,3-Diethoxyprop-1-inyl)anthracen 78

Variante 1: nach AAV 2

21 mg (29.9 µmol) Bis(triphenylphosphin)palladium(II)-chlorid, 12.1 mg (63.5 µmol) Kupfer(I)-iodid, 48.6 mg (185 µmol) Triphenylphosphin, 20 ml abs. THF, 20 ml Diisopropylamin, 1.00 ml (900 mg, 7.02 mmol) 3,3-Diethoxyprop-1-in, 527 mg (2.05 mmol) 9-Bromanthracen. Nach zweifacher flashchromatographischer Reinigung (Kieselgel, Eluent *n*-Hexan / Dichlormethan 1:1, R_f = 0.35) wurde das Produkt als schmieriger roter Feststoff erhalten.

Ausb.: 73.2 mg (240 µmol, 12 %)   Lit.: -
Schmp.: n. b.   Lit.: -

Variante 2: nach AAV 3

84.4 mg (120 µmol) Bis(triphenylphosphin)palladium(II)-chlorid, 43.8 mg (230 µmol) Kupfer(I)-iodid, 137 mg (522 µmol) Triphenylphosphin, 2.51 mg (18.2 mmol) Kaliumcarbonat, 100 ml DMF, 2.10 ml (1.89 g, 14.7 mmol) 3,3-Diethoxyprop-1-in, 2.57 g (10.0 mmol) 9-Bromanthracen. Das Produkt lag nach säulenchromatographischer Reinigung (Kieselgel, Eluent *n*-Hexan / Dichlormethan 1:1, R_f = 0.35) als rotes Öl vor, das auch nach Trocknung i. Ölpumpenvak. nur teilweise kristallisierte.

Ausb.: 12.0 g (33.0 mmol, 73 %) Lit.:[66] 90 %
Schmp.: n. b. Lit.: -

Charakterisierung von 9-(3,3-Diethoxyprop-1-inyl)anthracen:

¹H-NMR (600 MHz, CDCl$_3$, TMS): δ = 8.53 (dd, ^3J = 8.6 Hz, ^4J = 1.9 Hz, 2 H, H-1, 8), 8.43 (s, 1 H, H-10), 7.99 (dd, ^3J = 8.5 Hz, ^4J = 1.9 Hz, 2 H, H-4, 5), 7.56 (dt, ^3J = 7.8 Hz, ^4J = 1.2 Hz, 2 H, H-2, 7), 7.49 (dt, ^3J = 7.7 Hz, ^4J = 1.1 Hz, 2 H, H-3, 6), 5.82 (s, 1 H, H-13), 3.99 (dq, ^2J = 9.5 Hz, ^3J = 7.1 Hz, 2 H, H-14), 3.83 (dq, ^2J = 9.5 Hz, ^3J = 7.1 Hz, 2 H, H-14), 1.36 (t, ^3J = 7.1 Hz, 6 H, H-15) ppm.

¹³C-NMR (150 MHz, CDCl$_3$, TMS): δ = 132.89 (C$_q$, C-8a, 9a), 130.99 (C$_q$, C-4a, 10a), 128.62 (C$_t$, C-4, 5), 128.30 (C$_t$, C-10), 126.78 (C$_t$, C-1, 8), 126.59 (C$_t$, C-2, 7), 125.66 (C$_t$, Anthr-C-3, 6), 115.79 (C$_q$, C-9), 95.62 (C$_q$, C-11), 92.30 (C$_t$, C-13), 81.91 (C$_q$, C-12), 61.19 (C$_s$, C-14), 15.25 (C$_p$, C-15) ppm.

MS (EI, 70 eV): m/z (%) [Frag.]: 304 (100) [M$^+$], 259 (87) [M - C$_2$H$_5$O], 231 (52) [M - C$_4$H$_9$O], 202 (95) [M - C$_5$H$_{10}$O$_2$].

MS (CI, pos. Isobutan): m/z (%) [Frag.]: 304 (11) [M$^+$], 259 (100) [M - C$_2$H$_5$O].

UV/Vis (Acetonitril) $\lambda_{max.}$ (lg ε): 258 (4.54), 363 (3.83), 382 (4.04), 403 (4.05) nm.

IR (ATR): $\tilde{\nu}$ = 2968.0 (m), 2358.8 (m, C≡C), 1365.3 (m), 1325.3 (m), 1127.3 (s), 1050.0 (s), 1004.2 (s), 878.6 (m), 839.8 (m), 728.0 (s), 614.5 (m) cm^{-1}.

EA: C$_{21}$H$_{20}$O$_2$ (304.38)   ber. C 82.86, H 6.62
         C$_{21}$H$_{20}$O$_2$ · 0.5 CH$_2$Cl$_2$ ber. C 74.45, H 6.10
                                               gef. C 74.39, H 5.00

7.3.8.18 9-Brom-10-(3,3-diethoxyprop-1-inyl)anthracen 80 und 9,10-Bis(3,3-diethoxyprop-1-inyl)anthracen 79

Variante 1: nach AAV 1

538 mg (4.20 mmol) 3,3-Diethoxyprop-1-in, 2.5 ml (6.25 mmol) *n*-Butyllithium (2.5 M in *n*-Hexan), 210 mg (1.01 mmol) Anthrachinon, 80 ml abs. THF. Das Rohprodukt konnte chromatographisch nicht getrennt werden. Reduktion mit 2.62 g (11.6 mmol) Zinn(II)-chlorid-Dihydrat in 20 ml Eisessig und 10 ml 37proz. Salzsäure lieferte erwartungsgemäß statt des Produkts den entschützten Aldehyd in stark verunreinigter Form.

Variante 2: nach AAV 2

75.2 mg (107 µmol) Bis(triphenylphosphin)palladium(II)-chlorid, 26.3 mg (138 µmol) Kupfer(I)-iodid, 115 mg (438 mmol) Triphenylphosphin, 40 ml abs. THF, 40 ml Diisopropylamin, 3.24 g (25.3 mmol) 3,3-Diethoxyprop-1-in, 1.68 g (5.00 mmol) 9,10-Dibromanthracen. Durch flashchromatographische Reinigung (Kieselgel, Eluent *n*-Hexan / Dichlormethan 1:1) und nachfolgendes Umkristallisieren aus Dichlormethan konnten 9-Brom-10-(3,3-diethoxyprop-1-inyl)anthracen **80** (R_f = 0.38) als braungelber und 9,10-Bis(3,3-diethoxyprop-1-inyl)anthracen **79** (R_f = 0.18) als orangefarbener, kristalliner Feststoff erhalten werden.

Verbindung 80:
Ausb.: 624 mg (1.63 mmol, 23 %)   Lit.: -
Schmp.: 86 °C   Lit.: -

Verbindung 79:
Ausb.: 371 mg (862 µmol, 17 %)   Lit.: -
Schmp.: 100-101 °C   Lit.: -

Variante 3: nach AAV 3

40.0 mg (226 µmol) Palladium(II)-chlorid, 80.0 mg (420 µmol) Kupfer(I)-iodid, 800 mg (3.05 mmol) Triphenylphosphin, 200 ml DMF, 50 ml Toluol, 8.60 ml (7.74 g, 60.4 mmol) 3,3-Diethoxyprop-1-in, 3.36 g (10.0 mmol) 9,10-Dibromanthracen, 5.00 g (36.2 mmol) Kaliumcarbonat. Flashchromatographische Reinigung ergab **87** und **86**.

Verbindung 80:
Ausb.: 844 mg (2.20 mmol, 22 %)   Lit.: -
Schmp.: 86.5-88.5 °C   Lit.: -

Verbindung 79:
Ausb.: 1.89 g (4.39 mmol, 44 %)   Lit.: -
Schmp.: 101-102 °C   Lit.: -

Charakterisierung von 9-Brom-10-(3,3-diethoxyprop-1-inyl)anthracen:

¹H-NMR (600 MHz, CDCl$_3$, TMS): δ = 8.60-8.54 (m, 4 H, H-1, 4, 5, 8), 7.65-7.60 (m, 4 H, H-2, 3, 6, 7), 5.80 (s, 1 H, H-13), 3.98 (dq, ^2J = 9.5 Hz, ^3J = 7.1 Hz, 2 H, H-14), 3.84 (dq, ^2J = 9.5 Hz, ^3J = 7.1 Hz, 2 H, H-14), 1.36 (t, ^3J = 7.1 Hz, 6 H, H-15) ppm.

¹³C-NMR (150 MHz, CDCl$_3$, TMS): δ = 133.33 (C$_q$, C-10a, 4a), 130.19 (C$_q$, C-8a, 9a), 128.23 (C$_t$, C-4, 5), 127.45 (C$_t$, C-1, 8), 127.11 (C$_t$, C-2, 7), 127.04 (C$_t$, C-3, 6), 124.95 (C$_q$, C-9), 116.82 (C$_q$, C-10), 96.93 (C$_q$, C-11), 92.34 (C$_q$, C-12), 81.55 (C$_t$, C-13), 61.34 (C$_s$, C-14), 15.26 (C$_p$, C-15) ppm.

MS (EI, 70 eV): m/z (%) [Frag.]: 384 (94) / 382 (97) [M$^+$], 339 (93) / 337 (96) [M - C$_2$H$_5$O], 282 (53) / 280 (52) [M - C$_5$H$_{10}$O$_2$], 230 (62) [M - C$_4$H$_9$OBr], 200 (100) [M - C$_5$H$_{11}$O$_2$Br].

MS (CI, pos. Isobutan): m/z (%) [Frag.]: 337 (63) / 339 (82) [MH - C$_2$H$_6$O], 259 (93), 103 (100).

HR-MS: C$_{21}$H$_{19}$^{79}BrO$_2$ ber. 382.05685, gef. 382.05682 (0.1 ppm)

C$_{20}$^{13}CH$_{19}$^{79}BrO$_2$ ber. 383.06018, gef. 383.06031 (-0.3 ppm)

C$_{21}$H$_{19}$^{81}BrO$_2$ ber. 384.05481, gef. 384.05657 (-4.6 ppm)

C$_{20}$^{13}CH$_{19}$^{81}BrO$_2$ ber. 385.05814, gef. 385.05815 (-0.0 ppm)

UV/Vis (Acetonitril) λ$_{max.}$ (lg ε): 263 (4.56), 371 (3.94), 391 (4.20), 414 (4.25) nm.

IR (ATR): $\tilde{\nu}$ = 2974.8 (m), 2918.6 (m), 2358.2 (w, C≡C), 1359.4 (m), 1332.1 (m), 1116.2 (m), 1054.1 (s), 1003.8 (s), 889.0 (s), 749.5 (s), 619.4 (m) cm^{-1}.

EA: C$_{21}$H$_{19}$BrO$_2$ (383.28)   ber. C 65.81, H 5.00

gef. C 65.66, H 5.15

Charakterisierung von 9,10-Bis(3,3-diethoxyprop-1-inyl)anthracen:

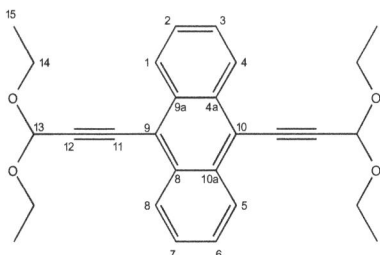

^{1}H-NMR (600 MHz, CDCl$_3$, TMS): δ = 8.55 (dd, ^3J = 6.6 Hz, ^4J = 3.2 Hz, 4 H, H-1, 4, 5, 8), 7.61 (dd, ^3J = 6.7 Hz, ^4J = 3.2 Hz, 4 H, H-2, 3, 6, 7), 5.81 (s, 2 H, H-13), 3.98 (dq, ^2J = 9.5 Hz, ^3J = 7.1 Hz, 4 H, H-14), 3.83 (dq, ^2J = 9.5 Hz, ^3J = 7.1 Hz, 4 H, H-14), 1.36 (t, ^3J = 7.1 Hz, 12 H, H-15) ppm.

^{13}C-NMR (150 MHz, CDCl$_3$, TMS): δ = 132.22 (C$_q$, C-4a, 8a, 9a, 10a), 127.05 (C$_t$, C-1, 4, 5, 8), 127.02 (C$_t$, C-2, 3, 6, 7), 117.66 (C$_q$, C-9, 10), 97.41 (C$_q$, C-11), 92.27 (C$_t$, C-13), 81.73 (C$_q$, C-12), 61.30 (C$_s$, C-14), 13.26 (C$_p$, C-15) ppm.

MS (EI, 70 eV): m/z (%) [Frag.]: 430 (100) [M$^+$], 385 (82) [M - C$_2$H$_5$], 283 (33) [M - C$_8$H$_{18}$O$_2$], 255 (24) [M - C$_9$H$_{19}$O$_3$], 226 (38) [M - C$_{10}$H$_{20}$O$_4$].

UV/Vis (Acetonitril) λ$_{max.}$ (lg ε): 266 (4.56), 383 (4.08), 404 (4.35), 428 (4.43) nm.

IR (ATR): $\tilde{\nu}$ = 2970.2 (w), 28.75.7 (w), 2362.0 (w, C≡C), 1387.5 (m), 1320.3 (s), 1114.4 (s), 1043.9 (s), 1001.3 (s), 772.2 (s), 642.1 (s) cm^{-1}.

EA: C$_{28}$H$_{30}$O$_4$ (430.54)   ber. C 78.11, H 7.02
          C$_{28}$H$_{30}$O$_4$ · 0.07 CH$_2$Cl$_2$ ber. C 77.33, H 6.97
                                          gef. C 77.30, H 7.08

X-Ray: Die Daten der Einkristallstrukturanalyse sind im Anhang hinterlegt.

7.3.8.19 10,10'-Bis(3,3-diethoxyprop-1-inyl)-9,9'-bianthryl 143

nach AAV 3:

20.0 mg (113 µmol) Palladium(II)-chlorid, 80.0 mg (420 µmol) Kupfer(I)-iodid, 800 mg (3.05 mmol) Triphenylphosphin, 200 ml DMF, 50 ml Toluol, 8.60 ml (7.74 g, 60.4 mmol) 3,3-Diethoxyprop-1-in, 1.03 g (2.01 mmol) 10,10'-Dibrom-9,9'-bianthryl, 5.00 g (36.2 mmol) Kaliumcarbonat. Säulenchromatographische Reinigung (Kieselgel, Eluent *n*-Hexan / Dichlormethan 1:1, R_f = 0.32) und nachfolgendes Umkristallisieren aus Dichlormethan ergab das Produkt als gelben Feststoff.

Ausb.: 1.02 g (1.68 mmol, 84 %)   Lit.: -
Schmp.: >150 °C Zers.   Lit.: -

Charakterisierung von 10,10'-Bis(3,3-diethoxyprop-1-inyl)-9,9'-bianthryl:

^{1}H-NMR (600 MHz, CDCl$_3$, TMS): δ = 8.70 (d, ^3J = 8.7 Hz, 4 H, H-4, 5), 7.55 (dd, ^3J = 7.6 Hz, ^4J = 1.1 Hz, 4 H, H-3, 6), 7.17 (dd, ^3J = 7.6 Hz, ^4J = 1.2 Hz, 4 H, H-2, 7), 7.06 (d, ^3J = 8.7 Hz, 4 H, H-1, 8), 5.89 (s, 2 H, H-13), 4.05 (qd, ^2J = 9.5 Hz, ^3J = 7.1 Hz, 4 H, H-14), 3.89 (qd, ^2J = 9.5 Hz, ^3J = 7.1 Hz, 4 H, H-14), 1.40 (t, ^3J = 7.1 Hz, 12 H, H-15) ppm.

^{13}C-NMR (150 MHz, CDCl$_3$, TMS): δ = 134.69 (C$_q$, C-9), 132.64 (C$_q$, C-4a, 10a), 131.02 (C$_q$, C-8a, 9a), 127.12 (C$_t$, C-1, 8), 126.98 (C$_t$, C-4, 5), 126.80 (C$_t$, C-3, 6), 126.32 (C$_t$, C-2, 7), 117.00 (C$_q$, C-10), 96.54 (C$_q$, C-11), 92.41 (C$_t$, C-13), 82.03 (C$_q$, C-12), 61.32 (C$_s$, C-14), 15.32 (C$_p$, C-15) ppm.

MS (EI, 70 eV): m/z (%) [Frag.]: 606 (100) [M$^+$], 561 (62) [M - C_2H_5O], 517 (7) [M - $C_4H_9O_2$].

HR-MS: $C_{42}H_{38}O_4$ ber. 606.27704, gef. 606.27718 (-0.2 ppm)

            $C_{41}{}^{13}CH_{38}O_4$ ber. 607.28033, gef. 607.28020 (-0.2 ppm)

IR (ATR): $\tilde{\nu}$ = 2969.7 (w), 1354.8 (w), 1047.5 (s), 760.5 (s), 676.4 (m) cm^{-1}.

EA: $C_{42}H_{38}O_4$ (606.75)   ber. C 83.14, H 6.31

        $C_{42}H_{38}O_4 \cdot 0.133\ CH_2Cl_2$ ber. C 81.89, H 6.25

                                         gef. C 81.89, H 6.38

7.3.8.20 Trimethylsilylacetylen 89

Das für alle Versuche verwendete Acetylen aus Gasflaschen besaß technische Qualität. Vor Verwendung passierte das Gas eine Waschflasche mit konz. Schwefelsäure und einen mit Kaliumhydroxid und Calciumchlorid befüllten Trockenturm, um Reste von Aceton aus dem Gas zurückzuhalten.

Variante 1: nach GRIGNARD[194]

4.80 g (0.199 mol) Magnesiumspäne nach GRIGNARD wurden mit 30 ml abs. THF überschichtet und mit 15.0 ml (21.9 g, 0.201 mol) Bromethan versetzt. Nach Einsetzen der Reaktion wurden weitere 300 ml THF zugefügt und das Reaktionsgemisch so lange unter Rückfluss erhitzt, bis alles Magnesium gelöst war. In das Reaktionsgemisch wurde zunächst über 2 h unter gutem Rühren ein feiner Strom Acetylen eingeleitet und nachfolgend eine Lösung aus 25.0 ml (21.3 g, 196 mmol) Trimethylsilylchlorid in 25 ml THF eingetropft. Nach 1 h Rühren bei 40 °C wurde das Produkt über eine gut wirksame Vigreuxkolonne direkt aus dem Gemisch abdestilliert. Es konnte nur ein Gemisch aus Trimethylsilylacetylen und THF gewonnen werden.

Als alternative Aufarbeitung[195] wurde der Reaktionslösung 200 ml Petrolether 90/120 zugesetzt und das THF mit Wasser ausgewaschen. Hierbei konnte kein Produkt isoliert werden.

Variante 2: mit *n*-Butyllithium[196]

100 ml abs. THF wurden bei 0 °C mit Acetylen gesättigt und unter fortwährender Einleitung von Acetylen tropfenweise mit 100 ml (160 mmol) *n*-Butyllithium (1.6 M Lösung in *n*-Hexan) versetzt. Nachfolgend wurden unter gutem Rühren 22.0 ml (18.7 g, 172 mmol) Trimethylsilylchlorid zugetropft. Nach 5 h Rühren bei Raumtemp. wurden 200 ml *n*-Pentan und 500 ml Wasser zugefügt und die org. Phase abgetrennt. Das Lösungsmittel wurde destillativ weitestgehend entfernt und der Rückstand fraktionierend destilliert. Das Produkt konnte nur mit *n*-Hexan verunreinigt gewonnen werden.

Variante 3: nach SCHMIDBAUR[99]

5.00 g (217 mmol) sorgfältig von den Krusten befreites Natrium wurden in 300 ml abs. Anisol auf 110 °C erwärmt und mittels eines Rührers nach Hershberg zu einer feinen Suspension zerschlagen. Es wurde so lange Acetylen eingeleitet, bis das Natrium vollständig zu Natriumacetylid umgesetzt war (ca. 2 h, erkennbar an der rein weißen Farbe der Suspension). Nach Zusatz von 30.0 ml (25.5 g, 235 mmol) Trimethylsilylchlorid wurde noch 20 h bei 110 °C gerührt und das Produkt nachfolgend abdestilliert. Da das Destillat noch Trimethylsilylchlorid enthielt, wurde es einer Feindestillation unter Zusatz von Natriumacetat unterzogen.

Ausb.: 8.95 g (91.1 mmol, 42 %)   Lit.:[99] 42 %
Sdp.: 51-54 °C   Lit.:[99] 53 °C

Charakterisierung von Trimethylsilylacetylen:

IR (KBr): $\tilde{\nu}$ = 3291.6 (s, ≡C-H), 2962.1 (s, -CH$_3$), 2035.8 (s, C≡C), 1251.5 (s), 845.2 (br, s), 761.4 (s), 675.0 (m), 651.0 (m) cm^{-1}.

7.3.8.21 1,2-Dibrom-3,3-diethoxypropan 109

33.5 ml (28.1 g, 501 mmol) Acrolein wurden in einem Dreihalskolben mit Innenthermometer, Tropftrichter und Rückflusskühler in einem Aceton-Trockeneis-Bad auf etwa -30 °C gekühlt und vorsichtig mit 25.0 ml (78.0 g, 488 mmol) Brom versetzt. Nach Erwärmung auf Raumtemp. wurde das Reaktionsgemisch unter gutem Rühren mit einer Mischung aus 89.0 ml (80.1 g, 540 mmol) Triethylorthoformiat und 65.0 ml (51.4 g, 1.12 mol) abs. Ethanol versetzt, wobei eine spontane Wärmetönung auftrat. Das Reaktionsgemisch wurde 3 h bei 50 °C gerührt und am Rotationsverdampfer eingeengt. Das Rohprodukt wurde fraktionierend i. Vak. destilliert. Das Destillat verfärbte sich beim Stehen über Nacht bräunlich und wurde daher ohne weitere Charakterisierung direkt in der nächsten Synthesestufe eingesetzt.

Sdp.: 92-112 °C / 15 mbar   Lit.:[101] 113-115 °C / 11 torr
Ausb.: 117 g (0.404 mol, 83 %)   Lit.:[101] 74-77 %

7.3.8.22 3,3-Diethoxypropin 77

In eine Suspension aus 250 ml *tert*-Butanol, 750 ml Diethylether und 120 g (1.07 mol) Kalium-*tert*-butanolat wurden 50.0 g (232 mmol) 1,2-Dibrom-3,3-diethoxypropan vorsichtig innerhalb von etwa 20 min zugetropft. Das Reaktionsgemisch wurde 2 h bei 50 °C gerührt und mit konz. Citronensäurelsg. neutralisiert. Nachfolgend wurde so lange mit Wasser gewaschen, bis kein *tert*-Butanol im Waschwasser mehr anfiel. Die org. Phase wurde abgetrennt, über Magnesiumsulfat getrocknet, filtriert, am Rotationsverdampfer eingeengt und abschließend i. Vak. fraktionierend destilliert.

Ausb.: 20.8 g (0.162 mol, 70 %)   Lit.:[101] 67-74 %
Sdp.: 30-38 °C / 15 mbar   Lit.:[101] 95-96 °C / 170 torr

Charakterisierung von 3,3-Diethoxyprop-1-in:

¹H-NMR (200 MHz, CDCl$_3$, TMS): δ = 5.26 (d, ^4J = 2.0 Hz, 1 H, H-3), 3.74 (q, ^3J = 7.1 Hz 2 H, H-4), 3.62 (q, ^3J = 7.1 Hz 2 H, H-4), 2.55 (d, ^4J = 1.0 Hz, H-1), 1.24 (t, ^3J = 7.1 Hz 6 H, H-5) ppm.
MS (EI, 70 eV): m/z (%) [Frag.]: 127 (3) [M − H], 103 (100).
MS (CI, pos. Isobutan): m/z (%) [Frag.]: 129 (5) [MH$^+$], 113 (31), 103 (25), 97 (100).
IR (ATR): $\tilde{\nu}$ = 3288.0 (br, w), 2975.5 (w), 2122.2 (w, C≡C), 1326.9 (m), 1095.7 (s), 1048.8 (s), 1007.7 (s), 650.3 (m) cm^{-1}.

7.3.8.23 Anthron 102

10.5 g (50.4 mmol) Anthrachinon wurden zusammen mit 12.5 g (105 mmol) Zinngranalien in 75 ml Eisessig zum Rückfluss erhitzt und innerhalb von 30 min mit 25 ml 37proz. Salzsäure versetzt. Nach 5 h lag eine klare Lösung vor, aus der das Rohprodukt beim Abkühlen auskristallisierte. Nach Filtration und Umkristallisieren aus Toluol wurde das Produkt in Form hellbrauner Kristalle erhalten.

Ausb.: 7.83 mg (40.3 mmol, 80 %)   Lit.:[90] 82 %
Schmp.: 158 °C   Lit.:[90] 154-155 °C

Charakterisierung von Anthron:

¹**H-NMR** (300 MHz, CDCl$_3$, TMS): δ = 8.36 (dd, ^3J = 8.4 Hz, ^4J = 1.4 Hz, 2 H, H-1, 8), 7.58 (dd, ^3J = 8.5 Hz, ^4J = 1.5 Hz, 2 H, H-4, 5), 7.48-7.45 (m, 4 H, H-2, 3, 6, 7), 4.35 (s, 2 H, H-10) ppm.

¹³**C-NMR** (75 MHz, CDCl$_3$, TMS): δ = 184.13 (C$_q$, C-9), 140.45 (C$_q$, C-4a, 10a), 132.74 (C$_t$, C-3, 6), 132.03 (C$_q$, C-8a, 9a), 128.46 (C$_t$, C-1, 8), 127.59 (C$_t$, C-4, 5), 127.02 (C$_t$, C-2, 7) 32.35 (C$_s$, C-10) ppm.

MS (EI, 70 eV): m/z (%) [Frag.]: 194 (100) [M$^+$], 165 (86) [M - CHO].

MS (CI, pos. Isobutan): m/z (%) [Frag.]: 195 (100) [MH$^+$].

IR (KBr): $\tilde{\nu}$ = 1658.7 (s), 1599.2 (s), 1463.7 (m), 1400.1 (m), 1310.5 (s), 1172.0 (m), 1152.3 (m), 1088.1 (w), 932.0 (m), 811.7 (m), 711.9 (s), 630.4 (m) cm^{-1}.

7.3.8.24 10-Bromanthron 107

0.50 ml (1.56 g, 9.76 mmol) Brom wurden bei Raumtemp. langsam zu einer Lösung aus 2.80 g (9.52 mmol) Anthron in 30 ml Kohlenstoffdisulfid zugetropft. Der ausfallende, hellbraune Niederschlag wurde abfiltriert, mit *n*-Pentan gewaschen und getrocknet.

Ausb.: 2.31 g (8.46 mmol, 89 %)   Lit.:[192] 86 %
Schmp.: 149-150 °C   Lit.:[45] 151 °C

Charakterisierung von 10-Bromanthron:

¹H-NMR (200 MHz, CDCl$_3$, TMS): δ = 8.28 (m$_{(c)}$, 2 H, H-1, 8), 7.73 (m$_{(c)}$, 2 H, H-4, 5), 7.65 (dt, ^3J = 7.8 Hz, ^4J = 1.5 Hz, 2 H, H-3, 6), 7.53 (dt, ^3J = 7.8 Hz, ^4J = 1.6 Hz, 2 H, H-2, 7), 6.65 (s, 1 H, H-10) ppm.
MS (EI, 70 eV): m/z (%) [Frag.]: 193 (100) [M - Br].
MS (CI, pos. Isobutan): m/z (%) [Frag.]: 193 (100) [M - HBr].
IR (KBr): $\tilde{\nu}$ = 1658.0 (s), 1597.9 (s), 1581.3 (s), 1464.9 (m), 1358.6 (m), 1313.3 (s), 1300.0 (s), 1158.3 (m), 1138.8 (m), 1091.0 (w), 926.9 (s), 775.2 (s), 683.5 (s), 610.0 (s) cm^{-1}.

7.3.9 Versuche zur Synthese von 9,10-Diaminoanthracen 8

7.3.9.1 9-Nitroanthracen 104

20.0 g (112 mmol) Anthracen wurden in 80 ml Eisessig suspendiert und bei 28 °C mit 8 ml 70proz. Salpetersäure versetzt. Nach 30 min wurde von verbliebenem Anthracen abfiltriert und das Filtrat mit 50 ml Eisessig und 50 ml 37proz. Salzsäure versetzt. Der dichte Niederschlag von 9-Chlor-10-nitro-9,10-dihydroanthracen wurde abgesaugt und in einem Mörser innig mit 50 ml 10proz. Kaliumhydroxidlsg. verrieben. Nach Waschen mit Wasser und Rekristallisation aus Eisessig wurde das Produkt in Form langer, nadelförmiger, orangefarbener Kristalle erhalten.

Ausb.: 14.3 g (63.3 mmol, 57 %) Lit.:[156] 60-68 %
Schmp.: 147.5 °C Lit.:[156] 145-146 °C

Charakterisierung von 9-Nitroanthracen:

¹H-NMR (300 MHz, DMSO-$d6$, DMSO): δ = 8.56 (s, 1 H, H-10), 8.04-8.03 (m, 2 H, H-1, 8), 7.94-7.91 (m, 2 H, H-4, 5), 7.65-7.60 (m, 4 H, H-2, 3, 6, 7) ppm.
¹³C-NMR (75 MHz, CDCl$_3$, TMS): δ = 144.24 (C$_q$, C-9), 130.74 (C$_q$, C-4a, 10a), 130.35 (C$_t$, C-10), 128.84 (C$_t$, C-2, 7), 128.36 (C$_t$, C-4, 5), 126.17 (C$_t$, C-3, 6), 122.26 (C$_q$, C-8a, 9a) 121.35 (C$_t$, C-1, 8) ppm.
MS (EI, 70 eV): m/z (%) [Frag.]: 223 (100) [M$^+$], 177 (58) [M - NO$_2$].
MS (CI, pos. Isobutan): m/z (%) [Frag.]: 224 (100) [MH$^+$].
IR (KBr): $\tilde{\nu}$ = 1517.5 (s, N−O), 1443.3 (m), 1371.5 (m), 1318.0 (m), 1274.3 (m), 889.8 (s), 773.8 (m), 726.8 (s) cm^{-1}.

7.3.9.2 9,10-Dinitroanthracen 121

500 mg (2.81 mmol) Anthracen wurden in 10 ml heißem Acetonitril gelöst und intensiv mit 2 g Kieselgel vermischt. In gleicher Weise wurden 5.02 g (9.16 mmol) Cer(IV)-ammoniumnitrat durch Lösen in 15 ml Acetonitril und 10 ml Wasser auf 5 g Kieselgel aufgetragen. Nach Trocknung im Ofen bei 50 °C wurden beide Präparate gut vermischt und auf eine trocken konditionierte Kieselgelsäule aufgetragen. Die Elution der Säule mit *n*-Hexan lieferte Anthracen neben Spuren von 9-Nitroanthracen, aber kein Produkt.

7.3.9.3 9-Aminoanthracen 113

461 mg (2.07 mmol) 9-Nitroanthracen wurden in 20 ml Methanol gelöst und nach Zusatz von 10 ml einer ges. Lösung von Zinn(II)-chlorid in konz. Salzsäure 5 h refluxiert. Das Auftreten einer intensiv grünen Fluoreszenz deutete auf die Bildung des Produkts hin, auch dünnschichtchromatographische Untersuchungen zeigten die Bildung des Produkts (Anfärbung mit Ninhydrin). Nach Neutralisation und Entfernung des Zinn(IV)-hydroxids konnte jedoch kein Produkt mehr nachgewiesen werden.

7.3.9.4 2,3,5,6-Dibenzo-7,8-diazabicyclo[2.2.2]octadien-7,8-dicarbonsäure-diethylester 123a

9.52 g (53.4 mmol) Anthracen wurden mit 25.0 ml einer 40proz. Lösung von Azodicarbonsäurediethylester in Toluol versetzt und 8 h unter Rückfluss erhitzt. Beim Abkühlen fiel das Produkt in farblosen Kristallen aus.

Ausb.: 13.4 g (38.0 mmol, 71 %)   Lit.:[160] 51 %
Schmp.: 134-136 °C   Lit.:[160] 138 °C

Charakterisierung von
2,3,5,6-Dibenzo-7,8-diazabicyclo[2.2.2]octadien-7,8-dicarbonsäurediethylester:

¹H-NMR (200 MHz, CDCl$_3$): δ = 7.56-7.18 (m, 8 H, H-1, 2, 3, 4, 5, 6, 7, 8), 6.29 (br s, 2 H, H-9, 10), 4.21-4.02 (m, 4 H, H-11), 1.19 (t, ^3J = 6.9 Hz, 6 H, H-12) ppm.

IR (KBr): $\tilde{v}$ = 3399.8 (br w, N–H), 2996.4 (w), 2962.2 (w), 1701.0 (s, C=O), 1465.9 (m), 1370.8 (m), 1306.7 (s), 1246.2 (m), 1241.7 (m), 1116.4 (m), 1094.8 (m), 765.6 (m), 626.0 (m) cm^{-1}.

7.3.9.5 Bis(anthracen-9,10-diyl)carbaminsäureethylester 123b

7.85 g (22.3 mmol) labiles Addukt **123a** wurden in 50.0 ml Eisessig gelöst, mit 10 ml 5 M Salzsäure versetzt und das ausgefallen Produkt nach 4 h abgesaugt.

Ausb.: 7.47 g (21.2 mmol, 95 %)   Lit.:[160] 100 %
Schmp.: 237 °C   Lit.:[160] 242 °C

Charakterisierung von Bis(anthracen-9,10-diyl)carbaminsäureethylester:

¹H-NMR (300 MHz, CDCl₃): δ = 8.51 (s, 2 H, N–H), 8.33 (br d, ^3J = 8.2 Hz, 2 H, H-1, 5), 8.04 (d, ^3J = 8.4 Hz, 2 H, H-4, 8), 7.62-7.48 (m, 4 H, H-2, 3, 6, 7), 4.25-4.10 (m, 4 H, H-11), 1.24 (t, ^3J = 7.0 Hz, 6 H, H-12) ppm.
IR (KBr): $\tilde{\nu}$ = 3261.4 (br m, N–H), 2986.2 (w), 1756.0 (m), 1701.6 (s, C=O), 1522.0 (m), 1337.6 (m), 1247.4 (s), 1061.3 (m), 740.4 (m) cm⁻¹.

7.3.9.6 2,3,5,6-Dibenzo-7,8-diazabicyclo[2.2.2]octadien-7,8-dicarbonsäure-bis-(2,2,2-trichlor-ethyl)ester 124a

2.50 g (6.57 mmol) Azodicarbonsäurebis(2,2,2-trichlorethyl)ester und 1.17 g (6.56 mmol) Anthracen wurden in 30 ml Toluol 24 h unter Rückfluss erhitzt. Nach Einengen der Lösung fiel das Produkt beim Abkühlen in farblosen Kristallen aus.

Ausb.: 3.31 g (5.92 mmol, 90 %)   Lit.: -
Schmp.: 165 °C   Lit.: -

Charakterisierung von
2,3,5,6-Dibenzo-7,8-diazabicyclo[2.2.2]octadien-7,8-dicarbonsäure-bis(2,2,2-trichlorethyl)ester:

^{1}H-NMR (200 MHz, CDCl$_3$): δ = 7.53-7.39 (m, 4 H, H-1, 4, 5, 8), 7.27-7.18 (m, 4 H, H-2, 3, 6, 7), 6.37 (br s, 2 H, H-9, 10), 4.96-4.40 (m, 4 H, H-11) ppm.

IR (KBr): ṽ = 3432.6 (br w, N−H), 3003.0 (w), 2953.2 (w), 1721.0 (s, C=O), 1458.7 (m), 1441.4 (m), 1372.5 (s), 1310.9 (s), 1278.5 (s), 1217.8 (s), 1117.0 (s), 1066.0 (s), 1049.0 (m), 822.2 (s), 781.8 (m), 718.6 (m), 680.1 (m), 613.0 (m), 572.4 (m), 523.9 (m), 474.3 (m) cm^{-1}.

7.3.9.7 Bis(anthracen-9,10-diyl)carbaminsäure(2,2,2-trichlorethyl)ester 124b

1.00 g (1.79 mmol) **124a** wurden in 10.0 ml Eisessig gelöst, mit 1 ml 5 M Salzsäure versetzt und das ausgefallene Produkt nach 2 h abgesaugt. Aufgrund der extremen Schwerlöslichkeit konnte das Produkt nicht kristallisiert und nicht spektroskopisch charakterisiert werden.

Ausb.: 823 mg (1.47 mmol, 82 %)　　　　Lit.: -
Schmp.: 250 °C (Zers.)　　　　　　　　Lit.: -

7.3.9.8　2,3,5,6-Dibenzo-1,4-dicyano-7,8-diazabicyclo[2.2.2]octadien-7,8-dicarbonsäure-bis(2,2,2-trichlorethyl)ester 144

2.48 g (10.8 mmol) Azodicarbonsäuredi-*tert*-butylester und 782 mg (3.43 mmol) Anthracen-9,10-dicarbonitril wurden in 30 ml Toluol 24 h unter Rückfluss erhitzt. Nach Einengen der Lösung fielen die Edukte beim Abkühlen quantitativ wieder aus.

7.3.9.9 Anthracen-9,10-dicarbonsäure 31

3.36 g (10.0 mmol) 9,10-Dibromanthracen wurden in 75 ml abs. Diethylether suspendiert und bei Raumtemp. langsam mit 20.0 ml (50.0 mmol) *n*-Butyllithium (2.5 M Lösung in *n*-Hexan) versetzt. In die orangerote Suspension wurde nachfolgend über 2 h ein lebhafter Strom trockenen Kohlendioxids eingeleitet, wobei Farbaufhellung eintrat. Die nun gelbe Suspension wurde in einen Scheidetrichter überführt und zweimal mit je 100 ml Wasser extrahiert. Die org. Phase wurde verworfen und die wässr. Phase mit 2 M Schwefelsäure auf pH 2 angesäuert. Der ausfallende gelbe Feststoff wurde abgesaugt und mit kaltem Methanol gewaschen. Nach Trocknung im Exsikkator wurde ein pulvriger, hellgelber Feststoff erhalten.

Ausb.: 2.24 g (8.41 mmol, 84 %)　　　　Lit.:[162] 79 %
Schmp.: 330-340 °C (Zers.)　　　　　　Lit.:[197] 341-342 °C (Zers.)

Charakterisierung von Anthracen-9,10-dicarbonsäure:

¹H-NMR (200 MHz, DMSO-$d6$, DMSO): δ = 8.07 (dd, ^3J = 6.9 Hz, ^4J = 3.2 Hz, 2 H, H-1, 4, 5, 8), 7.68 (dd, ^3J = 6.8 Hz, ^4J = 3.2 Hz, 2 H, H-2, 3, 6, 7) ppm.
IR (KBr): $\tilde{\nu}$ = 3445.9 (br m), 2954.5 (br m), 2630.4 (m), 1683.9 (s, C=O), 1452.6 (m), 1422.0 (m), 1298.0 (m), 1253.9 (s), 783.5 (m), 718.0 (m) cm^{-1}.

7.3.9.10 Anthracen-9,10-dicarbonsäuredichlorid 9

487 mg (1.83 mmol) Anthracen-9,10-dicarbonsäure wurden innig mit 1.00 g (4.80 mmol) Phosphorpentachlorid vermengt und 10 min auf 150 °C erhitzt. Die orangerote Schmelze wurde nach dem Abkühlen zweimal mit je 20 ml Petrolether 60/90 in der Siedehitze ausgezogen. Aus dem Extrakt fielen beim Abkühlen gelbe Kristalle.

Ausb.: 233 mg (769 µmol, 42 %)   Lit.: -
Schmp.: 189 °C   Lit.:[198] 168-170 °C

Charakterisierung von Anthracen-9,10-dicarbonsäuredichlorid:

¹H-NMR (300 MHz, CDCl$_3$, TMS): δ = 8.11 (dd, ^3J = 7.2 Hz, ^4J = 2.1 Hz, 2 H, H-1, 4, 5, 8), 7.73 (dd, ^3J = 7.0 Hz, ^4J = 2.0 Hz, 2 H, H-2, 3, 6, 7) ppm.
IR (KBr): $\tilde{\nu}$ = 1790.0 (s, C=O), 1448.3 (w), 1175.7 (m), 1031.6 (s), 810.2 (s), 762.3 (m), 624.6 (m) cm^{-1}.

7.3.9.11 Anthracen-9,10-dicarbonsäuredimethylester 126

903 mg (2.98 mmol) Anthracen-9,10-dicarbonsäuredichlorid wurden in 20 ml (15.8 g, 493 mmol) abs. Methanol gelöst, mit 2.0 ml Pyridin versetzt und 20 min refluxiert. Nach Hydrolyse des Reaktionsgemischs wurde mit 20 ml Dichlormethan versetzt, die org. Phase zweimal mit 50 ml 10proz. Salzsäure und dann mit 10 ml ges. Natriumhydrogencarbonatlsg. gewaschen, über Magnesiumsulfat getrocknet und nach Filtration das Lösungsmittel entfernt. Der Rückstand wurde aus Ethylacetat umkristallisiert und das Produkt als kristalliner, hellgelber Feststoff erhalten.

Ausb.: 783 mg (2.66 mmol, 89 %)   Lit.:[176] 88 %
Schmp.: 176-177 °C   Lit.:[176] 175-176 °C

Charakterisierung von Anthracen-9,10-dicarbonsäuredimethylester:

¹H-NMR (500 MHz, CDCl$_3$, TMS): δ = 7.99 (dd, ^3J = 6.9 Hz, ^4J = 3.0 Hz, 4 H, H-1, 4, 5, 8), 7.57 (dd, ^3J = 6.6 Hz, ^4J = 3.0 Hz, 4 H, H-2, 3, 6, 7), 4.19 (s, 6 H, O−CH$_3$) ppm.

¹³C-NMR (125 MHz, CDCl$_3$, TMS): δ = 169.60 (C$_q$, O=C−O), 130.62 (C$_q$, C-9, 10), 127.63 (C$_q$, C-4a, 8a, 9a, 10a), 126.98 (C$_t$, C-1, 4, 5, 8), 125.35 (C$_t$, C-2, 3, 6, 7), 52.83 (C$_p$, O−CH$_3$) ppm.

MS (EI, 70 eV): m/z (%) [Frag.]: 294 (100) [M$^+$], 263 (95) [M - CH$_3$O], 235 (30) [M - C$_2$H$_3$O$_2$], 176 (32) [M - C$_4$H$_6$O$_4$].

MS (CI, pos. Isobutan): m/z (%) [Frag.]: 295 (100) [MH$^+$].

IR (ATR): $\tilde{\nu}$ = 2950.3 (w), 2364.0 (m), 1703.6 (s, C=O), 1444.7 (m), 1424.6 (m), 1371.7 (m), 1293.1 (w), 1208.0 (s), 1151.9 (m), 1009.0 (s), 933.3 (m), 809.1 (m), 769.5 (s), 716.2 (s), 631.9 (s), 590.7 (s) cm^{-1}.

7.3.9.12 Anthracen-9,10-dicarbonsäureazid 145

610 mg (2.01 mmol) Anthracen-9,10-dicarbonsäuredichlorid und 650 mg (10.0 mmol) natriumazid wurden in 30 ml DMSO 24 h bei 40 °C gerührt. Nach Verdünnen mit Wasser wurde ein dunkelbrauner, unlöslicher Feststoff erhalten, der nicht aufgereinigt werden konnte. Erhitzen der Substanz ergab eine teerartiges, schwarzes Produkt, das ebenfalls nicht weiter charakterisiert werden konnte.

7.3.9.13 Anthracen-9-carbonsäure 128

Zu einer Suspension aus 50.0 g (0.194 mol) 9-Bromanthracen in 400 ml abs. Diethylether wurden 100 ml (25.0 mmol) *n*-Butyllithium (2.5 M Lösung in *n*-Hexan) bei Raumtemp. langsam zugesetzt und in die resultierende Lösung über 2 h ein lebhafter Strom trockenen Kohlendioxids eingeleitet. Nach Hydrolyse mit 200 ml Wasser wurde die org. Phase verworfen und die wässr. Phase mit konz. Salzsäure auf pH 2 angesäuert. Der ausfallende, voluminöse, hellgelbe Niederschlag wurde abgesaugt, mit Wasser gewaschen und im Exsikkator i. Vak. getrocknet.

Ausb.: 23.4 g (105 mmol, 54 %)   Lit.:[199] 76 %
Schmp.: 212 °C   Lit.:[199] 217-218 °C

Charakterisierung von Anthracen-9-carbonsäure:

^{1}H-NMR (200 MHz, DMSO-*d6*, DMSO): δ = 13.82 (s, 2 H, COOH), 8.72 (s, 1 H, H-10), 8.17-8.04 (m, 4 H, H-1, 4, 5, 8), 7.67-7.52 (m, 4 H, H-2, 3, 6, 7) ppm.
IR (KBr): $\tilde{\nu}$ = 3449.9 (br m), 2952.3 (br m), 1679.7 (s, C=O), 1446.1 (m), 1424.7 (m), 1292.1 (m), 1265.6 (m), 1253.6 (s), 1228.8 (m), 890.9 (m), 722.8 (s) cm^{-1}.

7.3.9.14 2-Anthracenylcarbaminsäure-*tert*-butylester 130

In ein Gemisch aus 4 ml *tert*-Butanol und 2.5 ml Triethylamin wurden 1.50 g (6.75 mmol) Anthracen-2-carbonsäure eingetragen und die Suspension nachfolgend mit 1.50 ml (1.92 g, 6.98 mmol) Diphenylphosphorylazid versetzt. Das beim Erwärmen aufschäumende Reaktionsgemisch wurde 13 h refluxiert und nach Verdünnen mit 200 ml Toluol nacheinander mit 50 ml 5proz. Citronensäurelsg., 20 ml ges. Natriumhydrogencarbonatlsg. und abschließend mit 20 ml ges. Natriumchloridlsg. gewaschen. Nach Trocknung über Magnesiumsulfat, Entfernung des Lösungsmittels und Filtration über ein Aluminiumoxidpolster wurde das Produkt in Form eines hellgelben Feststoffs erhalten.

Ausb.: 1.44 g (4.91 mmol, 73 %) Lit.: -
Schmp.: 198.5-199.0 °C Lit.: -

Charakterisierung von 2-Anthracenylcarbaminsäure-tert-butylester:

^{1}H-NMR (600 MHz, CDCl$_3$, TMS): δ = 8.33 (s, 1 H, H-9), 8.30 (s, 1 H, H-10), 8.14 (br s, 1 H, H-1), 7.96-7.91 (m, 3 H, H-4, 5, 8), 7.44-7.39 (m, 2 H, H-6, 7), 7.31 (dd, ^3J = 9.0 Hz, ^4J = 2.2 Hz, 1 H, H-3), 6.63 (br s, 1 H, NH), 1.57 (s, 9 H, H-13) ppm.
^{13}C-NMR (150 MHz, CDCl$_3$, TMS): δ = 152.79 (C$_q$, C-11), 135.06 (C$_q$, C-2), 132.26 (C$_q$, C-9a*), 132.15 (C$_q$, C-8a*), 130.91 (C$_q$, C-10a), 129.22 (C$_t$, C-4), 128.90 (C$_q$, C-4a), 128.18 (C$_t$, C-5), 127.88 (C$_t$, C-8), 126.04 (C$_t$, C-9), 125.49 (C$_t$, C-7), 125.22 (C$_t$, C-10), 124.78 (C$_t$, C-6), 120.16 (C$_t$, C-3), 113.36 (C$_t$, C-1), 80.79 (C$_q$, C-12), 28.40(C$_p$, C-13) ppm.
(* Die Zuordnung der Signale kann vertauscht sein.)
MS (EI, 70 eV): m/z (%) [Frag.]: 293 (20) [M$^+$], 237 (100) [M - C$_4$H$_8$], 193 (74) [M - C$_5$H$_8$O$_2$].

MS (CI, pos. Isobutan): m/z (%) [Frag.]: 294 (13) [MH$^+$], 293 (13) [M$^+$], 238 (100) [MH - C$_4$H$_8$], 194 (27) [MH - C$_5$H$_8$O$_2$].

IR (ATR): $\tilde{\nu}$ = 3293.8 (m, N−H), 2971.3 (w), 1687.4 (s, C=O), 1543.2 (s,), 1525.5 (s), 1456.1 (m), 1361.6 (m), 1242.3 (m), 1154.6 (s), 1046.0 (m), 1023.4 (m), 888.2 (s), 746.8 (s) 680.2 (s) cm^{-1}.

7.3.9.15 9-Anthracenylcarbaminsäure-*tert*-butylester 129

3.09 g (13.9 mmol) Anthracen-9-carbonsäure wurden in 3.5 ml *tert*-Butanol und 2.0 ml Triethylamin suspendiert und unter Feuchtigkeitsausschluss mit 3.0 ml (3.83 g, 13.9 mmol) Diphenylphosphorylazid versetzt. Das Reaktionsgemisch wurde 5 h bei 75 °C gerührt, wobei eine deutliche Gasentwicklung zu beobachten war. Die gebildete gelbbraune Suspension wurde mit 50 ml Toluol verdünnt und nachfolgend mit 5proz. Citronensäurelsg., Wasser und ges. Natriumchloridlsg. gewaschen, über Magnesiumsulfat getrocknet und zur Trockene eingeengt. Das Produkt wurde chromatographisch (Kieselgel, Eluent Dichlormethan, R_f = 0.25, pos. Reaktion auf Ninhydrin) gereinigt und als hellbraunes Pulver erhalten.

Ausb.: 2.53 g (8.62 mmol, 62 %)   Lit.: -
Schmp.: 158.5-159.0 °C   Lit.: -

Charakterisierung von 9-Anthracenylcarbaminsäure-tert-butylester:

^{1}**H-NMR** (500 MHz, CDCl$_3$, TMS): δ = 8.41 (s, 1 H, H-10), 8.16 (br d, 2 H, H-1,8), 7.99 (d, ^3J = 8.4 Hz, 2 H, H-4,5), 7.55-7.45 (m, 4 H, H-2, 3, 6, 7), 6.67 (br s, 1 H, N-H), 1.61 (br s, 7 H, C-13), 1.25 (br s, 2 H, C-13) ppm.

^{13}C-NMR (125 MHz, CDCl$_3$, TMS): δ = 154.75 (C$_q$, C-11), 131.72 (C$_q$, C-10a, 4a), 128.96 (C$_q$, C-8a, 9a), 128.58 (C$_t$, C-10), 126.69 (C$_t$, C-4, 5), 126.27 (C$_t$, C-2, 7), 125.29 (C$_t$, C-3, 6), 123.18 (C$_t$, C-1, 8), 80.50 (C$_q$, C-12), 28.41 (C$_p$, C-13) ppm.

(Das C-9 Signal konnte aufgrund der geringen Intensität nicht detektiert werden.)

MS (EI, 70 eV): m/z (%) [Frag.]: 293 (21) [M$^+$], 237 (54) [M - C$_4$H$_8$], 193 (100) [M - C$_5$H$_8$O$_2$].

MS (CI, pos. Isobutan): m/z (%) [Frag.]: 294 (7) [MH$^+$], 293 (12) [M$^+$], 238 (100) [MH - C$_4$H$_8$], 194 (32) [MH - C$_5$H$_8$O$_2$].

IR (ATR): $\tilde{\nu}$ = 3213.9 (m), 1695.7 (s, C=O), 1354.7 (br, s), 1159.0 (m), 1109.9 (m), 1013.2 (m), 877.3 (m), 731.6 (s), 660.0 (m) cm^{-1}.

7.3.9.16 Bis(anthracen-9,10-diyl)carbaminsäure-*tert*-butylester 125

Eine Suspension aus 1.85 g (6.95 mmol) 9,10-Anthracendicarbonsäure in 47.5 ml *tert*-Butanol und 2 ml Triethylamin wurde mit 3.50 ml (4.47 g, 16.2 mmol) Diphenylphosphorylazid versetzt, 5 h refluxiert und analog **160** aufgearbeitet. Nach chromatographischer Reinigung (Kieselgel, Eluent Dichlormethan, R_f = 0.32) wurde das Produkt als bräunlicher, pulvriger Feststoff isoliert.

Ausb.: 431 mg (1.06 mmol, 15 %)   Lit.: -
Schmp.: 216 -216.5 °C   Lit.: -

Charakterisierung von Bis(anthracen-9,10-diyl)carbaminsäure-tert-butylester:

¹H-NMR (500 MHz, CDCl$_3$, TMS): δ = 8.13 (br s, 2 H, H-1, 5), 8.02-8.00 (m, 2 H, H-4, 8), 7.51-7.49 (m, 4 H, H-2, 3, 6, 7), 6.80 (br s, 2 H, NH), 6.67 (br s, 1 H, N-H), 1.77 (br s, 9 H, C-13), 1.58 (br s, 7 H, C-13), 1.25 (br s, 2 H, C-13) ppm.

¹³C-NMR (125 MHz, CDCl$_3$, TMS): δ = 168.99 (C$_q$, C-11), 128.28 (C$_q$, C-4a, 8a, 9a, 10a), 127.92 (C$_q$, C-9, 10), 126.10 (C$_t$, C-2, 3, 6, 7), 123.52 (C$_t$, C-1, 4, 5, 8), 83.10 (C$_q$, C-12), 28.43 (C$_p$, C-13) ppm.

MS (EI, 70 eV): m/z (%) [Frag.]: 393 (16) [M - CH$_3$], 337 (16) [M - C$_4$H$_7$O], 281 (47) [M - C$_8$H$_{15}$CO], 237 (100) [M - C$_9$H$_{15}$O$_3$].

MS (CI, pos. Isobutan): m/z (%) [Frag.]: 393 (18) [MH - CH$_4$], 338 (66) [MH - C$_4$H$_7$O], 282 (100) [MH - C$_8$H$_{15}$CO].

IR (ATR): $\tilde{\nu}$ = 1715.8 (m), 1676.7 (s, C=O), 1560.2 (w), 1353.2 (s), 1295.2 (m), 1229.0 (m), 1145.0 (s), 1108.6 (m), 993.1 (m), 832.2 (m), 764.3 (s), 723.9 (s), 661.1 (m) cm^{-1}.

7.3.9.17 Versuche zur Abspaltung der Boc-Schutzgruppe

Zur Abspaltung der Boc-Schutzgruppe wurden jeweils einige Spatelspitzen der geschützten Aminoanthracene in 5 ml Methanol gelöst und mit den entsprechenden Säuren 20 min auf 50 °C erwärmt. Während der Reaktion und nach der Aufarbeitung durch Hydrolyse wurden in regelmäßigen Abständen DC-Kontrollen durchgeführt. 2-Aminoanthracen konnte durch Gegentüpfeln einer authentischen Probe nachgewiesen werden, in allen anderen Fällen wurden nur die geschützten Amine detektiert.

Tabelle 5: Reaktionsbedingungen zur Entschützung der Boc-geschützten Anthrylamine

	Verbindung **130**	Verbindung **129**	Verbindung **125**
Trifluoressigsäure	Spuren	-	-
Trichloressigsäure	-	-	-
Salzsäure / Eisessig	-	-	-
Schwefelsäure	Verkohlung	-	Verkohlung

8 Anhang

8.1 Verwendete Abkürzungen

AAV	Allgemeine Arbeitsvorschrift
abs.	absolut(iert)
Ac	Acetyl
Äq.	Äquivalente
Ausb.	Ausbeute
ber.	berechnet
n-BuLi	n-Butyllithium
CI	chemische Ionisation
CPPA	Cycloparaphenylenacetylene
CVD	chemical vapor deposition
d	Tag
DC	Dünnschichtchromatogramm
DFT	Dichtefunktionaltheorie
DME	Dimethoxyethan
DMF	N,N-Dimethylformamid
DMSO	Dimethylsulfoxid
DPA	N,N-Dimethylpropionamid
EI	Elektronenstoßionisation
EA	Elementaranalyse
ESI	Elektrospray Ionisation
Et	Ethyl
EtOH	Ethanol
Et$_2$O	Diethylether
Fa.	Firma
gef.	gefunden
ges.	gesättigt(en)
h	Stunde
HMO	Hückel Molekülorbital Theorie
HOMO	highest occupied molecular orbital

HPLC	High Performance Liquid Chromatography
i. Vak.	im Vakuum
IUPAC	International Union of Pure and Applied Chemistry
LCAO	linear combination of atomic orbitals
Lsg.	Lösung
LUMO	lowest unoccupied molecular orbital
MALDI	Matrixunterstützte Laser Desorption/Ionisation
Me	Methyl-
MeOH	Methanol
min	Minute(n)
min.	minütig(en)
NBS	*N*-Bromsuccinimid
NFM	*N*-Formylmorpholin
NMP	*N*-Methyl-2-pyrrolidon
NMR	magnetische Kernresonanz (nuclear magnetic resonance)
OAc	Acetat
org.	organische
Ph	Phenyl
Raumtemp.	Raumtemperatur
Schmp.	Schmelzpunkt
Sdp.	Siedepunkt
t-Bu	*tert*-Butyl
t-BuOH	*tert*-Butanol
t-BuOK	Kalium-*tert*-butanolat
TDDA	Tetradehydrodianthracen
THF	Tetrahydrofuran
TMS	Tetramethylsilan
UV	Ultraviolett
verd.	verdünnt(er)
Vis	sichtbares Licht
wässr.	wässrige
X-Ray	Röntgenstrukruranalyse

8.2 Röntgenstrukturdaten

Crystal data and structure refinement for herges57.

Identification code	herges57
Empirical formula	$C_{28}H_{30}O_4$
Formula weight	430.52
Temperature	170(2) K
Wavelength	0.71073 Å
Crystal system	monoclinic
Space group	$P2_1/c$
Unit cell dimensions	$a = 12.7292(9)$ Å, $\alpha = 90°$.
	$b = 6.7521(4)$ Å, $\beta = 106.480(8)°$.
	$c = 14.4220(10)$ Å, $\gamma = 90°$.
Volume	1188.63(14) Å^3
Z	2
Density (calculated)	1.203 Mg/m^3
Absorption coefficient	0.079 mm^{-1}
F(000)	460
Crystal size	0.3 x 0.2 x 0.2 mm^3
Theta range for data collection	3.34 to 27.98°.
Index ranges	$-16<=h<=16, -8<=k<=8, -19<=l<=15$
Reflections collected	8119
Independent reflections	2811 [R(int) = 0.0349]
Completeness to theta = 27.98°	98.7 %
Refinement method	Full-matrix least-squares on F^2
Data / restraints / parameters	2811 / 0 / 163
Goodness-of-fit on F^2	1.045
Final R indices [I>2sigma(I)]	R1 = 0.0446, wR2 = 0.1154
R indices (all data)	R1 = 0.0620, wR2 = 0.1248
Largest diff. peak and hole	0.191 and -0.196 e.Å^{-3}

Comments:

All non-hydrogen atoms were refined anisotropic. All H were positioned with idealized geometry and refined isotropic using a riding model. One O and one C atom of the side chain are disordered and therefore refinement using a split model was performed.

Atomic coordinates (x 10^4) and equivalent isotropic displacement parameters (Å^{2}x 10^3). U(eq) is defined as one third of the trace of the orthogonalized U$_{ij}$ tensor.

	x	y	z	U(eq)
C(1)	753(1)	9552(2)	5914(1)	23(1)
C(2)	1503(1)	9170(2)	6845(1)	29(1)
C(3)	1604(1)	10453(2)	7595(1)	33(1)
C(4)	959(1)	12199(2)	7469(1)	35(1)
C(5)	237(1)	12624(2)	6593(1)	30(1)
C(6)	105(1)	11323(2)	5790(1)	23(1)
C(7)	644(1)	8252(2)	5125(1)	23(1)
C(8)	1317(1)	6513(2)	5249(1)	27(1)
C(9)	1913(1)	5102(2)	5377(1)	29(1)
C(10)	2654(1)	3380(2)	5652(1)	34(1)
O(1)	2700(1)	2414(1)	4806(1)	37(1)
C(11)	3288(1)	570(2)	4994(1)	42(1)
C(12)	3099(2)	-545(3)	4061(2)	59(1)
O(2)	3644(1)	3828(2)	6371(1)	29(1)
C(13)	4287(2)	5265(4)	6035(3)	48(1)
O(2')	3809(3)	4259(5)	5714(2)	34(1)
C(13')	4147(4)	5304(8)	6594(5)	42(1)
C(14)	5376(1)	5446(3)	6813(2)	72(1)

Bond lengths [Å] and angles [°].

C(1)-C(7)	1.4125(16)	C(9)-C(10)	1.4789(17)
C(1)-C(2)	1.4334(16)	C(10)-O(1)	1.4003(17)
C(1)-C(6)	1.4341(16)	C(10)-O(2)	1.4186(16)
C(2)-C(3)	1.3630(19)	C(10)-O(2')	1.564(4)
C(3)-C(4)	1.418(2)	O(1)-C(11)	1.4383(16)
C(4)-C(5)	1.3662(18)	C(11)-C(12)	1.500(2)
C(5)-C(6)	1.4247(17)	O(2)-C(13)	1.440(3)
C(6)-C(7)#1	1.4211(16)	C(13)-C(14)	1.521(3)
C(7)-C(6)#1	1.4211(16)	O(2')-C(13')	1.408(6)
C(7)-C(8)	1.4346(16)	C(13')-C(14)	1.508(6)
C(8)-C(9)	1.1989(17)		
C(7)-C(1)-C(2)	122.01(10)	C(8)-C(9)-C(10)	173.44(14)
C(7)-C(1)-C(6)	119.76(10)	O(1)-C(10)-O(2)	119.23(12)
C(2)-C(1)-C(6)	118.23(11)	O(1)-C(10)-C(9)	108.27(11)
C(3)-C(2)-C(1)	121.14(11)	O(2)-C(10)-C(9)	113.31(11)
C(2)-C(3)-C(4)	120.37(11)	O(1)-C(10)-O(2')	87.42(15)
C(5)-C(4)-C(3)	120.41(12)	O(2)-C(10)-O(2')	41.61(13)
C(4)-C(5)-C(6)	121.02(12)	C(9)-C(10)-O(2')	103.57(15)
C(7)#1-C(6)-C(5)	121.54(11)	C(10)-O(1)-C(11)	112.76(11)
C(7)#1-C(6)-C(1)	119.63(10)	O(1)-C(11)-C(12)	108.80(13)
C(5)-C(6)-C(1)	118.82(10)	C(10)-O(2)-C(13)	111.67(17)
C(1)-C(7)-C(6)#1	120.61(10)	O(2)-C(13)-C(14)	106.9(2)
C(1)-C(7)-C(8)	119.30(10)	C(13')-O(2')-C(10)	106.4(4)
C(6)#1-C(7)-C(8)	120.08(11)	O(2')-C(13')-C(14)	104.7(5)
C(9)-C(8)-C(7)	177.39(13)	C(13')-C(14)-C(13)	33.5(2)

Symmetry transformations used to generate equivalent atoms: A: -x,-y+2,-z+1

Anisotropic displacement parameters (Å^{2}x 10^3). The anisotropic displacement factor exponent takes the form: $-2\pi^2$[h^2 a*^{2}U$_{11}$ + ... + 2 h k a* b* U$_{12}$]

	U$_{11}$	U$_{22}$	U$_{33}$	U$_{23}$	U$_{13}$	U$_{12}$
C(1)	21(1)	24(1)	25(1)	4(1)	8(1)	3(1)
C(2)	25(1)	34(1)	28(1)	8(1)	7(1)	6(1)
C(3)	28(1)	46(1)	24(1)	4(1)	6(1)	2(1)
C(4)	33(1)	45(1)	28(1)	-7(1)	10(1)	-1(1)
C(5)	28(1)	32(1)	33(1)	-4(1)	10(1)	5(1)
C(6)	21(1)	24(1)	27(1)	2(1)	9(1)	3(1)
C(7)	21(1)	22(1)	29(1)	4(1)	8(1)	4(1)
C(8)	24(1)	24(1)	32(1)	3(1)	8(1)	2(1)
C(9)	24(1)	23(1)	38(1)	1(1)	6(1)	2(1)
C(10)	24(1)	22(1)	49(1)	-5(1)	-2(1)	4(1)
O(1)	44(1)	26(1)	45(1)	6(1)	17(1)	14(1)
C(11)	36(1)	26(1)	64(1)	-1(1)	15(1)	11(1)
C(12)	75(1)	39(1)	72(1)	-7(1)	35(1)	13(1)
O(2)	24(1)	26(1)	31(1)	3(1)	-1(1)	3(1)
C(13)	33(1)	35(1)	69(1)	3(1)	4(1)	-12(1)
O(2')	27(2)	33(2)	39(2)	-11(2)	6(1)	1(1)
C(13')	39(3)	34(3)	43(3)	-13(2)	-3(2)	4(2)
C(14)	36(1)	66(1)	101(2)	-29(1)	-2(1)	-10(1)

Hydrogen coordinates (x 10⁴) and isotropic displacement parameters (Å^{2}x 10^3).

	x	y	z	U(eq)
H(2)	1937	8003	6941	35
H(3)	2109	10176	8206	40
H(4)	1030	13078	7998	42
H(5)	-184	13806	6517	36
H(10A)	2259	2440	5972	41
H(10B)	2583	2542	6203	41
H(11A)	3028	-224	5462	50
H(11B)	4081	827	5275	50
H(12A)	3497	-1805	4182	88
H(12B)	3363	246	3603	88
H(12C)	2314	-803	3790	88
H(13A)	3907	6559	5928	58
H(13B)	4407	4825	5418	58
H(13C)	3940	4580	7113	50
H(13D)	3812	6638	6527	50
H(12A)	5788	4209	6850	108
H(12B)	5241	5707	7438	108
H(12C)	5799	6540	6653	108
H(12D)	5641	4357	6491	108
H(12E)	5716	5362	7513	108
H(12F)	5568	6713	6573	108

9 Literatur

[1] P. Walden, *Angew. Chem.* **1927**, *40*, 1-16.
[2] a) E. Osawa, *Kagaku* **1970**, *25*, 854-863.
b) H. W. Kroto, J. R. Heath, S. C. O'Brien, R. F. Curl, R. E. Smalley, *Nature* **1985**, *318*, 162-163. c) D. B. Boyd, Zdeněk Slanina, *J. Mol. Graphics Modell.* **2001**, *19*, 181-184.
[3] S. Iijima, *Nature* **1991**, *354*, 56-58.
[4] A. Krüger, *Neue Kohlenstoffmaterialien*, 1. Aufl., Teubner Verlag, Wiesbaden **2007**.
[5] a) J. W. Mintmire, B. I. Dunlap, C. T. White, *Phys. Rev. Lett.* **1992**, *68*, 631-634. b) S. J. Tans, A. R. M. Verschueren, C. Dekker, Nature 1998, 393, 49-52. c) D.-S. Chung, S. H. Park, H. W. Lee, J. H. Choi, S. N. Cha, J. W. Kim, J. E. Jang, K. W. Min, S. H. Cho, M. J. Yoon, J. S. Lee, C. K. Lee, J. H. Yoo, J.-M. Kim, *Appl. Phys. Lett.* **2002**, *80*, 4045-4047. c) L. Schlapbach, A. Züttel, *Nature* **2001**, *414*, 353-358. d) R. Martel, T. Schmidt, H. R. Shea, T. Hertel, P. Avouris, *Appl. Phys. Lett.* **1998**, *73*, 2447-2449. e) N. S. Lee, D. S. Chung, I. T. Han, J. H. Kang, Y. S. Choi, H. Y. Kim, S. H. Park, Y. W. Jin, W. K. Yi, M. J. Yun, J. E. Jung, C. J. Lee, J. H. You, S. H. Jo, C. G. Lee, J. M. Kim, *Diamond Relat. Mater.* **2001**, *10*, 265-270.
[6] T. Guo, P. Nikolaev, A. Thess, D. T. Colbert, R. E. Smalley, *Chem. Phys. Lett.* **1995**, *243*, 49-54.
[7] a) S. Hofmann, C. Ducati, J. Robertson, B. Kleinsorge, *Appl. Phys. Lett.* **2003**, *83*, 135-137. b) S. Hofmann, B. Kleinsorge, C. Ducati, A. C. Ferrari, J. Robertson, *Diamond Relat. Mater.* **2004**, *13*, 1171-1176. c) M. Meyyappan, L. Delzeit, A. Cassell, D. Hash, *Plasma Sources Sci. Technol.* **2003**, *12*, 205-216.
[8] a) I. Lukovits, F. H. Kármán, P. M. Nagy, E. Kálmán, *Croat. Chem. Act.* **2007**, *80*, 233-237. b) W. Linert, I. Lukovits, *J. Chem. Inf. Model.* **2007**, *47*, 887-890.
[9] P. von Ragué Schleyer, C. Maerker, A. Dransfeld, H. Jiao, N. J. R. van Eikema Hommes, *J. Am. Chem. Soc.* **1996**, *118*, 6317-6318.
[10] a) K. Jug, A. M. Köster, *J. Am. Chem. Soc.* **1990**, *112*, 6772-6777. b) T. M. Krygowski, *J. Chem. Inf. Comput. Sci.* **1993**, *33*, 70-78.
[11] J. Zhao, P. B. Balbuena, *J. Phys. Chem. C* **2008**, *112*, 3482-3488. b) M: Mohammadi, A. Ebrahimi, M. Habibi, H. Ehteshami, *J. Mol. Struct.* **2009**, *895*, 72.76.
[12] E. Heilbronner, *Helv. Chim. Acta* **1954**, *37*, 921-935.

[13] F. Vögtle, *Top. Curr. Chem.* **1983**, *115*, 157-159.
[14] G. J. Bodwell, D. O. Miller, R. J. Vermeij, *Org. Lett.* **2001**, *3*, 2093-2096.
[15] a) K. N. Houk, P. S. Lee, M. Nendel, *J. Org. Chem.* **2001**, *66*, 6617-5521. b) H. S. Choi, K. S. Kim, *Angew. Chem.* **1999**, *38*, 2400-2402.
[16] a) F. H. Kohnke, J. F. Stoddart, *Pure Appl. Chem.* **1989**, *61*, 1581-1589. b) B. Esser, J. A. Raskatov, R. Gleiter, *Org. Lett.* **2007**, *9*, 4037-4040.
[17] Y. Matsuo, K. Tahara, M. Sawamura, E. Nakamura, *J. Am. Chem. Soc.* **2004**, *126*, 8725-8734.
[18] R. Notario, J.-L. M. Abboud, *J. Phys. Chem. A* **1998**, *102*, 5290-5297.
[19] W. D. Neudorff, D. Lentz, M. Anibarro, A. D. Schlüter, *Chem. Eur. J.* **2003**, *9*, 2745-2757.
[20] a) S. Kammermeier, *Dissertation*, Friedrich-Alexander-Universität Erlangen-Nürnberg, **1997**. b) M. Deichmann, *Dissertation*, Technische Universität Carolo-Wilhelmina zu Braunschweig, **2003**.
[21] a) R. Herges, M. Deichmann, T. Wakita, Y. Okamoto, *Angew. Chem.* **2003**, *115*, 1202-1204. b) N. Treitel, M. Deichmann, T. Sternfeld, T. Sheradsky, R. Herges, M. Rabinovitz, *Angew. Chem.* **2003**, *115*, 1204-1208 c) D. Ajami, *Dissertation*, Technische Universität Carolo-Wilhelmina zu Braunschweig, **2003**. b)
[22] a) T. Kawase, H. R. Darabi, M. Oda, *Angew. Chem.* **1996**, *108*, 2803-2805. b) T. Kawase, *Synlett* **2007**, *17*, 2609-2626.
[23] T.Kawase, K. Tanaka, N. Fujiwara, H. R. Darabi, M. Oda, *Angew. Chem.* **2003**, *115*, 1662-1666.
[24] a) T. Kawase, K. Tanaka, Y. Seirai, N. Shiona, M. Oda, *Angew. Chem.* **2003**, *115*, 5755-5758. b) T. Kawase, M. Oda, *Pure Appl. Chem.* **2006**, *78*, 831-839.
[25] D. E. Applequist, M. A. Lintner, R. Searle, *J. Org. Chem. Soc.* **1968**, *33*, 254-259.
[26] O. Diels, K. Alder, *Liebigs Ann. Chem.* **1931**, *486*, 191-202.
[27] a) A. Behr, A. van Dorp, *Chem. Ber.* **1874**, *7*, 16-19. b) J. W. Cook, *J. Chem. Soc.* **1930**, 1087-1095.
[28] a) A. Y. Meyer, A. Goldblum, *Isr. J. Chem.* **1973**, *11*, 791-804. b) D. Harrison, M. Stacy, R. Stephens, J. C. Tatlow, *Tetrahedron* **1963**, *19*, 1893-1901.
[29] E. de B. Barnett, J. W. Cook, *J. Chem. Soc.* **1924**, *125*, 1084-1087.
[30] N. P. Buu-Hoi, *Liebigs Ann. Chem.* **1944**, *556*, 1-9.
[31] O. Cakmak, R. Erenler, A. Tuta, N. Celik, *J. Org. Chem.* **2006**, *71*, 1795-1801.

[32] W. C. Baird, J. H. Surridge, *J. Org. Chem.* **1970**, *35*, 3436-3442.
[33] W. E. Bachmann, M. C. Kloetzel, *J. Org. Chem.* **1938**, *3*, 55-61.
[34] M. S. Khan, M. R. A. Al-Mandhary, M. K. Al-Suti, F. R. Al-Battashi, S. Al-Saadi, B. Ahrens, J. K. Bjernemose, M. F. Mahon, P. R. Raithby, M. Younus, N. Chawdhury, A. Köhler, E. A. Marseglia, E. Tedesco, N. Feeder, S. J. Teate, *J. Chem. Soc. Dalton Trans.* **2004**, *15*, 2377-2385.
[35] E. E. Nesterov, Z. Zhu, T. M. Swager, *J. Am. Chem. Soc.* **2005**, *127*, 10083-10088.
[36] H. A. Staab, K. Neunhoeffer, *Synthesis* **1974**, *6*, 424-425.
[37] a) N. N. Barashkov, T. S. Novikova, J. P. Ferraris, *Synth. Met.* **1996**, *83*, 39-46. b) F. Guo, D. Ma, *Opt. Mat.* **2006**, *28*, 966-969.
[38] B. Thulin, O. Wennerström, H.-E. Högberg, *Acta Scand. Chem. Ser. B* **1975**, *29*, 138-139.
[39] a) C. Copéret, E. Nigishi, *Org. Lett.* **1999**, *1*, 165-167. b) C. Niu, T. Patterson, M. J. Miller, *J. Org. Chem.* **1996**, *61*, 1014-1022. c) D. H. R. Barton, R. A. H. F. Hui, S. V. Ley, *J. Chem. Soc. Perkin Trans. 1* **1982**, *9*, 2179-2185. d) G. Rio, B. Sillion, *C. R. Acad. Sci.* **1957**, *244*, 623-626.
[40] S. Klaus, H. Neumann, A. Zapf, D. Strübing, S. Hübner, J. Almena, T. Riermeier, P. Groß, M. Sarich, W.-R. Krahnert, K. Rossen, M. Beller, *Angew. Chem.* **2006**, *118*, 161-165.
[41] G. T. Hwang, H. S. Son, J. K. Ku, B. H. Kim, *J. Am. Chem. Soc.* **2003**, *125*, 11241-11248.
[42] P. R. Ashton, R. Ballardini, V. Balzani, S. E. Boyd, A. Credi. M. T. Gandolfi, M. Gómez-López, S. Iqbal, D. Philp, J. A. Preece, L. Prodi, H. G. Ricketts, J. F. Stoddart, M. S. Tolley, M. Venturi, A. J. P. White, D. J. Williams, *Chem. Eur. J.* **1997**, *3*, 152-170.
[43] T. Nakaya, T. Tomomoto, M. Imoto, *Bull. Chem. Soc. Jpn.* **1966**, *39*, 1551-1556.
[44] H. Langhals, S. Saulich, *Chem. Eur. J.* **2002**, *8*, 5630-5643.
[45] D. Lenoir, *Synthesis* **1989**, *12*, 383-397.
[46] H. R. Darabi, T. Kawase, M. Oda, *Tetrahedron Lett.* **1995**, *36*, 9525-9526.
[47] T. Bosanac, C. S. Wilcox, *Org. Lett.* **2004**, *6*, 2321-2324.
[48] H.-D. Becker, L. M. Engelhardt, L. Hansen, V. A. Patrick, A. H. White, *Aust. J. Chem.* **1984**, *37*, 1329-1335.
[49] A. R. Mohebbi, *Dissertation*, Christian-Albrechts-Universität zu Kiel, **2008**.
[50] S. Akiyama, K. Nakasuji, M. Nakagawa, *Bull. Chem. Soc. Jpn.* **1971**, *44*, 2231-2236.

[51] T. R. Kelly, J. P. Sestelo, I. Tellitu, *J. Org. Chem.* **1998**, *63*, 3655-3665.
[52] M. A. Heuft, S. K. Collins, G. P. A. Yap, A. G. Fallis, *Org. Lett.* **2001**, *3*, 2883-2886.
[53] C. Merrit, C. P. Brown, *Org. Synth. Coll. Vol. 4*, **1963**, 8.
[54] Y. Okamoto, K. L. Chellappa, S. K. Kundu, *J. Org. Chem.* **1972**, *37*, 3185-3187.
[55] B. M. Mikhailov, M. S. Promyslov, *Zh. Obshch. Khim.* (engl. Ausg.) **1950**, *20*, 359-364.
[56] H. Gross, J. Gloede, *Chem. Ber.* **1963**, *96*, 1387-1394.
[57] Z. Rappoport, P. Shulman, M. Thuval, *J. Am. Chem. Soc.* **1978**, *100*, 7041-7051.
[58] a) J. H. MacBride, *Synth. Commun.* **1996**, *26*, 2309-2316. b) G. T. Crisp, Y. Jiang, *Synth. Commun.* **1998**, *28*, 2571-2576.
[59] a) D. Seyferth, R. S. Marmor, P. Hilbert, *J. Org. Chem.* **1971**, *36*, 1379-1386. b) S. Ohira, *Synth. Commun.* **1989**, *19*, 561-564. c) S. Müller, B. Liepold, G. J. Roth, H. J. Bestmann, *Synlett* **1996**, *4*, 521-522.
[60] J. Pietruszka, A. Witt, *Synthesis* **2006**, *24*, 4266-4268.
[61] J. D. Crowley, A. J. Goshe, B. Bosnich, *Chem Comm.* **2003**, *22*, 2824-2825.
[62] C. Werner, H. Hopf, I. Dix, P. Bubenischek, P. G. Jones, *Chem. Eur. J.* **2007**, *13*, 9462-947.
[63] a) R. Wolovsky, F. Sondheimer, *J. Am. Chem. Soc.* **1965**, *87*, 5720-5727. b) F. Sondheimer, R. Wolovsky, P. J. Garratt, I. C. Calder, *J. Am. Chem. Soc.* **1965**, *87*, 5720-5727.
[64] H. Sato, N. Isono, K. Okamura, T. Date, M. Mori, *Tetrahedron Lett.* **1994**, *35*, 2035-2038.
[65] J. C. Sauer, *Org. Synth. Coll. Vol. 4*, **1963**, 813-815.
[66] M. Lemhadri, H. Doucet, M. Santelli, *Tetrahedron* **2005**, *61*, 9839-9847.
[67] R. Appel, *Angew. Chem.* **1975**, *87*, 863-874.
[68] E. W. Garbisch, M. G. Griffith, *J. Am. Chem. Soc.* **1968**, *90*, 3590-3592.
[69] F. H. Herbstein, M. Kapon, G. M. Reisner, *Acta Cryst. B* **1986**, *42*, 181-187.
[70] T. L. Gilchrist, J. E. Wood, *J. Chem. Soc. Perkin Trans. 1* **1992**, 9-16.
[71] W. Ando, H. Sonobe, T. Akasaka, *Tetrahedron Lett.* **1987**, *28*, 6653-6656.
[72] R. H. Goldsmith, J. Vura-Weis, A. M. Scott, S. Bokar, A. Sen, M. A. Ratner, M. R. Wasielewski, *J. Am. Chem. Soc.* **2008**, *120*, 7659-7669.
[73] a) W. Ried, H.-J. Schmidt, *Chem. Ber.* **1957**, *90*, 2553-2561. b) R. Skowronski, W. Chodkiewicz, P. Cadiot, *Bull. Soc. Chim. Fr.* **1967**, 4235-4243.
[74] M. S. Taylor, T. M. Swager, *Org. Lett.* **2007**, *9*, 3695-3697.

[75] a) C. Glaser, *Chem. Ber.* **1869**, *2*, 422-424. b) F. Bohlmann, H. Schönowsky, E. Inhoffen, G. Grau, *Chem. Ber.* **1964**, *97*, 794-800.

[76] A. L. Klebanskij, I. V. Grachev, O. M. Kuznetsova, *Chem. Abstr.* **1958**, *52*, 8034.

[77] G. Eglington, A. R. Galbraith, *J. Chem. Soc.* **1959**, 889-896.

[78] W. Chodkiewicz, P. Cadiot, *Compt. Rend.* **1955**, *241*, 1055.

[79] P. Cadiot, W. Chodkiewicz, ibid [83], 597-647.

[80] T. J. J. Müller, J. Blümel, *J. Organomet. Chem.* **2003**, *683*, 354-367.

[81] K. Ziegler, E. Müller (Hrsg.), *Methoden der organischen Chemie (Houben-Weyl 4/2)*, 4. Aufl., Thieme-Verlag, Stuttgart **1955**, S. 729-822.

[82] S. Hauptmann, *Reaktion und Mechanismus in der organischen Chemie* 1. Aufl., Vieweg & Teubner-Verlag, Stuttgart **1991**, S. 63.

[83] a) W. Ziegenbein, H. G. Viehe (Hrsg.), *Chemistry of Acetylenes* 1. Aufl., Marcel Dekker, New York **1969**, S. 170-171. b) W. K. McEwen, *J. Am. Chem. Soc.* **1936**, *58*, 1124-1129.

[84] C. K. Ingold, P. G. Marshall, *J. Chem. Soc.* **1926**, 3080-3089.

[85] D. P. Lydon, L. Porres, A. Beeby, T. B. Marder, P. J. Low, *New J. Chem.* **2005**, *29*, 972-976.

[86] W. Ried, G. Dankert, *Chem. Ber.* **1959**, *92*, 1223-1236.

[87] G. M. McCann, C. M. McDonnell, L. Magris, R. A. Moore O'Ferrall, *J. Chem. Soc. Perkin Trans. 2* **2002**, *04*, 784-795.

[88] E. De B. Barnett, J. W. Cook, M. A. Matthews, *J. Chem. Soc.* **1923**, *123*, 380-394.

[89] A. Steyermark, J. H. Gardner, *J. Am. Chem. Soc.* **1930**, *52*, 4884-4887.

[90] K. H. Meyer, *Liebigs Ann. Chem.* **1911**, *379*, 37-78.

[91] T. Yamato, C. Hideshima, G. K. Surya, G. A. Olah, *J. Org. Chem.* **1991**, *56*, 3955-3957.

[92] N. Pirinccioglu, Z. S. Jia, A. Thibblin, *J. Chem. Soc. Perkin Trans. 2* **2001**, *12*, 2271-2275.

[93] a) F. Krollpfeiffer, F. Branscheid, *Chem. Ber.* **1923**, *56*, 1617-1619. b) A. Sieglitz, R. Marx, *Chem. Ber.* **1923**, *56*, 1619-1621. c) H. Quast, P. Eckert, B. Seiferling, *Liebigs Ann. Chem.* **1985**, *04*, 696-707.

[94] a) W. Ried, W. Foerst (Hrsg.), *Neuere Methoden der präparativen Organischen Chemie Band IV*, 1. Aufl., Verlag Chemie, Weinheim **1966**, S. 98. b) H. O. House, N. I. Ghali, J. L. Haack, D. VanDerveer, *J. Org. Chem.* **1980**, *45*, 1807-1817.

[95] S. Toyota, T. Yamamori, M. Asakura, M. Ōki, *Bull. Chem. Soc. Jpn.* **2000**, *73*, 205-213.

[96] a) I. A. Opeida, M. G. Kas'yanchuk, *Russ. J. Org. Chem.* **2002**, *38*, 905-906. b) Y. Ogata,

Y. Kosugi, K. Nate, *Tetrahedron* **1971**, *27*, 2705-2711. c) A. Dunand, J. Fergusson, M. Puza, G. B. Robertson, *J. Am. Chem. Soc.* **1980**, *102*, 3524-3530.

[97] F. Goldmann, *Chem. Ber.* **1887**, *20*, 2436-2437.

[98] K. Sonogashira, Y. Tohda, N. Hagihara, *Tetrahedron Lett.* **1975**, *50*, 4467-4470.

[99] H. Schmidbaur, J. Ebenhöch, G. Müller, *Z. Naturforsch. B* **1988**, *34b*, 49-52.

[100] A. L. Kranzfelder, R. R. Vogt, *J. Am. Chem. Soc.* **1938**, *60*, 1714-1716.

[101] A. Le Coq, A. Gorgues, *Org. Synth. Coll. Vol. 6*, **1988**, 954-956.

[102] H. Dang, M. Garcia-Garibay, *J. Am. Chem. Soc.* **2001**, *123*, 355-356.

[103] E. Yoshikawa, Y. Yamamoto, *Angew. Chem.* **2000**, *112*, 185-187.

[104] C. D. Scott, S. Arepalli, P. Nikolaev, R. E. Smalley, *Appl. Phys. A* **2001**, *72*, 573-580.

[105] a) S. Bandow, S. Asaka, X. Zhao, Y. Ando, *Appl. Phys. A* **1998**, *67*, 23-27. b) C. A. Furtado, U. J. Kim, H. R. Gutierrez, L. Pan, E. C. Dickey, P. C. Eklund, *J. Am. Chem. Soc.* **2004**, *126*, 6095-6105.

[106] V. Ivanov, J. B. Nagy, P. Lambin, A. Lucas, X. B. Zhang, X. F. Zhang, D. Bernaerts, G. Van Tendeloo, S. Amelinckx, J. Van Landuyt, *Chem. Phys. Lett.* **1994**, *223*, 329-335.

[107] G. S. Duesberg, J. Muster, V. Krstic, M. Burghard, S. Roth, *Appl. Phys. A.* **1998**, *67* 117-119.

[108] M. Holzinger, A. Hirsch, P. Bernier, G. S. Duesberg, M. Burghard, *Appl. Phys. A* **2000**, *70*, 599-602.

[109] A. G. Rinzler, J. Liu, H. Dai, P. Nikolaev, C. B. Huffman, F. J. Rodriguez-Macias, P. J. Boul, A. H. Lu, D. Heymann, D. T. Colbert, R. S. Lee, J. E. Fisher, A. M. Rao, P. C. Eklund, R. E. Smalley, *Appl. Phys. A* **1998**, *67*, 29-37.

[110] A. Bendjemil, E. Borowiak-Palen, A. Graf, T. Pichler, M. Guerioune, J. Fink, M. Knupfer, *Appl. Phys. A* **2004**, *78*, 311-314.

[111] J. G. Wiltshire, L. J. Li, A. N. Khlobystov, C. J. Padbury, G. A. D. Briggs, R. J. Nicholas, *Carbon* **2005**, *43*, 1151-1155.

[112] K. J. Ziegler, Z. Gu, H. Peng, E. L. Flor, R. H. Hauge, R. E. Smalley, *J. Am. Chem. Soc.* **2005**, *127*, 1541-1547.

[113] H. Hu, B. Zhao, M. E. Itkis, R. C. Haddon, *J. Phys. Chem. A* **2003**, *107*, 13838-13842.

[114] H. Zhang, C. H. Sun, F. Li, H. X. Li, H. M. Cheng, *J. Phys. Chem. B* **2006**, *110*, 9477-9481.

[115] J. Liu, H. Dai, J. H. Hafner, D. T. Colbert, R. E. Smalley, S. J. Tans, C. Dekker, *Nature* **1997**, *385*, 780-781.

[116] C. Journet, P. Bernier, *Appl. Phys. A* **1998**, *67*, 1-9.
[117] N. Nakashima, T. Fujigaya, *Chem. Lett.* **2007**, *36*, 692-697.
[118] M. S. Strano, V. C. Moore, M. K. Miller, M. J. Allen, E. H. Haroz, C. Kitrell, R. H. Hauge, R. E. Smalley, *J. Nanosci. Nanotechnol.* **2003**, *3*, 81-86.
[119] J. N. Coleman, U. Khan, Y. K. Gun'ko, *Adv. Mater.* **2006**, *18*, 689-706.
[120] K. D. Ausman, R. Piner, O. Lourie, R. S. Ruoff, M. Korobov, *J. Phys. Chem B* **2000**, *104*, 8911-8915.
[121] a) M. J. Kamlet, M. J. L. Abboud, R. W. Taft, *Progr. Phys. Org. Chem.* **1981**, *13*, 485-630. b) Y. Markus, *J. Solution Chemistry* **1991**, *20*, 929-944.
[122] a) R. J. Chen, Y. Zhang, D. Wang, H. Dai, *J. Am. Chem. Soc.* **2001**, *123*, 3838-3839. b) B. J. Landi, H. J. Ruf, J. J. Worman, R. P. Raffaele, *J. Phys. Chem. B* **2004**, *108*, 17089-17095.
[123] S. Giordani, S. D. Bergin, V. Nicolosi, S. Lebedkin, M. M. Kappes, W. J. Blau, J. N. Coleman, *J. Phys. Chem. B* **2006**, *110*, 15708-15718.
[124] S. D. Bergin, V. Nicolsi, P. V. Streich, S. Giordani, Z. Sun, A. H. Windle, P. Ryan, N. P. Niraj, Z.-T. T. Wang, L. Carpenter, W. J. Blau, J. J. Boland, J. P. Hamilton, J. N. Coleman, *Adv. Mater.* **2008**, *20*, 1-6.
[125] P. Walden, *Z. Anorg. Allg. Chem.* **1900**, *25*, 209-226.
[126] V. Gutmann, *Z. Anorg. Allg. Chem.* **1951**, *266*, 331-344.
[127] H. A. Szymanski, A. Bluemle, W. Collins, *Appl. Spectrosc.* **1965**, *19*, 137-139.
[128] a) H. A. Szymanski, A. Bluemle, *J. Polymer Sci. A* **1965**, *3*, 63-74. b) H. A. Szymanski, W. Collins, A. Bluemle, *Polymer Letters* **1965** *3*, 81-82.
[129] E. G. Brame, R. C. Ferguson, G. J. Thomas, *Anal. Chem.* **1967**, *39*, 517-521.
[130] V. G. Tsvetkov, V. A. Krylov, I. A. Zelyaev, *Zh. Obshch. Khim.* **1979**, *49*, 485-487.
[131] A. K. Bose, M. Sugiura, P. R. Srinivasan, *Tetrahedron Lett.* **1975**, *14*, 1251-1254.
[132] *Gaussian 03, Revision B.04*, M. J. Frisch, G. W. Trucks, H. B. Schlegel, G. E. Scuseria, M. A. Robb, J. R. Cheeseman, J. A. Montgomery, T. Vreven, K. N. Kudin, J. C. Burant, J. M. Millam, S. S. Iyengar, J. Tomasi, V. Barone, B. Mennucci, M. Cossi, G. Scalmani, N. Rega, G. A. Petersson, H. Nakatsuji, M. Hada, M. Ehara, K. Toyota, R. Fukuda, J. Hasegawa, M. Ishida, T. Nakajima, Y. Honda, O. Kitao, H. Nakai, M. Klene, X. Li, J. E. Knox, H. P. Hratchian, J. B. Cross, C. Adamo, J. Jaramillo, R. Gomperts, R. E. Stratmann, O. Yazyev, A. J. Austin, R. Cammi, C. Pomelli, J. W. Ochterski, P. Y. Ayala, K. Morokuma, G. A. Voth, P. Salvador, J. J. Dannenberg, V. G. Zakrzewski, S.

Dapprich, A. D. Daniels, M. C. Strain, O. Farkas, D. K. Malick, A. D. Rabuck, K. Raghavachari, J. B. Foresman, J. V. Ortiz, Q. Cui, A. G. Baboul, S. Clifford, J. Cioslowski, B. B. Stefanov, G. Liu, A. Liashenko, P. Piskorz, I. Komaromi, R. L. Martin, D. J. Fox, T. Keith, M. A. Al-Laham, C. Y. Peng, A. Nanayakkara, M. Challacombe, P. M. W. Gill, B. Johnson, W. Chen, M. W. Wong, C. Gonzalez, J. A. Pople, Gaussian Inc., Pittsburgh, **2003**.

[133] G. Truda, *Labor Hygiene and Occupational Desease* **1983**, *227*, 54.

[134] W. S. Spector, *Handbook of Toxicology Vol. 1*, 1. Aufl., W. B. Saunders Co., Philadelphia **1955**, S. 330.

[135] T. Hofmann, *Chem. Unserer Zeit* **2004**, *38*, 24-35.

[136] A. Kitaygorodskiy, W. Wang, S.-Y. Xie, Y. Lin, K. A. S. Fernando, X. Wang, L. Qu, B. Chen, Y.-P. Sun, *J. Am. Chem. Soc.* **2005**, *127*, 7517-7520.

[137] M. A. Hamon, J. Chen, H. Hu, Y. Chen, M. Itkis, A. M. Rao, P. C. Eklund, R. C. Haddon, *Adv. Mater.* **1999**, *11*, 834-840.

[138] X.-P. Tang, A. Kleinhammes, H. Shimoda, L. Fleming, K. Y. Bennoune, S. Sinha, C. Bower, O. Zhou, Y. Wu, *Science* **2000**, *228*, 492-494.

[139] a) Z. Q. Jin, Y. Ding, Z. L. Wang, *J. Appl. Phys.* **2005**, *97*, 074309. b) J. G. Wiltshire, L. J. Li, A. N. Khlobystov, C. J. Padbury, G. A. D. Briggs, R. J. Nicholas, *Carbon* **2005**, *43*, 1151-1155. c) Y. Kim, O. N. Torres, J. M. Kikkawa, E. Abou-Hamad, C. Goze-Bac, D. E. Luzzi, *Chem. Mater.* **2007**, *19*, 2982-2986.

[140] G. Mie, *Ann. Physik* **1908**, *330*, 377-455.

[141] a) A. Smekal, *Die Naturwissenschaften* **1923**, *11*, 873-875. b) C. V. Raman, K. S. Krishnan, *Nature* **1928**, *121*, 501-502. c) C. V. Raman, K. S. Krishnan, *Indian J. Phys.* **1928**, *2*, 399-419. d) C. V. Raman, *Scattering of Light*, University of Calcutta **1922**.

[142] V. D. Blank, V. A. Ivdenko, A. S. Lobach, B. N. Mavrin, N. R. Serebryanaya, *Optics and Spectroscopy* **2006**, *100*, 245-252.

[143] M. Machón, S. Reich, C. Thomsen, *Phys. Stat. Sol. B* **2006**, *243*, 3166-3170.

[144] S. Reich, C. Thomsen, J. Maultzsch, *Carbon-Nanotubes*, 1. Aufl. Wiley-VCH, Weinheim **2004**.

[145] P. Nikolaev, M. J. Bronikowski, R. K. Bradley, F. Rohmund, D. T. Colbert, K. A. Smith, R. E. Smalley, *Chem. Phys. Lett.* **1999**, *313*, 91-97.

[146] V. A. Karachevtsev, A. Y. Glamazda, U. Dettlaff-Weglikowska, V. S. Kurnosov, E. D. Obraztsova, A. V. Peschanskii, V. V. Eremenko, S. Roth, *Carbon* **2003**, *41*, 1567-1574.

[147] M. J. O'Connell, S. M. Bachilo, C. B. Huffman, V. C. Moore, M. S. Strano, E. H. Haroz, K. L. Rialon, P. J. Boul, W. H. Noon, C. Kittrell, J. Ma, R. H. Hauge, R. B. Weisman, R. E. Smalley, *Science* **2002**, *297*, 593-596.

[148] A. Hartschuh, H. N. Pedrosa, L. Novotny, T. D. Krauss, *Science* **2003**, *301*, 1354-1356.

[149] F. D. Greene, R. L. Viavattene, L. D. Cheung, R. Majeste, L. M. Trefonas, *J. Am. Chem. Soc.* **1974**, *96*, 4342-4343.

[150] H. Neumann, *Dissertation*, Friedrich-Alexander-Universität Erlangen-Nürnberg, **1995**.

[151] D. E. Applequist, R. L. Litle, E. C. Friedrich, R. E. Wall, *J. Am. Chem. Soc.* **1959**, *81*, 452-456.

[152] E. H. White, C. A. Aufdermarsh, *J. Am. Chem. Soc.* **1961**, *83*, 1174-1178.

[153] T. W. Campbell, V. E. McCoy, J. C. Kauer, V. S. Foldi, *J. Org. Chem.* **1961**, *26*, 1422-1426.

[154] P. Michailow, *Zh. Obsch. Khim.* **1950**, *20*, 359.

[155] a) O. Winklemann, C. Näther, U. Lüning, *Eur. J. Org. Chem.* **2007**, *06*, 981-987. b) X. Xu, Y. Zhang, *Synth. Commun.* **2003**, *33*, 3537-3543. c) J. Müllegger, H. M. Chen, R. A. J. Warren, S. G. Withers, *Angew. Chem.* **2006**, *118*, 2647-2650. d) M. T. Bogert, F. D. Snell, *J. Am. Chem. Soc.* **1924**, *46*, 1308-1311. e) H. G. Latham, E. L. May, E. Mosettig, *J. Org. Chem.* **1950**, *15*, 884-889. e) B. Helferich, O. Lang, E. Schmitz-Hillebrecht, *J. Pract. Chem.* **1933**, *138*, 275-280.

[156] C. E. Braun, D. Cook, C. Merrit, J. E. Rousseau, *Org. Synth. Coll. Vol. 4*, **1963**, 711.

[157] A. G. Perkin, *J. Chem. Soc.* **1925**, *127*, 2040-2044.

[158] E. De B. Barnett, *J. Chem. Soc.* **1925**, *127*, 2040-2044.

[159] H. M. Chawla, R. S. Mittal, *Synthesis* **1985**, *1*, 70-72.

[160] O. Diels, S. Schmidt, W. Witte, *Chem. Ber.* **1938**, *71*, 1186-1189.

[161] J. C. J. MacKenzie, A. Rodgman, G. F. Wright, *J. Org. Chem.* **1952**, *17*, 1666-1674.

[162] S. Jones, J. C. Atherton, M. R. J. Elsegood, W. Clegg, *Acta. Crystallogr. C* **2000**, *56*, 881-883.

[163] a) V. V. S. Babu, K. Ananda, G.-R. Vasanthakumar, *J. Chem. Soc. Perkin Trans. 1* **2000**, 4328-4331. b) T. Shioiri, K. Ninomiya, S. Yamada, *J. Am. Chem. Soc.* **1972**, *94*, 6203-6205.

[164] T. Shioiri, S. Yamada, *Chem. Pharm. Bull.* **1974**, *22*, 849-854.

[165] W. Haeflinger, E. Klöppner, *Helv. Chim. Acta* **1982**, *65*, 1837-1852.

[166] M .Branik, H. Kessler, *Tetrahedron* **1974**, *30*, 781-786.

[167] Betriebsanleitung Büchi Melting-Point B-540, Nr. 9665-de, Version J, Büchi Labortechnik AG, Flawil **1995**.

[168] MestreLab Research, C. Cobas, S. Dominguez, J. Sardina, C. Geada, I. Iglesias, P. M. Fernándes, C. Peng, C. Pacheco, I. Pelczer, M. P. Pacheco, M. Bernstein.

[169] a) M. Hesse, H. Meier, B. Zeeh, *Spektroskopische Methoden in der organischen Chemie*, 5. Aufl., Georg Thieme Verlag, Stuttgart, New York **1995**. b) H. Friebolin, *Ein- und zweidimensionale NMR-Spektroskopie*, 4. Aufl., Wiley-VCH, Weinheim **2006**.

[170] a) G. M. Sheldrick, *SHELXS-97 Program for Crystal Structure Determination*, Universität Göttingen, **1997**. b) G. M. Sheldrick, *SHELXS-97 Program for the Refinement of Crystal Structures*, Universität Göttingen **1997**.

[171] *Färbereagenzien für die Dünnschichtchromatographie*, Merck KGaA, Darmstadt **1984**.

[172] J. Leonard, B. Lygo, G. Procter, *Praxis der organischen Chemie: ein Handbuch*, 1. Aufl., Wiley-VCH, Weinheim, **1996**.

[173] Autorenkollektiv, *Organikum*, 15. Aufl., VEB Deutscher Verlag der Wissenschaften, Berlin **1977**.

[175] I. M. Heilbron, J. S. Heaton, *Org. Synth. Coll. Vol. 1* **1941**, 207.

[176] B. F. Duerr, Y. S. Chung, A. W. Czarnik, *J. Org. Chem.* **1988**, *53*, 2120-2122.

[177] F. de Montigny, G. Argouarch, C. Lapinte, *Synthesis* **2006**, *2*, 293-298.

[178] R Kuhn, H. Fischer, *Chem. Ber.* **1961**, *94*, 3060-3071.

[179] J. T. Traxler, E. P. Lira, C. W. Huffman, *J. Med. Chem.* **1972**, *15*, 861-863.

[180] E. Ciganek, *J. Org. Chem.* **1980**, *45*, 1497-1505.

[181] K. C. Schreiber, W. Emerson, *J. Org. Chem.* **1966**, *31*, 95-99.

[182] S. Gibson, A. D. Mosnaim, D. C. Nonhebel, J. A. Russel, *Tetrahedron* **1969**, *25*, 5047-5052.

[183] A. D. Mosnaim, D. C. Nonhebel, *J. Chem. Soc. C* **1970**, *7*, 942-946.

[184] J. E. McMurry, *Chem. Rev.* **1989**, *89*, 1513-1524.

[185] L. Anschütz, *Liebigs Ann. Chem.* **1927**, *454*, 109-111.

[186] H. J. Bestmann, H. Frey, *Liebigs Ann. Chem.* **1980**, *12*, 2061-2071.

[187] I. D. Campbell, G. Eglington, *Org. Synth. Coll. Vol. 5* **1973**, 517-519.

[188] S. Akiyama, M. Nakagawa, *Bull. Chem. Soc. Jpn.* **1970**, *43*, 3561-3566.

[189] M. Sarobe, L. W. Jenneskens, J. Wesseling, J. D. Snoeijer, J. W. Zwikker, U. E. Wiersum, *Liebigs Ann. Chem.* **1997**, *7*, 1207-1213.

[190] H. Dang, M. Levitus, M. A. Garcia-Garibay, *J. Am. Chem. Soc.* **2002**, *124*, 136-143.

[191] C.-W. Wang, A. Burghart, J. Chen, F. Bergström, L. B.-Å. Johansson, M. F. Wolford, T. G. Kim, M. R. Topp, R. M. Hochstrasser, K. Burgess, *Chem. Eur. J.* **2003**, *9*, 4430-4441.
[192] K. Sanechika, T. Yamamoto, A. Yamamoto, *Bull. Chem. Soc. Jpn.* **1984**, *57*, 752-755.
[193] D. M. Bowles, G. J. Palmer, C. A. Landis, J. L. Scott, J. E. Anthony, *Tetrahedron* **2001**, *57*, 3753-3760.
[194] R. C. Cambie, D. Chambers, P. S. Rutledge, P. D. Woodgate, *J. Chem. Soc. Perkin Trans. 1* **1981**, 40-51.
[195] L. Brandsma, H. D. Verkruijsse, *Synthesis* **1999**, *10*, 1727-1728.
[196] R. M. Acheson, G. C. M. Lee, *J. Chem. Soc. Perkin Trans. 1* **1987**, 2321-2332.
[197] H. Beyer, H. Fritsch, *Chem. Ber.* **1941**, *74*, 494-499.
[198] J.-P. Mathieu, *Annal. Chim.* **1945**, *11*, 215-237.
[199] C. F. Wilcox, A. C. Craig, *J. Org. Chem.* **1961**, *26*, 2491-2494.

i want morebooks!

Buy your books fast and straightforward online - at one of world's fastest growing online book stores! Environmentally sound due to Print-on-Demand technologies.

Buy your books online at
www.get-morebooks.com

Kaufen Sie Ihre Bücher schnell und unkompliziert online – auf einer der am schnellsten wachsenden Buchhandelsplattformen weltweit! Dank Print-On-Demand umwelt- und ressourcenschonend produziert.

Bücher schneller online kaufen
www.morebooks.de

VDM Verlagsservicegesellschaft mbH
Heinrich-Böcking-Str. 6-8   Telefon: +49 681 3720 174   info@vdm-vsg.de
D - 66121 Saarbrücken   Telefax: +49 681 3720 1749   www.vdm-vsg.de

Printed by Books on Demand GmbH, Norderstedt / Germany